Instances of latest technology and industrialization
in Recirculation Aquaculture System

循環式陸上養殖

飼育ステージ別〈国内外〉の事例にみる
最新技術と産業化

——監修——
山本 義久　森田 哲男
陸上養殖勉強会

緑書房

ご注意

本書の内容は、最新の知見をもとに細心の注意をもって記載されています。しかし、科学の著しい進歩から見て、記載された内容がすべての点において完全であると保証するものではありません。本書記載の内容による不測の事故や損失に対して、著者、監修者、編集者、ならびに緑書房は、その責を負いかねます。

はじめに

　養殖生産が世界的な魚介類の需要急増の受け皿となり、世界の魚介類消費量の半数以上が養殖生産物となっています。しかし、昨今の海洋汚染の実態は深刻で、赤潮や貧酸素水による養殖魚への被害は拡大しています。これまでのような陸水や海洋の潤沢な水資源に依存した魚介類養殖を持続できる環境ではなくなりつつあります。そこで、抜本的な解決方法として、陸上において限られた水で魚介類を効率的かつ安全に養殖することができる閉鎖循環式養殖が注目されています。

　本書は、わが国の閉鎖循環飼育の現在の情報を網羅し、陸上養殖の現場実務者や事業化を検討している新規参入者に向けた基礎から実践までの教科書となるように、成功事例のみではなく、失敗事例で起こった要因の解説などを盛り込んだ内容になっています。特に、養殖生産の飼育ステージ別に詳細な解説を行っており、親魚養成・種苗生産・中間育成・養殖、さらに餌料培養（ワムシ）のそれぞれの工程のみでも閉鎖循環システムが導入できるように配慮しています。また、各論として国内の養殖対象魚種別の施設、海外での陸上養殖やアクアポニックスなどの事例紹介に加えて、関連装置および資材についても掲載しており、総論、各論を網羅した閉鎖循環式陸上養殖の総合解説書となっています。

　㈱水産研究・教育機構 瀬戸内海区水産研究所（屋島庁舎）資源生産部養殖生産グループが16年間にわたり実施した網羅的な閉鎖循環飼育システムの開発およびその関連情報を本書の基軸としており、森田哲男主任研究員による月刊『養殖ビジネス』連載（2015年6月号～2016年7月号「今から学べる循環式陸上養殖」）を中心に構成されています。

　執筆者を代表して言わせてもらえば、私たちは閉鎖循環式養殖が「地域再生」や「離島振興」の核となる技術へと発展し、各地域に適した特徴のある陸上養殖の事業化を可能にすると考えています。さらに、陸上養殖はわが国が誇る多様な魚食文化の継承や国際認証化が可能となる安全・安心な健康食材を創出する「輸出産業化」への基盤づくりになる可能性も秘めています。今こそ陸上養殖を「国策」の1つとして検討すべき時期にきているのではないでしょうか。

　本書が起点となって産学官が一致団結した産業化の推進につながることを切に望みます。

2017年3月

㈱水産研究・教育機構 水産大学校

山本　義久

監修をおえて

　本書は、陸上養殖に興味があり学びたい方、ビジネスとして陸上養殖を検討している方、既に陸上養殖をビジネスとして展開している方など、幅広い読者を対象として「陸上養殖に関する教科書となるような本をつくろう」という決意のもとに2016年春ごろから制作の準備が始められました。緑書房 月刊「養殖ビジネス」編集部を調整役として、㈱水産研究・教育機構 瀬戸内海区水産研究所および陸上養殖勉強会の幹事が意見を交換しながら内容を検討し、陸上養殖設備や生産技術のみならず、養殖対象となる魚類の生理学、国内の実例、さらには海外での事業展開や研究動向についても網羅した構成となっています。執筆者の皆様にはご多忙な中、すばらしい原稿を提出していただきました。本書の内容については、ご一読いただければ、そのクオリティの高さがご理解いただけると確信しています。

　本書の監修に協力させていただいた陸上養殖勉強会は、東京海洋大学名誉教授の隆島史夫先生を中心として、主に「ジャパン・インターナショナル・シーフードショー」においてセミナーを開催してきたグループから始まりました。その目的は「研究ではなく事業化」であり、いかに水産業を中心とした産業に貢献できるかを第一としてきました。陸上養殖に関する事柄をテーマにセミナーを開催するようになり、年を追うごとに聴講者数が増えてきた2013年3月末、「日本水産学会春季大会」の開催に合わせて第1回「陸上養殖勉強会」を東京海洋大学品川キャンパスにて行いました。開催に当たり、㈳大日本水産会に後援団体になっていただき、2017年2月時点までに16回のセミナーを開催しています。会員数は330名を超え、水産業に関連する企業の方のみならず、水産業とはあまり関連のない分野の方の参加も多数あり、改めて陸上養殖の注目度の高さを認識させられます。本会は、毎年2月に開催される「ジャパン・インターナショナル・シーフードショー大阪」、5月は「農水産業支援技術展沖縄」、8月は「ジャパン・インターナショナル・シーフードショー東京」、11月は東京海洋大学において、セミナーを予定しています。今後も基礎から応用まで幅広く陸上養殖に関するセミナーを開催し、本書の第2版の準備が進められる際には協力させていただきたいと思います。

　世界の人口は増加の一途をたどっており、食糧不足のリスクが刻一刻と高まっています。陸上養殖の技術開発はこれらの問題を解決する食糧増産の起爆剤になるものです。本書と陸上養殖勉強会が日本国内での陸上養殖ビジネスの普及と発展に寄与できることを望みます。

2017年3月

陸上養殖勉強会　事務局長
東京海洋大学　教授

廣野　育生

監修者・執筆者一覧

(所属は 2022 年 1 月現在)

[監 修 者]

■国立研究開発法人 水産研究・教育機構　山本 義久、森田 哲男
国立研究開発法人 水産研究・教育機構 瀬戸内海区水産研究所 資源生産部養殖生産グループ（屋島庁舎）は、
2020 年 7 月に同機構 水産技術研究所 養殖部門 生産技術部 技術開発第 1 グループ（屋島庁舎）に組織改編した。

■陸上養殖勉強会

[執 筆 者]

■山本 義久 ……………………………………………………………… 1-1、2-10、3-9、4-2
　国立研究開発法人 水産研究・教育機構　水産大学校 水産流通経営学科

■竹内 俊郎 ……………………………………………………………………………… 1-2
　独立行政法人 日本学生支援機構（元 東京海洋大学学長）

■森田 哲男 ………………………………………………… 1-3、2-1〜2-9、3-1〜3-4、3-7
　国立研究開発法人 水産研究・教育機構 水産技術研究所 養殖部門 生産技術部　3-12、3-13、3-16、3-18

■渡邊 壮一 ……………………………………………………………………………… 1-4
　東京大学大学院 農学生命科学研究科 水圏生物科学専攻

■坂本 久 ………………………………………………………………………… 3-5、3-10
　元 公益財団法人 香川県水産振興基金栽培種苗センター

■平岡 潔 ………………………………………………………………………………… 3-6
　㈱フジキン

■今井 正 ………………………………………………………………………………… 3-8
　国立研究開発法人 水産研究・教育機構 水産技術研究所 養殖部門 生産技術部

■江口 勝久 …………………………………………………………………………… 3-11
　佐賀県玄海水産振興センター

■野口 勝明 …………………………………………………………………………… 3-14
　㈱夢創造

■秋山 信彦 …………………………………………………………………………… 3-15
　東海大学 海洋学部水産学科

■城間 一仁 …………………………………………………………………………… 3-17
　沖縄県農林水産部 宮古農林水産振興センター 農林水産整備課

■野原 節雄 ………………………………………………………………… 3-19、4-5〜4-7
　IMT エンジニアリング㈱

■ Marcy N.Wilder ……………………………………………………………………… 3-19
　国立研究開発法人 国際農林水産業研究センター

■遠藤 雅人 …………………………………………………………………………… 4-1、5-1
　東京海洋大学学術研究院 海洋生物資源学部門

■ Jesper Heldbo …………………………………………………………………………… 4-3
　アクアサークル（デンマーク）

■任 同軍 ………………………………………………………………………………… 4-4
　大連海洋大学 水産与生命学院

■曽 雅 …………………………………………………………………………………… 4-4
　大連海洋大学 経済管理学院

■姜 奉廷 ………………………………………………………………………………… 4-5
　国立研究開発法人 国際農林水産業研究センター

■越塩 俊介 ……………………………………………………………………………… 5-2
　鹿児島大学

目次
CONTENTS

はじめに ……………………………… 003
監修をおえて ………………………… 004
監修者・執筆者一覧 ………………… 005
4分類の陸上養殖システム ………… 008

第1章 「循環式陸上養殖」の基本と魚類の生理学

1-1　日本における水産養殖の現状と陸上養殖 …… 018
1-2　陸上養殖の強みと弱み、事業化の課題 …………………………… 030
1-3　「循環式陸上養殖」の定義 …………… 037
1-4　魚の呼吸および浸透圧・アンモニア調節のメカニズム ……… 041

第2章 必要な設備とプラント管理、事業採算性

2-1　アンモニアの毒性と防除方法 ……… 048
2-2　主要なろ材の種類と硝化能力 ……… 054
2-3　硝化細菌の活性に関わる環境条件 …… 059
2-4　硝化細菌の入手とろ材の熟成方法 …… 063
2-5　生物ろ過 〜主要な3方式と基本構造〜 … 070
2-6　物理ろ過　〜システム内の有機物除去〜 …………… 077
2-7　溶存酸素（DO）の管理　〜酸素の供給方法〜 ………………… 092
2-8　システム系外の殺菌　〜用水の殺菌方法〜 …………………… 099
2-9　寄生虫防除と飼育後のシステム殺菌 … 105
2-10　閉鎖循環式陸上養殖の事業規模別の達成度 ……………… 115

第3章 国内事例 〜事業化の現状とシステム設計〜

3-1　循環式システム導入のポイント【半循環／閉鎖循環】 ………… 124
3-2　親魚養成システムへの導入と特徴【半循環／閉鎖循環】 ……… 126
3-3　トラフグの親魚養成【閉鎖循環】 … 128
3-4　マダイの親魚養成【半循環】 ……… 130
3-5　キジハタの親魚養成【閉鎖循環】 … 133
3-6　チョウザメの親魚管理と養殖ビジネス【半循環／閉鎖循環】 …… 136
3-7　種苗生産システムの特徴とポイント【半循環／閉鎖循環】 …… 141
3-8　トラフグの種苗生産【閉鎖循環】 … 148
3-9　マダイの種苗生産【半循環】 ……… 154
3-10　キジハタの種苗生産【閉鎖循環】 … 161
3-11　カサゴの種苗生産【閉鎖循環】 …… 165
3-12　餌料培養システムの構成と循環式連続培養の実力【閉鎖循環】 …… 169
3-13　養殖への導入事例と注意点の再整理【半循環／閉鎖循環】 …… 179
3-14　トラフグ養殖　〜温泉水と温泉熱の利用〜【閉鎖循環】 …… 186
3-15　クロマグロの種苗育成と親魚管理【半循環】 …… 191
3-16　キジハタ養殖【半循環／閉鎖循環】 …… 197

3-17 ヤイトハタ養殖【半循環】.................. 204

3-18 カンパチの中間育成【半循環】.......... 210

3-19 バナメイ養殖【半循環／閉鎖循環】.......... 213

第4章 海外事例
~大規模な施設、アクアポニックスなど~

4-1 日本と海外の循環式施設の対比 228

4-2 欧州における循環式養殖システム 234

4-3 北欧諸国における養殖業と
陸上養殖の発展 240

4-4 中国における循環式陸上養殖 253

4-5 韓国における陸上養殖 257

4-6 日本の養殖技術の海外展開
~モンゴルのバナメイ養殖~ 265

4-7 開発が進むアメリカの
陸上養殖システム 273

第5章 循環式陸上養殖の研究動向

5-1 循環式システムにおける
環境制御技術とメリット 282

5-2 循環式陸上養殖システムに
求められる飼料組成 287

第6章 メーカー機材紹介

販売代理・サポート 292

プラント・システム 292

飼育管理 294

設備・機器 294

人工海水 294

ポンプ 295

温調 295

ろ過 296

殺菌 297

酸素供給 298

計測 299

水質改善 300

施設洗浄 300

索引 305

4分類の陸上養殖システム

「陸上養殖」は、大別すると①止水飼育、②流水飼育、③半循環飼育、④閉鎖循環飼育の4種に分けられ、このうち「循環式」は後者の2種を指す。

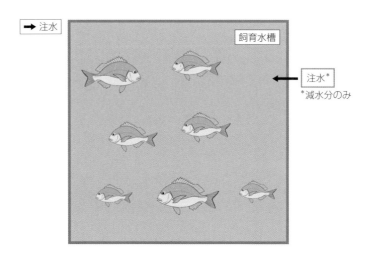

止水飼育の特徴
- 飼育水の交換は行わない
  （一般的に種苗生産で用いられる）
- 内陸域でも飼育が可能
- 疾病の感染のリスクが極めて小さい
- 加温・冷却経費が削減される

図1 止水飼育の模式図（一事例）
イラスト：藍原章子（(研)水産研究・教育機構）

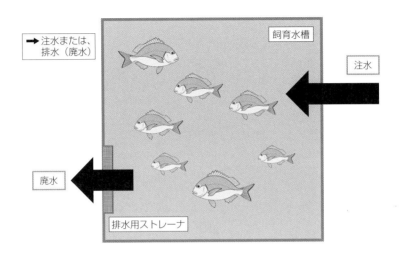

流水飼育の特徴
○飼育が容易
○連続的または、一定量注水する
○注水量が多いため、河川域・沿岸域が適する
○疾病の感染のリスクが大きい
○加温・冷却経費が大きくなる

図2 流水飼育の模式図（一事例）
※本飼育方式は「掛け流し飼育」とも呼ばれている。
イラスト：藍原章子（研 水産研究・教育機構）

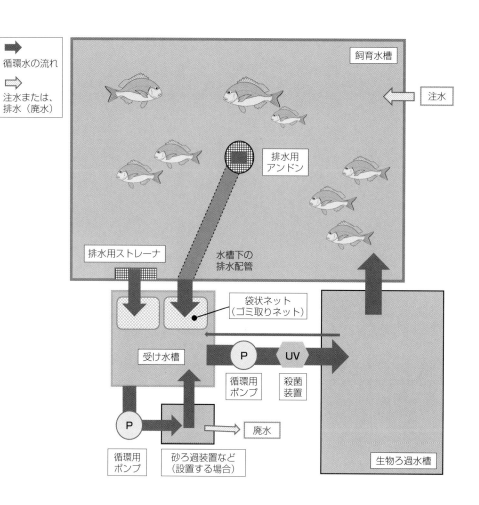

図3 半循環式陸上養殖システムの模式図（一事例）

イラスト：藍原章子（(研)水産研究・教育機構）

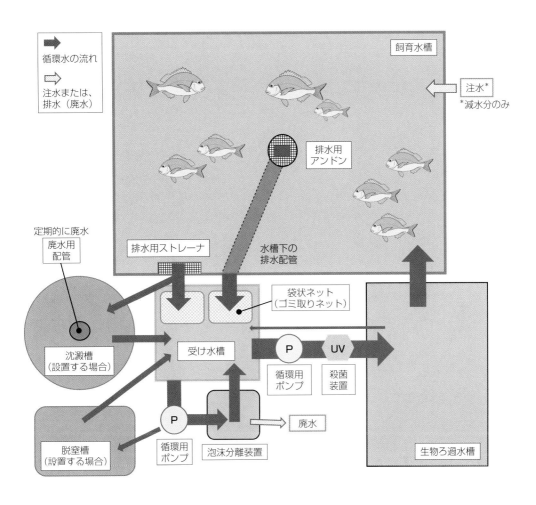

図4　閉鎖循環式陸上養殖システムの模式図（一事例）

イラスト：藍原章子（(研)水産研究・教育機構）

REI-SEA

レイシーの「こだわり」

レイシーは、アクアリウムや研究分野における、イワキのブランドです。イワキはケミカルポンプの総合メーカーとして、長年にわたり信頼と実績を培ってきました。そして定評あるレイシーの製品も、苛酷な使用条件に耐えるよう、徹底した品質管理のもとで生み出されています。レイシーが扱う循環ポンプ・エアーポンプ・水温／水質管理機器をはじめとした幅広い製品は、全国のアクアリストはもとより、養殖施設・水産試験場・水族館・各種研究施設などで、その品質が高く認められ活躍しています。買い替えや故障が少なく長期間使える製品を選ぶことは、自然環境を守ることにもつながります。レイシーは人にも環境にもやさしい製品づくりを目指し、その品質にこだわり続けます。

Rigorous

安定した陸上養殖を支える **クオリティ**

循環注入

マグネットポンプは優れた耐食性とシールレス構造で、液洩れがありません。電磁定量ポンプは植物プランクトンや各種薬液の高精度注入に最適で、専用タンクなどのアクセサリーも充実しています。

株式会社 イワキ　本社 製品企画本部　〒101-8558 東京都千代田区神田須田町2-6-6 ニッセイ神田須田町ビル　TEL 03-3254-2934

quality control

水温調節

投込み式クーラーは設置の容易なフレキシブルチューブを採用。循環式クーラーは屋内タイプと、室外機を一体化した屋外タイプを用意。どちらも冷却コイルはチタン製で、用途に合わせて特注対応も可能です。

水質浄化

高出力紫外線ランプおよび電子安定器を採用した高出力流水式殺菌装置です。菌の増殖を抑制・除菌します。接液部は衛生的なステンレス製。浸水式、外照式等の他、チタン製シリンダーの対応も可能です。

制御監視

インターネットを介して、世界中のどこからでもアクセス可能です。データ取得やプログラム設定などの操作は、一般的な Web ブラウザ上で可能です。遠隔制御や監視ができ、都度技術者が現場に行く必要がありません。

| レイシー | 検索 |

"陸上"魚養殖のパイオニアとして 弛まぬ技術開発と実績
「閉鎖循環式陸上養殖」の構築販売

❶ プラント設計
独自のノウハウで、ウナギ、トラフグ、チョウザメなどのプラント設計・構築が可能。
魚種により廉価版も販売開始。

❷ 養殖プランの提案
お客様のニーズに合った生産プランを提案。
魚種、養殖量に応じた採算性をご提示。

❸ トレーニング・養殖体験
導入にあたり専門の指導員がレクチャー。
導入後もメンテナンスを含めて運用面をサポート。

稚魚から販路までをフォローし、養殖に新規参入したいお客様にとって一番のパートナーとなることを目指しております。

11魚種を対象にしたシステム販売

日本全国どこでも設置可能！
天候に左右されない安定した生産性とトレーサビリティの高さが魅力です！

- ○ウナギ　○ハタ類（キジハタ）　○チョウザメ　○ナマズ（和種および外来種可）　○トラフグ
- ○穴子　○ドジョウ　○スッポン　○ティラピア　○マレーゴビー　○エンブラウ

● 設備構成
飼育槽　選別用水槽　酸素供給装置　ろ過槽　加温冷却装置

装置のコンパクト化 & 省エネ化を実現
ろ過槽のサイズ・ろ過の循環にかかる電気代は従来の1/3
省スペースでの陸上養殖が可能

3D図面で具体的なイメージを提供いたします。

【導入事例】
広島県呉市
キジハタ陸上養殖施設

餌、排泄物などの残渣や魚にとって有害な成分を分解・分離。飼育水を循環利用し野菜の育成に使用することも可能です。

『飼育水・餌の開発』『稚魚の開発』も行っています

ジャパンマリンポニックス株式会社
Japan Marin Ponics
閉鎖循環型養殖施設設計施工販売

〒701-0212　岡山県岡山市南区内尾463-18　TEL.086-728-5741　FAX.086-728-5742　http://www.marine-ponics.co.jp

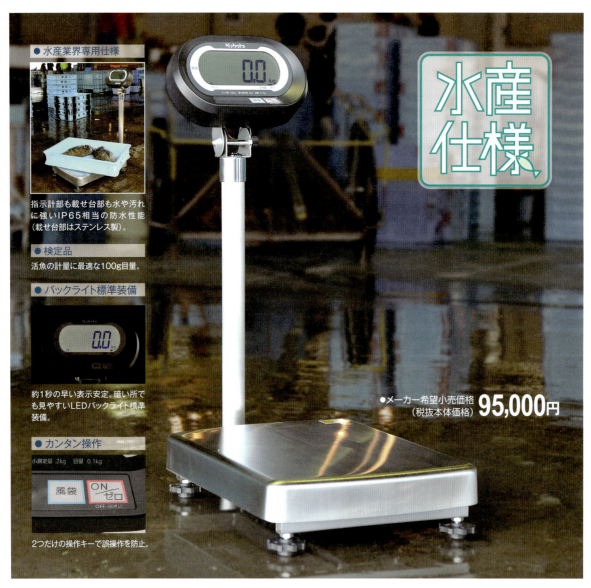

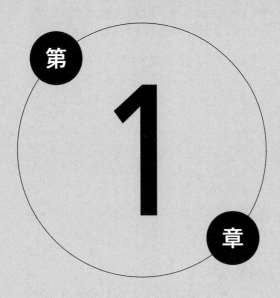

第1章

「循環式陸上養殖」の基本と魚類の生理学

半循環　閉鎖循環

第1章　「循環式陸上養殖」の基本と魚類の生理学

日本における水産養殖の現状と陸上養殖

1-1

ここがポイント！

- ☑ これまでは、十分な精査なしに事業化するなど事業者側の見通しの甘さによる経営撤退が相次いだが、現在は基礎技術が揃い、産業化の取り組みが進展している
- ☑ 工場などからの廃熱を活用するつなぎとなるシステムが実用化・普及すれば、地域エネルギー利用型の循環式陸上養殖は有望

■ 世界のタンパク源としての魚介類需給と養殖産業の立ち位置

　世界的に魚の消費量が急増する中、漁船漁業による供給はこの30年間ほとんど増加せず、急増する消費を補填しているのは養殖量の増加である。FAOでは「将来的な魚介類需要の増加を補填できるのは、唯一、養殖産業の振興のみ」と断言している。そのため養殖は、世界的な人口増加による食糧タンパク源の不足を解決するために重要な立ち位置にある。

　Janet Larsenの報告によると、2011年には世界の養殖魚生産量が6,600万tに達し、牛肉は6,300万tにとどまったため、初めて養殖魚が牛肉を生産量で上回った（**図1**）。さらに2013年には、世界の魚類消費量において、漁獲された天然魚よりも養殖魚の方が上回った。これらの動向は、タンパク源の食料生産の未来

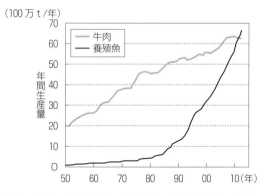

図1　世界の牛肉および養殖魚の年間生産量の推移（1950～2011年）

資料：Larsen（2013）

像において新たな転換時期に達したことを意味している。FAOは「自然には限界があり、食料生産における人間の管理が問われている。このことからも、養殖産業を環境保全と両立しつつ持続可能なものにする緊急性は明らかであ

表1 2014年の養殖魚の魚種別生産量および生産金額の割合

魚種		養殖生産量		養殖生産金額	
		生産量(t)	割合(%)	金額(百万円)	割合(%)
海水魚	ブリ類	134,608	49.5	119,347	38.6
	マダイ	61,702	22.7	43,946	14.2
	クロマグロ	14,713	5.4	41,991	13.6
	ギンザケ	12,802	4.7	7,486	2.4
	トラフグ	4,902	1.8	8,206	2.7
	シマアジ	3,186	1.2	4,667	1.5
	ヒラメ	2,607	1.0	4,058	1.3
	その他海水魚	3,443	1.3	3,965	1.3
淡水魚	ウナギ	17,627	6.5	49,722	16.1
	淡水マス類	7,633	2.8	8,040	2.6
	アユ	5,163	1.9	8,782	2.8
	コイ	3,272	1.2	1,505	0.5
	その他淡水魚	175	0.1	7,173	2.3
海産魚小計		237,963	87.6	233,666	75.6
淡水魚小計		33,870	12.5	75,222	24.4
養殖魚総計		271,833	100	308,888	100

資料：2014年農林水産統計

る」と警鐘を鳴らしている。

　世界での魚の年間消費量は、1970年代の約11 kg/年/人から2014年時点で約19 kg/年/人であり今後も増加が続く見通しである。不足分を養殖魚で補填している現状では、養殖産業を環境保全と両立しつつ持続可能なものにする緊急性は明らかである。

　前述の提言の意義は重要であり、今後の水産業の将来に示唆するものは多い。

日本の魚類養殖産業の現状と問題点

養殖魚の生産量と生産額

　2014年時点での農林水産統計による日本の養殖魚の生産量と生産額は（以後、生産量の後のかっこ内に、当該魚種の生産額を示す）、海水魚が23.8万t（2,337億円）、淡水魚が3.4万t（752億円）となっており、合わせて生産量27.2万t、生産額3,088億円となっている。日本の水産業全体に占める魚類養殖の割合は、生産量が5.9％、生産額が20.5％である（表1）。二枚貝類や海藻類を含めた養殖生産量は水産業全体の約4分の1を占めるが、世界全体の配分からすると、わが国の魚類養殖は少ない傾向がある。

　魚類の単位重量当たりの平均単価を比較すると、海面では漁船漁業が380円/kg、養殖が954円/kgであり、内水面では漁船漁業が593円/kg、養殖が2,223円/kgである。生産量の規模や魚種組成が異なることから一概に比較はできないが、それぞれ養殖魚の方が3倍前後単価は高い。

　また、海水魚の養殖魚種の内訳は、ブリ類が13.5万t、マダイが6.2万tと海水魚全体の養殖生産量の4分の3を占め、近年生産量を伸ばしているクロマグロが1.5万t、ギンザケが1.3万tであり、これらの上位4魚種で全体の8割以上を占めている（図2、表1）。淡水魚については、ウナギが1.8万t、淡水マス類が0.8万t

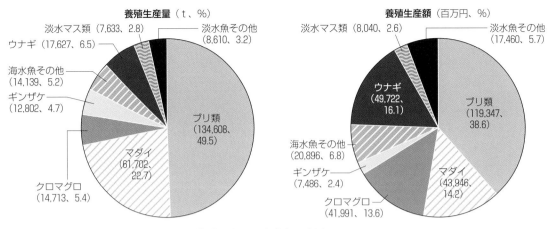

図2 2014年における日本の魚種別の養殖生産量と生産額の割合

資料：農林水産物統計（2014）

で内水面養殖量は3.4万t程度あるため、ウナギは内水面養殖の生産量は半数を占め海水魚も含めて上位4番目に位置し、養殖魚全体の生産額の16%を占めるに至っている。

日本の養殖業の歴史と発展

　海水魚の養殖は、1928年に野網和三郎氏が香川県東かがわ市引田町の安戸池でハマチの築堤式養殖を本格的に開始したことから幕を開けた。その後、原田輝雄近畿大学名誉教授らが精力的に研究した小割網生簀式養殖が、合成繊維網の利用により1960年代以降、全国に急速に普及し、魚類の養殖生産量も25万t前後で推移した。現状でも海産魚の養殖のほとんどは小割網生簀式養殖であり、生簀網数は1万2,000面に達している。

　この養殖形態のメリットは、施設が筏と小割網程度で、作業船と区画漁業権さえ所有していれば初期投資が少なくて済み、漁業者が新たに養殖事業に参入する条件がそろっていたことで広く普及した。しかし、本方式では養殖過程で排出されるふんや尿および食べ残しの残餌による窒素・リンなどの有機物の蓄積が周辺海域の水質や底質環境へ大きな悪影響を及ぼすことになる。

　養殖工程での窒素収支を調査した報告では、商品として回収される魚の窒素分はわずか3割しかなく、残りの7割は生簀の外に排出されている。ブリ類やサケ・マス類、マダイなど、現在養殖されている魚種でほぼ同様な報告がなされている（**図3**）。

　また、この養殖水域への環境負荷は人間等量（人間が生活する上で排出する量に換算）で年間500万～2,000万人分に相当するという試算もあり、養殖からの排水が周辺環境を悪化させ、赤潮の発生・疾病のまん延のみならず有用天然資源を減少させる要因にもなり得ることを警鐘する報告が多い。養殖業者の自主規制や持続的養殖生産確保法などによる管理が実施されているが、依然、養殖排水による自家汚染は潜在化している。特に近年は海面養殖漁場が集中する八代海周辺や宇和海沿岸などで赤潮被害と疾病のまん延の問題が大きい。

　これらの背景より、陸上での閉鎖循環式養殖は、環境保全と高効率な養殖生産の両立が可能な養殖方法としてのみならず、種苗生産や親魚養成などの分野でも閉鎖循環システムの導入による疾病防除や高生産性、環境負荷低減などの

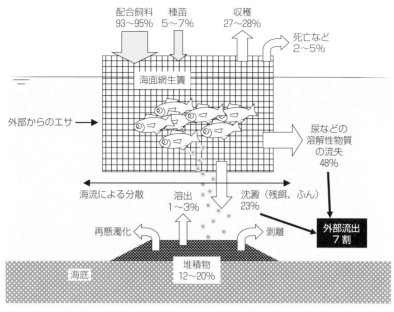

図3 海面小割網魚類養殖での窒素収支の模式図

資料：Hal et al（1992）を改変

効果の活用について注目を浴びている。

■ 閉鎖循環式養殖システム研究の経緯

1950〜60年代に、佐伯・平山らが実施した閉鎖循環式養殖に用いる生物ろ過処理の諸条件での要素解析の研究は、世界に先駆けた陸上養殖システムの研究成果として知られている。欧米ではこの成果を起点としてさまざまな陸上養殖の水浄化システムの研究が進み、1993年に開催された国際会議（Fish Farming Technology Conference）では、陸上養殖の本格的な展開が始まる切っ掛けとなった研究成果が報告された。その中でノルウェーの企業から「完全閉鎖循環式水槽養殖システム」が紹介され、このシステムは、物理フィルター＋生物ろ過装置＋紫外線殺菌装置＋泡沫分離装置＋脱窒装置＋沈澱槽などで構成され、現在の閉鎖循環式養殖システムの標準技術にもなっている。

一方、わが国でも1980年代より閉鎖循環飼育研究が実施された。㈶電力中央研究所がヒラメの陸上閉鎖循環式養殖システムを開発、その成果として「魚工場」として展開を図り大きな注目を浴びた。

1990年代からは宮崎大学での泡沫分離装置を基軸としたシステム開発や、2000年代には北海道工業技術センターで実用的なシステムの構築とそれを用いた魚類養殖の実証研究が行われた。

東京海洋大学ではティラピアを対象に完全閉鎖循環飼育システムを構築し、窒素・リンなどの物質収支や植物プランクトンや海藻培養を組み込んだゼロエミッション研究が進められ、近年、同大学館山実験場ではマグロ類の養殖特性の研究のための陸上養殖飼育設備が整備されている。また、鹿児島大学では、モナコの企業が開発した閉鎖循環式の研究施設を用いた飼料分野の研究が展開されている。

㈻水産研究・教育機構 瀬戸内海区水産研究所 屋島庁舎 資源生産部養殖生産グループ

図4 ㈱水産研究・教育機構 瀬戸内海区水産研究所（屋島庁舎）内の閉鎖循環飼育専用施設

（以下、屋島庁舎）では、2000年からこれまでほとんど研究されてこなかった海産魚介類の種苗生産に特化した閉鎖循環飼育システムの研究に着手し、2007年には筆者が開発した養殖生産にも利用可能な普及型で実用型のシステムを導入した閉鎖循環飼育専門の施設が設置された（**図4**）。そのシステムを実用化するために全国の県や自治体との研究機関と共同研究などの連携を図り、種苗生産のみならず、親魚養成、中間育成、陸上養殖、ワムシ連続培養のそれぞれの工程で閉鎖循環システムの有効性を実証するなど、技術普及を強く進展させた。

なお、既に2016年時点で16機関に閉鎖循環システムの導入が図られている（詳細は、第2章118頁、表2参照）。

屋島庁舎での研究対象種と導入領域は、マダイ種苗生産と親魚養成、トラフグ種苗生産と卵管理、親魚養成、キジハタ種苗生産と養殖、ワムシ連続培養、ガザミ種苗生産に上り、それぞれ有効性を明らかにした（第3章参照）。

その波及効果として閉鎖循環システムを導入した水産研究・教育機構内の事例は、北海道区水産研究所厚岸庁舎ではサンマの生物特性調査、東北区水産研究所宮古庁舎ではホシガレイの親魚養成や種苗生産、日本海区水産研究所ではズワイガニの親魚養成や種苗生産、ワムシ連続培養、西海区水産研究所長崎庁舎ではクロマグロ親魚養成、同研究所奄美庁舎ではクロマグロ種苗生産用の餌料となるハマフエフキの親魚養成と6事例あり、それぞれ高い有効性がある成果が得られており、研究分野においては、閉鎖循環システムの導入が広がってきている。

■ 日本における陸上養殖の実用化事例

①流水掛け流し陸上養殖の事例

これまで、わが国では実用化されている陸上養殖と言えば掛け流しの流水飼育での陸上養殖であり、淡水魚ではマス類やアユなどの清流に棲む魚を豊富な湧水を利用して周年掛け流しで養殖する分野であった。現在も両魚種を主体とする淡水養殖が展開されている。

一方、海水魚については、1980年代からヒラメの種苗生産技術が確立し、良質の種苗が確保でき始めたことでヒラメの陸上養殖が盛んになった。西日本を中心に各所で小規模の陸上養殖が進展したが、疾病や高水温による養殖成績の伸び悩みや韓国からの大量の安価な輸入魚が入ってきたことによる価格の低迷などにより多くの企業体が経営困難に陥ってしまい、縮小した経緯がある。現在はトラフグを対象に長崎県を中心に佐賀、福岡の北部九州地域で掛け流し（以下、流水式）の陸上養殖が実施され、現在においても1経営体で70〜150kℓ規模の浅くて広い形状のRC水槽を100基前後有する比較的大規模の陸上養殖が実施されている。

数年前までは中国産の安価な輸入養殖トラフグが市場を席巻したこともあり、経営体的には縮小したが、現在稼働しているところは堅調な生産を行っている。飼育海水は地下海水や沿岸水を海岸から引き込んだものをピットに集約し、そこからポンプアップして1日に数回の換水率で掛け流し流水飼育をしている。施設全体

を省コスト化する工夫と最近のトラフグの市場単価の高騰により安定経営が可能となりつつある。しかし、現状では限られた地域と魚種によるニッチな生産にとどまり、養殖排水は十分な処理が行われずに排水されていることから、今後は疾病の問題も含めて対策が必須である。

一方、使用する取水海水が極めて細菌が少ないあるいはほとんどない清浄な海水が取水でき、取水口と排水場所が異なる立地ができるところでは、前述の心配はない。

例えば近畿大学富山事業場の事例の様に海洋深層水が利用でき清浄な海水を用いたマダラの親魚養成やサクラマスの周年の陸上養殖やアナゴの陸上養殖の事業化に向けた養殖試験を実施している。また、太平洋中部沿岸域では清浄な地下海水が取水できる場所があり、静岡市清水区三保にある東海大学海洋学部の施設や愛知県知多半島に立地する㈱マリンテックの施設では清浄な海水を種苗生産や親魚養成、陸上養殖に活用し、最近では隣接して建設した㈱林養魚場がニジマスの閉鎖循環式養殖の飼育用水として活用している。また、長崎県五島市福江島の㈱五島ライブカンパニーでは周年20℃前後の清浄な地下海水を用いてクエの流水式陸上養殖を開始している。

これらの清浄な水の活用は流水式陸上養殖のみならず、閉鎖循環式養殖での疾病リスクの更なる低減や冷水性魚類の夏場での低水温維持の経費削減にも大きく寄与する。このように、使用する海水の性状により陸上養殖での運用も大きく異なってくる。

②半循環飼育による淡水魚の陸上養殖

淡水での陸上養殖の形態として、ウナギやコイでは露地池を用いて水車などで水を還流する方式のものや、ウナギでは養殖水槽の底に小砂利を敷き詰める処理や沈澱池を併設しポンプで循環する方式で、広い底を利用して簡易的な生物ろ過の機能を付与する形でアンモニア除去し、一日に数～数十％程度の換水で養殖する方法がある。本方式はハウスを用いて飼育水を加温し、成長促進させる方法がとられ、現在のウナギ養殖の主流である。

三重水試の山形氏はウナギの閉鎖循環式養殖研究を精力的に行い、浄化システムのみならず生産性についても検討をした。わが国では数少ないウナギの陸上養殖に関する重要な知見である。一方、小規模であるが、近年ではウナギ陸上養殖において欧米の主流である閉鎖循環式養殖の形態を模索する動きもある。ウナギ養殖を海水で実施する企業もあることから、筆者はわが国でのウナギ養殖に、閉鎖循環式システムを導入する時期にきたともとらえている。

③閉鎖循環式陸上養殖の最近の事例

これまでの2回あった閉鎖循環式の陸上養殖ブームの際には、目新しい養殖方法であることもありマスコミ報道などで広く紹介された事例は数多い。しかし、そのほとんどは成功に結びつかず、経営難で撤退している。これらの失敗の要因としては閉鎖循環システムそのものの性能の問題、経営側が有する養殖技術の問題、種苗由来の疾病のまん延の問題、販売戦略の欠如の問題など複数あるが、企業化する際の十分な精査なしに事業化したことなど、見通しの甘さが招いたことが主要原因と考えられる。このことは第2章115頁（2-10）にて詳しく記述しているので、参照されたい。

さて、筆者は現在の陸上養殖の状況は第3回目のブームととらえていて、これまでの様なオーソドックスな水浄化システムでの展開と異なり、さまざまな新たな観点からの取り組みが進展し始めていると考える。

例えばアンモニア除去を化学的酸化のラジカル処理による新方式のシステム開発や塩分条件の適切な管理による高生産性や高品質化の飼育

技術の開発、飼育密度 100 kg/kℓ を超える高密度養殖が可能なシステム開発、飼育水の成分調整による浄化システムの適用などがある。農業分野で進んだ産直のように、陸上養殖でも販売促進について市場に流通させるのではなく、独自戦略でのマーケット開発を行ってきていることなど、興味深い取り組みに発展し、これまでとは様相を異にすると考えている。

そこで2016年時点でのわが国の閉鎖循環システムを利用した陸上養殖の展開事例についてそれぞれの特徴を表2に整理した（詳細は各論参照）。

■ 高度化すべき技術開発と課題

①マイクロバブル・ナノバブル

マイクロバブル・ナノバブルの研究に関しては、㈱産業技術総合研究所の高橋正好研究主幹が本分野の第一人者である。同氏はさまざまな理論の検証や応用について研究展開し、筆者とも泡沫分離装置の開発時や二酸化炭素ナノバブルによる付着生物の防除の研究分野でも共同研究を行った経緯がある。

本技術の応用は欧米では実証事例はほとんどなく、わが国が先行して優れている分野である。マイクロナノバブルは現在「ファインナノバブル」とも呼ばれており、関連する学会も複数立ち、医療、工業、水処理、農業などの多岐にわたる分野で多くの注目を集めているが、現在、水産業で最も導入事例が多く、さらなる可能性についても提唱している。

例えば、用いる気体によってその特性は大きく異なり、酸素を用いた「酸素ナノバブル」は魚類飼育時の高生産性（2章97～98頁参照）、「二酸化炭素ナノバブル」は魚類の麻酔効果による輸送技術への展開や、「窒素ナノバブル」は魚介類の鮮魚の酸化防止に活用されつつある。近年、福山大学や鹿児島大学などでの試験的に適用した事例では養殖魚介類の成長・生残に有効な効果が得られてきている。一方、多様な装置が開発・製品化されているが、製品基準が各メーカーで曖昧であり、各メーカーの製品の性能（泡のサイズ組成や量）にも大きなばら

表2　国内で実用化されている循環式陸上養殖施設

企業名（魚種）	概要
IMTエンジニアリング（バナメイ）	「屋内型エビ生産システム（ISPS）、造波装置、人工海藻、淡水＋0.5%塩分
フジキン（チョウザメ＋キャビア）	砂ろ過装置、多段式ろ過装置、淡水養殖、出荷前味上げ、稚魚販売
夢創造（トラフグ、サクラマス）	生物ろ過＋オゾン接触曝気、温泉利用で低塩分、出荷前味上げ、フランチャイズ
林養魚場（ニジマス）	林養魚場循環ろ過養殖システム：HTF-RAS、地下海水利用、高密度養殖 100 kg/kℓ
伊平屋村漁協（ヤイトハタ）	循環式養殖、生物ろ過、高密度養殖、50 kℓ陸上水槽24面保有、輸出
ICRAS因島エコ養殖センター（ヒラメ、オニオコゼなど）	バックフィルター連結、ファインナノバブル装置、地下海水
FRDジャパン（アワビ）	人工海水、生分解性プラスチックを用いた脱窒装置、電解処理
キッツ（マダイ、マハタ）→キッツスマート養殖	KITZ RECIRRQUA、ラジカル処理、遠隔監視システム
宮崎綾海魚センター（ヒラメ）アサヒ工芸（ヤイトハタ）	

つきがあるなど、マイクロナノバブルの標準化と製品の評価基準が求められている。

②アクアポニックス

日本型陸上養殖の未来形としての展開の1つとして、機械化された浄化システムではなく生物利用によって水の浄化を図る取り組みである、アクアポニックスという技術がある。これは、わが国で古くから営まれている「水田養魚」のように、フナやコイを水田で飼育し、稲の収穫時に養殖した魚も取り上げるアクアポニックスの原型がある（アクアポニックスの詳細については、第4章228頁：4-1参照）。

その原理は魚から出る窒素源を有効利用するために、淡水ではクレソンやレタス、海水ではシーアスパラなどで、給餌による魚の育成とその排せつ物の窒素源を植物で回収する物質循環利用型のモデルである。近年、沿岸域でも環境調和型養殖システムとして、魚の養殖と海藻や貝類の養殖との混合型の複合養殖を目指す取り組みも行われていて、昨今の環境保全の流れと合致している。また、瀬戸水研百島庁舎（海産無脊椎動物研究センター）では屋外のクルマエビ陸上養殖池内で池水に増殖する植物プランクトンをエサとしてアサリの養殖試験を実施し、クルマエビとアサリの複合養殖の可能性を示している。

一方、オランダのワーヘニンゲン大学の下部組織の水産研究所で実施されているIntegrated aquacultureのように、給餌された配合飼料の窒素源を活用し、ゴカイ養殖＋シタビラメ養殖＋アサリ養殖＋シーアスパラ栽培の4段階で収穫される複合養殖のように、物質循環を極めた多面的な養殖の展開ができる可能性もある（図5）。水田養魚の経験と知恵を持つわが国のマインドをそこに見出すことはできないだろうか。

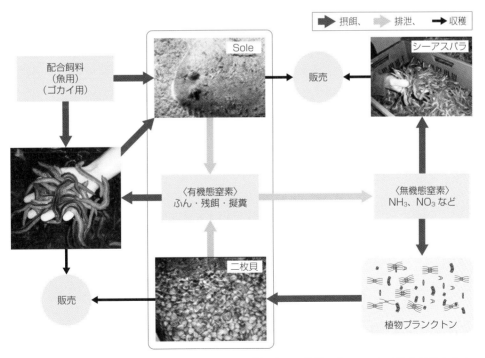

図5 ワーヘニンゲン大学IMARESのSole＋ゴカイ＋二枚貝＋シーアスパラを対象としたIntegrated Aquacultureの物質循環の模式図

画像提供：Jan Ketelaars博士、山本（2015）

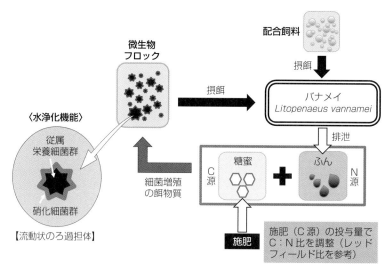

図6 C源添加によるバイオフロック法の物質循環と微生物フロックの水浄化機能の概念図

これからの試金石になると考える。

③バイオフロック法

本方法は、イスラエルで開発された微生物フロックを餌料として有効利用し、筆者の仮説ではレッドフィールドが提唱した水界のC：N：P比（C：N：P＝106：16：1）を活用した生物生産事例と考える。特に従属栄養細菌を増殖させることを基本とし、それを餌料とするエビ類（バナメイ）などを生産する。特にC：N比の調整のために炭素源として糖蜜などの安価で、なおかつ従属栄養細菌に取り込まれやすい炭素源を添加する一種の施肥技術であり、従属栄養細菌は水中の懸濁物としてフロック状になるため、「バイオフロック」法と呼ばれている（**図6**）。

本技術は物質循環を効率的に利用し、バイオフロックを構成する従属栄養細菌と硝化細菌により、CとNが循環し、最終形としてエビ類の生産につながる。この方法は好気性のさまざまなバクテリア（硝化細菌、従属栄養細菌など）の同時培養そのものであり、大量の酸素が必要になり、通気による曝気や水車などでの酸素補給及び水の還流が行われる。水中を還流するバイオフロックは、生物ろ過方法の「流動床」に用いられるろ材の坦体であり、下水処理での活性汚泥法と類似する。即ち、バイオフロックがエビのエサとなり、水浄化も同時に行うものである。

本方法は本冊子で紹介している閉鎖循環システムはなく、ほとんど換水しない方法である。本方法は海外での展開が進んであり、アメリカや韓国、東南アジアでの展開が多く、わが国でも㈱日本水産大分海洋研究所が研究を進め、バナメイの周年3〜4サイクルの高効率の養殖生産を実施する施設が鹿児島県で実用化されつつある。わが国では認知度は低いが、物質循環の高効率性から評価すると今後の世界の養殖技術として有望と考える。

④地域エネルギー活用型スマート一次産業

陸上養殖で消費するエネルギー問題については、現在、地域創生や工業団地への誘致のための電気代の補助などを活用する、あるいは太陽

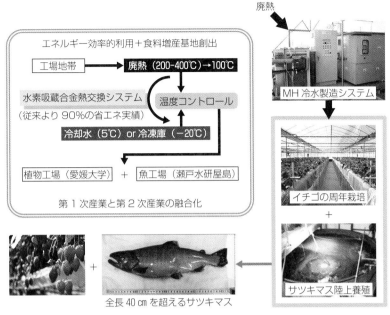

図7 西条市のクールアースプロジェクトのエネルギーと陸上養殖＋植物工場の融合により新規食糧増産基地構想

光発電や小規模水力発電、近年注目を浴びているバイナリー発電（温度差）などのインフラ整備を組み合わせたシステム開発が望まれる。また、工場などからの排熱を活用した地域エネルギー利用型の事業について、筆者は2案件実施し、その有効性を目の当たりにしたことから、熱源を活用するつなぎとなるシステムが実用化普及すれば、日本各地の地域エネルギー利用は有望ととらえている。

その一事例で、筆者らが関わった、愛媛県西条市で2008年に経産省事業として実践された廃熱利用のエネルギーと植物工場と魚工場の融合型のプロジェクトは、今後に大きな示唆を与えるものと考える（図7）。

これは、工場の排熱を「水素吸蔵合金熱交換システム（MH冷凍システム）」を用いると大量の冷水が作製できるシステムであり、工場排熱の高温と冷水を用いた植物工場と魚工場の温度調整管理を行うものである。本事業ではオランダの植物工場で進められている環境制御についてICTを活用したハウス栽培農業の理念も導入して監視調整システムを生産管理に導入していたことからもスマート農業・養殖システムのわが国での先駆けでもあった。

植物工場は愛媛大学の仁科教授、魚工場は筆者が設計し、西条市と西条産業情報支援センターが運営して、試験を実施し、植物工場のイチゴ栽培では夏でもハウスの中でイチゴは花が咲き大粒の実が鈴なりで周年収穫でき、18℃以下の水温を真夏でも低コストで維持可能で、魚工場の陸上養殖では周年15℃設定で調整し冷水性のサツキマスを人工海水による閉鎖循環式養殖で最大全長40 cm、体重1.5 kgにも成長させた。

一方、鳥取県境港の港湾埋立地の先端にある三光㈱は産業廃棄物処理事業を実施する企業であり、産廃処理時に発生する熱源は豊富にあり現状では放熱されていることからエネルギーは

廃棄されていた。そこの工場の一角に筆者が設計した閉鎖循環式養殖システムを設置し、適水温が22〜28℃の暖海性の海水魚であるキジハタを対象魚種として工場排熱を利用して適正水温で維持できる環境で、養殖期間が短縮できる成果も踏まえて、陸上養殖の企業化が進められている。

ここでは地域の豊富な水産物の水揚げに伴う廃棄物を再利用した地域漁獲廃棄物を活用した配合飼料化の展開も進められており、さまざまな意味のハイブリッド型の陸上養殖の展開につながることも含めて期待したい。

このように、今後の陸上養殖の展開を考慮するときには、植物工場とのリンクや、エネルギーの有効活用などによる排熱利用の加温・冷却が可能なシステムの開発が必要とされるであろう。

■産官学一体となった取り組みで陸上養殖は成立する

このように、わが国での陸上養殖の普及は現在多くはないが、これまでとは異なり着実に進みつつある。

陸上養殖を成立させるためには、稚魚からマーケットサイズまでの養殖過程のみならず、養殖には必須である種苗確保にかかる親魚養成・種苗生産・餌料培養のそれぞれの過程で効率的かつ生産性が高くなる技術が必要であり、いまだいくつかの課題がある。だが、これまで筆者らがつないだこれらの種苗確保の分野で閉鎖循環飼育の実用化が進んだことは、陸上養殖の事業化成立に向けた一定の条件を備えつつあると考えている。

最後に、陸上養殖の産業化を成功させるためには、「産官学一体となった取り組みの強化」といったあいまいなものではなく、産業化に向けて本気で実務者が一体化して取り組まなくては改革はできない。そのため、「官」の役割として受け皿をつくり、例えば陸上養殖に必須となる電気代について農事電力などのような体制の導入、「学」の役割として使える技術の情報公開と修練の場の提供、「産」の役割として、陸上養殖全体の運営を仕切り成功させるコンサルタントの創出など、それぞれの役割分担を実用化させた上で、「産官学の一体となった取り組み」を切に望む。

（山本 義久）

■参考文献

1) FAO (2014) The State of World Fisheries and Aquaculture 2014, 52.

2) Janet Larsen and J. Matthew Roney (2013) "Farmed Fish Production Overtakes Beef", http://www.earth-policy.org/plan_b_updates/2013/update114.

3) Hall. POJ, Holby, Kollberg S, Sarnuelsson MO (1992) "Chemical fluxes and mass balances in a marine fish cage farm", IV. Nitrogen. Marine Ecology Progress Series 89, 81-91.

4) 丸山俊朗 (1999) 養魚排水の量・濃度と環境への負荷、水産養殖とゼロエミッション研究（日野明徳、丸山俊朗、黒倉寿編）、恒星社厚生閣、東京、9-24。

5) Yamamoto Y., S. Hayase (2008) Japan, In Thematic regional reviews, The future of mariculture; a regional approach for responsible development in the Asia-Pacific region, FAO Fisheries Proceedings. 11: 189-198.

6) 佐伯有常 (1958) 魚介類の循環濾過式飼育法の研究基礎理論と装置設計基準。日本水産学会誌、23、684〜695頁。

7) 守村慎次 (1999) 負荷低減研究における国際情勢、水産養殖とゼロエミッション研究（日野明徳、丸山俊朗、黒倉寿編）、恒星社厚生閣、東京、32〜40頁。

8) Kikuchi, K.(1995) "Nitrogen excretion rate of Japanese flounder - a criterion for designing closed recirculating fish culture systems", *Israeli J. Aquaculture*, 47; 112-118.

9) Honda, H., Y. Watanabe, K. Kikuchi, N. Iwata, S. Takeda, H. Uemoto, T. Furuta, and M. Kiyono,(1993) "High density rearing of Japanese flounder, Paralichthys olivaceus with a closed seawater recirculation system equipped with denitrification unit". *Suisanzo-shoku*, 41: 19-26.

10) 丸山俊朗、鈴木祥広、佐藤大輔、神田猛、道下保（1999）泡沫分離・硝化システムによるヒラメの閉鎖循環式高密度飼育。*Nippon Suisan Gakkaishi*、65（5）、818～825頁。

11) 吉野博之（2003）閉鎖循環式養殖システムに関する研究、北海道大学大学院水産科研究科博士論文、216頁。

12) 竹内俊郎（2006）閉鎖生態系循環式養殖システムの開発、Eco-Engineering、18（4）、193～199頁。

13) 遠藤雅人、竹内俊郎、吉崎悟朗、佐藤秀一、大森克徳、小口美津夫、中島 厚（2000）閉鎖生態系循環式養殖システム（CERAS）の開発に関する研究Ⅵ．密閉式魚類飼育装置を用いたティラピア長期飼育時におけるリンの形態とミネラル収支、CELSS学会誌、13（1）、19～26頁。

14) 山本義久（2013）海産魚類の閉鎖循環式種苗生産システムの開発に関する研究、東京海洋大学海洋科学技術研究科博士論文、206頁。

15) 大脇博樹、山本純弘、岡本昭、黒川由美、（2011）海水魚の閉鎖循環型大規模陸上飼育システムの構築、長崎県工業技術センター研究報告、40、52-55頁。

16) Chen S., M. B. Timmons, D. J. Aneshanaly and J. J. Bisogni Jr.(1993) Suspended solids characteristic from recirculating aquacultural systema and design implications. *Aquaculture*, 112, 143～155頁。

17) 山本義久（2015）水産増殖での閉鎖循環システムの展開、特集「水産増養殖における人工海水の利用」日本海水学会誌69（4）225～237頁。

18) 山本義久（2015）閉鎖水界の生産力を活かした魚類生産（下）、閉鎖循環飼育の未来と可能性Ⅲ、アクアネット、9、48～53頁。

19) [http://encc.org.eg/download.php?file_name=lib/2014-12/16d4bdbd3473b6f3276cb66e1d8962381417605680.pdf&org_file_name=Presentation%20Blom%20Workshop%20KDEC&type=pdf]

20) 山本義久（2016）キジハタのハイブリッド式閉鎖循環型養殖—地元企業による事業化へ向けた鳥取県との共同研究—、アクアネット、5月号、54～58頁。

21) 山本義久（2016）"水素冷却"によるサツキマスの陸上養殖、アクアネット、3月号、46～50頁。

21) 山形陽一（1988）ウナギの高密度飼育のための循環濾過システムに関する研究、三重県水産技術センター研究報告、3、1～79頁。

半循環 閉鎖循環

第1章 「循環式陸上養殖」の基本と魚類の生理学

陸上養殖の強みと弱み、事業化の課題

1-2

ここがポイント！

- ☑ 疾病防除、無投薬、適温飼育、トレサビ確立、省力化が可能で、漁業権が必要ないのも利点
- ☑ 初期および運転コストともに高く、生産性が課題。SPF種苗の導入や生産期間の短縮が求められる
- ☑ 最低でも1,000t規模以上の水槽が設置できる施設でないと採算が取れにくい

　日本学術会議では2005年に21世紀における問題点として、①人口爆発、②環境破壊、③南北格差の3つを声明として公表した。食料の観点から見てみると、人口爆発による食料不足、特にタンパク質源の確保が困難になり、環境破壊、特に海洋の海水温上昇や酸性化により魚介類の生産性が低下し、南北格差により食料の南から北へ（途上国から先進国へ）の流れや貧富の差が拡大し、この3つがトリレンマとなり、問題点をより複雑化することになる。声明から11年が経過した今、これらは現実のものとなり、より脅威を増している。世界各地での水不足も深刻となってきた。20世紀の「緑の革命」は限界に達し、21世紀は「青の革命」、すなわち、海からの恵みを求める方向に軸足が移りつつあるのが現状である。

　このような中、世界の水産物需要が増大し、1人当たりの食用水産物年間消費量が1970年代では5〜6kgであったものが、2012年では20kgを超え、この30〜40年で4倍にも達している。2050年には世界の人口が90億人に達するともいわれ、今後食料を水産物に依存する傾向はさらに高まっていくものと思われる。世界の漁業生産量を見ると、海面・内水面とも漁獲量はこの20年頭打ちであるが、養殖生産量の伸びは著しく、漁業生産量と養殖生産量の比率は半々近くになっている。今後ますます増大するであろう、魚介類の需要を満たすためには、養殖業の発展は欠かせない。

　しかし現実に目を向けると、開発途上国からの養殖エビ類を中心としたわが国への水産物の大量輸入、それに伴うマングローブ伐採による沿岸環境の荒廃、国内では海面網生簀養殖による自家汚染の蔓延など、解決しなければならない課題は多い。2012年6月に"国連持続可能な開発会議（リオ＋20）"が開催され、「われわ

れの求める未来」についての成果文書が合意された。同文書中の特に農林水産分野では、「各国の多様な農業を考慮した持続的な農業生産の増大と生産性の向上」が謳われている。われわれとしては、水圏における資源の循環再生型・持続的発展型飼育などの取り組みが今後さらに重要になるものと考えている。

　欧米諸国と異なり、わが国における養殖は主に海面で行われている。すなわち海水養殖が盛んである。海面魚類養殖総生産量の90％前後を占めるブリ、マダイおよびギンザケ3魚種の養殖方式はすべて「網生簀」により養殖され、そのほかとして「掛け流し式（以下、流水式）」によりヒラメやクルマエビなどが陸上で養殖されている。これらはすべて給餌養殖であることから、養殖漁場である内湾やその周辺海域に赤潮などによる水質悪化が蔓延してしまう。

　そこで、それら海域での富栄養化や堆積物の蓄積を防ぐことが求められている。これまでに、網生簀内の収容密度の調整による管理や、残餌と不消化物質を少なくするために、飼料の形態や給餌方法を改善するなどの措置が取られているが、近年はさらに、魚類から排泄された窒素やリンを藻類に利用する複合養殖や排泄物を垂れ流さない養殖なども盛んに研究され始めた。このように今般、立地を選ばず、高い生産性を実現し得る「陸上養殖」に対する期待が高まっている。

■ 陸上養殖とは

　陸上養殖の概念については、既に他項で説明されているので、詳細については述べないが、次の2種類に分類される。「陸上養殖」は、陸上に人工的に設置した環境下で養殖を行うもので、飼育水として海水等を継続的に引き込みながら循環・排水させる「流水式」と飼育水をろ過システムにより浄化しながら閉鎖系で循環利用する「閉鎖循環式」がある。わが国の海産魚介類（魚類・貝類・甲殻類・軟体動物を含む）の陸上養殖の生産量は約6,300tで、金額は66億円と言われているが、その大半は流水式であり、かつ単価が高いヒラメ、トラフグ、クルマエビ、アワビ類に限られている。

　一方、閉鎖循環式陸上養殖の生産量の統計はないが、現在のところ、100t以下にとどまっていると思われる。

　そこで本項では、今後発展が期待されるそれぞれの陸上養殖における強みと弱みおよび閉鎖循環式陸上養殖における事業化の課題について論じることとする。

■ 流水式陸上養殖

　一般的に海面や河川などに面した土地に水槽や池を設置し、周辺から引き込んだ海水などを飼育水として養殖するもので、使用済みの飼育水はそのまま海面などに排水される。そのため、残餌やフン・尿などにより、海面を富栄養化することになる。すなわち、環境に対する負荷は網生簀養殖と何ら変わりがない。わが国ではヒラメやクルマエビ、東南アジアではエビ類（ブラックタイガー・バナメイ）の養殖にこの方式が多く用いられている。

　特に、エビ類では技術が確立され、大規模に実施されているが、マングローブの破壊や水田を養殖池としたことによる塩害による環境破壊が問題視されている。さらに最近、EMS（early mortality syndrome）と呼ばれる細菌性疾病による稚エビの大量へい死が生じ、生産量の大幅な減少が生じた地域も出ている。このように、流水式養殖は環境に負荷をかけ、病気の伝播を助長する危惧を抱えるという大きな弱みを抱えている。

　しかしながら、陸上で飼育管理できることから、後述したように、人為的管理がしやすく、

高齢者でも作業が可能などのメリットがある。

■ 閉鎖循環式陸上養殖

閉鎖循環式養殖は、基本的には飼育水を排水しない方式である。この循環システムを構築するにはいくつかの資材・装置が必須である。基本構成を**図1**に示す。飼育槽から排泄された飼育水はまず、糞など大型固形物の飼育水からの分離を行うために沈澱槽に送られる。スクリーンフィルタを通すこともある。また、その前後に泡沫分離装置（フォームフラクショネータ）を通過させ、浮遊懸濁物の除去が行われる。

次にろ過水槽（硝化槽）にて活性炭などにより物質の吸着を行う化学的ろ過や、魚から排泄されるアンモニアをろ材に生着させた硝化細菌の作用により、硝酸イオンへ酸化する生物学的ろ過が行われる。ろ過材にはセラミック、サランロック®、サンゴ砂などが用いられる。

さらに飼育水は、冷却器やヒーターにより水温調節がなされ、その前後に、紫外線殺菌装置により殺菌され、飼育槽に返送される。酸素供給は通気により行われ、飼育に必要な水中の溶存酸素濃度を維持する。液体酸素や酸素発生器を用いて、酸素濃度をより高めることも行われる。なお、循環に際しては少なくとも1台の循環ポンプが必須である。スクリーンフィルターや泡沫分離装置を用いる場合は別途ポンプがさらに必要となる。

また、この装置構成は飼育される魚種や淡水あるいは海水といった飼育水成分の違いにより異なり、特に淡水の場合にはウナギの飼育を除き、泡が発生し難いことから泡沫分離装置は使用しない。

そのほか、オゾンによる殺菌も行われるが、海水では魚毒性の高いオキシダント（BrO）が容易に生成することから、使用に際しては十分な注意が必要である。また、長期飼育に伴い、フミン酸の影響により飼育水が茶色く濁るが、特に魚の"味"や"臭い"には影響しない。

飼育環境による制御

閉鎖循環式陸上養殖はエサ・光・水の環境を自在にコントロールできることから、短期間での高密度・高成長が望める。たとえば、塩分と光周期を変化させることにより、魚の成長を

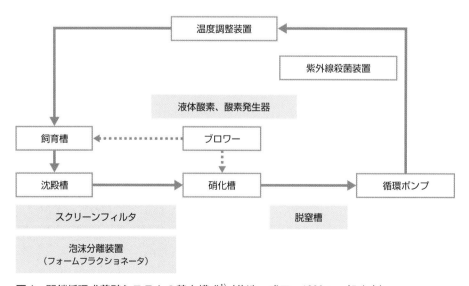

図1 閉鎖循環式養殖システムの基本構成[1]（菊池・武田、1999：一部改変）

10％以上向上させることができる[2]。

また、光の質に関しては、植物の場合は、種類によって赤色光あるいは、緑色光が優れていることが分かってきている。そこで、淡水魚のティラピアを用い、光の種類によって摂餌行動がどのように変わるのかをLED照射により調べたところ、白色光よりも赤色光、さらに黄色光により魚がエサ場に集まりやすくなり、魚影が濃くなるが、緑色光を照射することにより、魚影が真っ黒になるほど餌場に活発に魚が集まることが観察されている。このように、魚でも光の質、波長の違いによって摂餌の際の魚の集まり具合が異なることがわかった[3]。

なお、高橋ら[4]はマツカワを用いて、成長は緑色光（主な波長：555 nm）の照射が最も優れ、赤色光（同：622 nm）が劣っていることを明らかにしている。

このようなさまざまな条件を駆使していけば、新たな養殖の展開も可能になのではないかと考える。

その他の効果

閉鎖循環式にすることにより、①病気の伝播を防ぐとともに、薬品を使用する必要はなく、②魚の適水温での飼育が可能であるとともに、③トレーサビリティの確保が容易であり、結果として、安全・安心・安定した魚介類（貝類・甲殻類・軟体動物を含む）の生産が可能となる。

また、今後の養殖技術開発において、魚類の完全再生産システムの構築、いわゆる完全養殖技術を多くの魚で確立することが重要で、特に、家畜と同様に低タンパク飼料で効率よく生産できる魚の品種の開発は欠かせない。

"魚に魚を食べさせている"現状を打開しなければ、養殖魚の飛躍的な生産は望めない。家畜は何千年という歳月により品種を確立してきたが、魚類においては発生工学的手法を駆使して、新たな養殖魚、いわゆる「家魚」の作出が望まれる。その場合、自然界に放流することは遺伝子のかく乱を招くことから望ましくなく、閉鎖環境下での飼育が必須となる。閉鎖循環式陸上養殖はその受け皿としても今後の発展が期待される。

さらに、水の使用量を著しく制限できるため、多くの国々で水不足が懸念されている中、本システムを海外に輸出できる可能性も秘めている。

■ 事業化の課題

ここでは、特に閉鎖循環式陸上養殖の課題について述べることとする。

まずメリットとしては、①飼育環境の人為的管理が可能（温暖化や台風などの機構や気象等の影響を受けにくい）、②薬品の不使用や品質の向上が図られることから、ブランド化が推進できる、③区画漁業権などの漁業法の制約がないことから、設置場所を自由に選定できる、④作業を陸上でできることから、高齢者などの雇用促進につながる、⑤排せつ物などの環境への影響を軽減できる、特に水耕栽培と組み合わせることにより（アクアポニックスと呼ばれる）、窒素やリンを無駄なく利用できるなどがある。

一方、デメリットとしては、①魚の飼育に熟練していないと、容易に魚を全滅させてしまう場合が多い（例えば、飼育水の消毒・種苗の管理・酸素供給・硝化能力の把握等の欠如）、②停電などのトラブル時におけるバックアップ体制（機材など）の不備、③初期投資や生産コストがかかり生産性に問題がある、といったことが挙げられる。

すなわち、施設設備のイニシャルコストや電気使用量などのランニングコストが高く、結果的に生産された魚の価格が、市場価格を上回ってしまうため、事業化しにくいことがある。机

表1　1,000 t — 3系列プラス種苗水槽の試算結果[6]

	最終飼育密度	魚価単価	建設単価	補助金率	赤字一掃年	内部収益率	事業化評価
ケース1	3%	4,000円/kg	640万円/t	0	8年	13%	十分あり
ケース2	3%	3,000円/kg	320万円/t	50%	13年	7%	可能性あり
ケース3	5%	3,000円/kg	640万円/t	0	6年	22%	十分あり

（毛利邦彦氏提供）

上の計算ではあるが、生産コストのうち、3分の1が施設建設・設備等整備費、3分の1が調温や動力の電気代、残りの3分の1が飼料費や人件費、飼育水代、その他となる。特に、電気代のコスト軽減策は重要である。

■ コスト構造

コストおよびその変動要因には以下の、①償却年によるキャッシュフロー、②水温調節によるエネルギー費、③生産量に影響する最終収容密度、④自動化による運転経費および保守費用、⑤酸素、pH調整費、⑥市場価格、⑦補助金などの税制、⑧飼料や防疫費用、などが挙げられる。

エネルギーを節約するためにはどのような方法があるのか、収容密度を高める方策は何か、市場価格の変動に動じない方策は何か、補助金をどのように引き出すのか、閉鎖循環式養殖に適した飼料の改良はどうするか、など解決すべき点は多く、そのためには産官学からなるコンソーシアムを構築して推進することが必要であろう。

また、生産原価への影響について吉野[5]は、生残率の変動が最も大きく、次いで成長、飼育密度であると述べている。このことから、魚の飼育に詳しい人材は必須と言える。

施設の建設では、「0.6乗則の適応」、「ユニットを共通にすることによる設備の簡素化」、「設計の共通性によりイニシャルコストの2割削減」などができることを考慮しても、少なくとも1,000 t規模以上の水槽を設置できる施設でないと採算が取れにくい。そこで、表1（毛利邦彦氏提供）に1,000トン3系列プラス種苗水槽を用いた場合の試算結果を示す。1,000 t水槽3系列、1,000 t種苗槽系列を1系列として、年間に4回出荷できるとすると毎月の出荷が可能になるとして、事業性の評価を行った結果である。

償却年は20年として試算している。養殖技術の向上により最終飼育密度を3%から5%にすると、魚価が1,000円/kgほど安くなっても内部収益率を13%から22%に増加でき、大幅に事業性が向上する。この結果から、建設費に補助金が50%加われば、飛躍的に事業性が向上することになる。

種苗は特定病原体を持たない（SPF）ことが望ましく、種苗導入から出荷までの期間は短ければ短いほど生産性は向上し、さらに毎日同一サイズの魚を出荷できる体制を保持すべきである。これによりインターネット販売などを含め販路の拡大が見込める。

事業化スキームだが、養殖事業者が中心となって漁業協同組合（漁協）、農業協同組合（農協）、畜産農業協同組合（畜産組合）、自治体、エネルギー事業者、保守運転事業者とネットワークを組んで進めていくことが、事業化の安定化を図る上で重要である（図2）[7]。

魚の面から見ると、新型飼料の開発により味も良く、ブランド化が可能な魚の製品化、トレーサビリティを駆使し、薬品や重金属、放射能などのリスクを排除した安全・安心を前面に

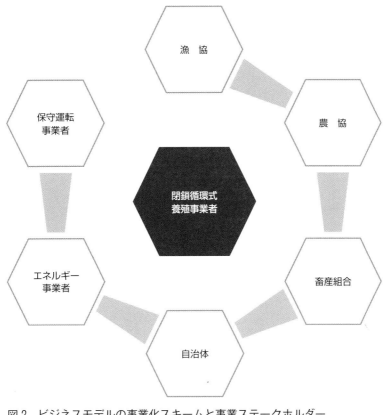

図2　ビジネスモデルの事業化スキームと事業ステークホルダー

押し出した製品のイメージづくり、なども重要である。

　立地条件としては、消費地に近い場所の選定や、熱エネルギーなどを得やすい地域への隣接などに十分配慮する必要がある。われわれが過去に実施した牛糞を用いた高純度バイオメタンの排熱を利用したトラフグ閉鎖循環式陸上養殖施設の取り組みのほかに、地熱などの地域資源や他施設の排熱利用による飼育水の加温、加温用ヒートポンプから発生する冷水の加工への利用、洋上風力発電といった再生エネルギーの利用など、周辺施設の最適な利用法を図る必要がある。

　それらの施設と、保温、濾過、廃棄物処理などの各要素技術を有機的に連携させ、コストを抑えた最適な技術・機器のシステムを構築することは重要である。

国による支援やセミナー新規参入も増加している

　農林水産省では2013年7月に「養殖業のあり方検討会」において陸上養殖の可能性について言及するとともに、平成26年度にはマリノフォーラム21に委託して、「次世代型陸上養殖の技術開発事業」を3カ年の予定で立ち上げ、循環式陸上養殖技術開発の後押しを始めた。一方、われわれは（一社）大日本水産会の後援の下、「陸上養殖勉強会」なる組織を立ち上げ、2018年4月現在400名を超える会員を擁している（詳細については、事務局長である廣野育生氏の「監修をおえて」を参照してほしい）。

　異業種の方々を含め、意見や情報を交換しながら、閉鎖循環式陸上養殖の事業化の推進をさらに図っていく勉強会として利用してもらいたい。

これまで、栃木県那珂町での温泉トラフグや新潟県妙高市のバナメイなどの陸上養殖の事業化が知られていたが、ここにきて、各地での取り組みの動きが活発化している。

　たとえば、鳥取県とJR西日本によるマサバ、八幡浜市や浜松市でのアワビ、JF与那国町のバナメイ、石垣市のスジアラ、静岡商工会議所のカワハギなどについての大規模陸上養殖施設を、漁港近くや廃校になった学校跡地、中山間地域に設置するなど、多彩な取り組みが見られ始めている。これらの取り組みが成功裏に進むことにより、閉鎖循環式陸上養殖の今後ますますの発展が期待される。

（竹内　俊郎）

■参考文献

1) 丸山俊朗、菊池弘太郎ら（1999）水産養殖とゼロエミッション研究、恒星社厚生閣、140頁。
2) 遠藤雅人・竹内俊郎（2006）閉鎖循環型養殖システムを用いたティラピア飼育における環境制御技術、生態工学会年次大会　福岡講演。
3) 竹内俊郎・遠藤雅人（2014）光と魚介類"生態工学ハンドブック Vol.5　光と生物"、アドスリー、Biophilia Extra（電子版）10号、37～42頁。
4) 高橋明義・小林勇喜・山野目健・水澤寛太（2011）魚類・光・内分泌～体色と食欲の深い仲、ビオフィリア、7（1）、31～36頁。
5) 吉野博之（2009）ペヘレイの閉鎖循環式飼育システム、生態工学会ミニシンポジウム「閉鎖循環式飼育システムの現状と問題点」東京講演。
6) 竹内俊郎（2014）陸上養殖の強みと弱みを理解しビジネスチャンスにするために、月刊養殖ビジネス、1月号、34～38頁。
7) 竹内俊郎（2015）陸上養殖の概要と事業化の課題、月刊養殖ビジネス臨時増刊号、1～7頁。
8) 日刊水産経済新聞（2016）陸上養殖、多彩に加速、平成28年7月27・28日。

半循環　閉鎖循環

第1章　「循環式陸上養殖」の基本と魚類の生理学

「循環式陸上養殖」の定義
1-3

ここがポイント！

- ☑ 循環飼育導入の主なメリットは、①環境負荷軽減、②省コスト化、③高生産性、④疾病防除
- ☑ 事業展開の際は、魚種や立地条件などに適した飼育手法の選択が重要
- ☑ 循環式陸上養殖の区分の定義や名称は統一されていない

　近年注目度が大きい循環式陸上養殖であるが、実は新しい発想の飼育手法ではなく、1950年代には既に研究が進められ、基礎的な知見が着実に集積されつつ全国の水族館を中心に応用されてきた。さらに1990年代以降は次々と循環式陸上養殖に関する解説本や研究論文が出版され、近年の陸上養殖ブームに至っている。

　しかし、これらの情報は専門性が高く、新規参入者にとってはハードルが高いため、いざ飼育を始めようと思ってもシステムの設計や取り扱い方法などの基礎となる技術情報は実は少ないのが現状である。また、成功例はたびたびテレビや雑誌で報道されるものの、失敗した事例が紹介されることは少なく、同じ失敗を繰り返し挫折してしまうことも多かった（第2章115頁参照）。

　㈱水産研究・教育機構　瀬戸内海区水産研究所屋島庁舎の資源生産部養殖生産グループで

写真1　実験用閉鎖循環式飼育システム（屋島庁舎）

は、2000年より飼育現場に適応した循環式飼育システムの開発を進め、さまざまな海産魚飼育における要素研究を実施してきた（**写真1**）。また、マダイ、トラフグ、キジハタなどをモデル魚種として循環式システムへの適応を研究し、都道府県などの研究機関との共同研究など

表1　屋島庁舎が共同研究などで実施してきた主な循環式飼育の対象種（2010～2014年度の5年間）

飼育工程	対象魚種	循環システム導入の目的	主な共同研究・連携機関
親魚養成	マダイ*	加温経費削減	—
	トラフグ	加温経費削減	(公社)山口県栽培漁業公社
	キジハタ	疾病防除	(公財)香川県水産振興基金
	ハマフエフキ*	使用量の削減	西海区水産研究所（奄美庁舎）**
	クロマグロ*	加温経費削減	西海区水産研究所（長崎庁舎）**
餌料培養	ワムシ	加温経費削減、安定生産	秋田県水産振興センター、日本海区水産研究所（能登島）**
種苗生産	カサゴ・メバル	加温経費削減、高生残、高成長	広島県立総合技術研究所水産海洋技術センター、佐賀県玄海水産振興センター
	マダイ	高密度飼育、疾病防除	—
	キジハタ	疾病防除	(公財)香川県水産振興基金
	ハギ類	新規養殖候補	広島県立総合技術研究所水産海洋技術センター
	トラフグ	高生残、高成長	—
	カンパチ*	海水使用量削減、加温経費の削減	(公財)かごしま豊かな海づくり協会、鹿児島県水産技術開発センター
	サクラマス	淡水使用量削減	北海道区水産研究所（千歳庁舎）**
養殖	キジハタ	高成長、新規養殖候補	鳥取県栽培漁業センター、民間機関
	クエ	高成長	佐賀県玄海水産振興センター
	マハタ*	新規養殖候補、高成長	福井県栽培漁業センター
	ヤイトハタ*	海水使用量の削減	沖縄県栽培漁業センター、伊平屋村漁業協同組合
	サツキマス	新規養殖候補、地域振興	愛媛県西条市
	アワビ類*	海水使用量の削減	愛媛県八幡浜市

＊は「半循環飼育」、＊＊は「(研)水産研究・教育機構」の各施設名を示している。

でさまざまな魚種への展開を図ってきた。**表1**では最近5年間の主な事例のみを記載したが、魚類から貝類、ひいてはワムシまで多様な対象種や飼育工程に適応可能であることが分かる。

筆者らは循環飼育導入の効果（メリット）として、①環境負荷軽減、②省コスト化、③高生産性、④疾病防除の4つを挙げてきたが（**図1**）、循環飼育、特に閉鎖循環飼育は目新しさがあるゆえにメリットばかりが強調されてしまう傾向がある。

陸上養殖の単語を1つとっても、「流水飼育」、「止水飼育」、「循環飼育」などに分けられ、それぞれメリットとデメリットがある。どのような状況にも適合する夢のような飼育手法は存在しない。事業を展開する際には、魚種や立地条件などに適した飼育手法を選択すること

が重要であることをまず理解していただきたい。

ここでは、まず、本書内における各飼育手法の定義をしておきたい。

本書における各区分の定義・名称

陸上養殖では飼育用水の注水方法により主に4つの飼育手法に区分されることから、飼育対象種や立地条件などによって適正な飼育手法が選択される。それぞれの区分の定義や名称は統一されていないが、本書では便宜上、おおむね**図2**のように定義する。

「流水飼育」

流水飼育とは飼育水を掛け流して飼育する手

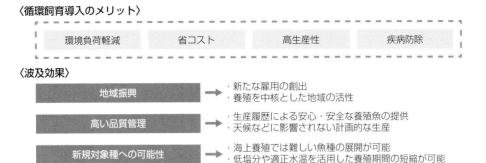

図1 閉鎖循環飼育における主な効果（メリットと波及効果）

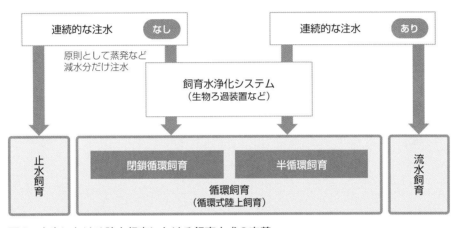

図2 本書における陸上飼育における飼育方式の定義
魚介類の飼育では飼育用水の注水方法によって4つの飼育手法に区分されるが、正式には各区分の定義や名称は統一されていない。例えば、本書においては、「循環式陸上養殖」という表現では、閉鎖循環式または半循環式による養殖であることを意味している。

法で、飼育水の交換によって水質維持を行う。そのため飼育環境の悪化が少なく、飼育にお手軽感があることから、一般的にこの手法が飼育に用いられている。一方で大量の用水が必要であるため、海産魚では臨海域、淡水魚では河川流域や地下水が得られる地域での展開に限定されるなど、立地条件が広域展開の障害となっている。

「掛け流し飼育」などと呼ばれることもあるが、本書では原則「流水(式)飼育」と表記している。

「止水飼育」

止水飼育は、名前の通り、飼育水の交換を行

用語解説

ほっとけ飼育

(研)水産研究・教育機構が開発した稚魚の生産技術。作業の省力化・作業時間の短縮・水質の安定に特徴がある。

わずに飼育する手法である。アンモニアなどの有害物質が蓄積されるデメリットはあるが、飼育水の交換がないため環境が安定するなどのメリットがある。本手法は、「溜め池養殖」や「ほっとけ飼育」に代表されるような初期飼育

に用いられることが多い。

循環飼育

循環飼育（または循環式飼育）とは、飼育水を浄化するシステムを設置して飼育水の全部または一部を再利用しながら飼育する手法であり、後述する「半循環飼育」と「閉鎖循環飼育」が含まれる。

循環飼育に関する用語は必ずしも統一されてこなかった。例えば、ヨーロッパで行われる循環飼育は「閉鎖循環飼育」と訳されることが多いが、実際は数％〜30％程度の換水（新しい用水を注水する1日当たりの割合）を行っており、半循環飼育の範疇に入ると思われる。国内の論文や講演資料を見ても、「半循環飼育」と「閉鎖循環飼育」を明確に区分している例は少ない。

「半循環飼育」

半循環飼育は、飼育水を浄化して再利用するが、一定量排水する飼育手法である。つまり、排水分は飼育水を一定量連続的に注水する手法であるため閉鎖循環飼育に比べて飼育環境の悪化は生じにくい。システムも簡素であるため飼育水槽内の環境維持に関わるイニシャルコストを小さくできるのが特徴となる。

しかし一方で、用水の確保が必要であるため、立地条件が限られてしまうデメリットもある。半循環飼育では、飼育水の大部分は再利用することから排水による放熱が少なく、加温や冷却コストに関わる経費削減を目標に導入する事例が多い。

本書では「半循環飼育」、「半循環式飼育システム」といった単語で記載する。

「閉鎖循環飼育」

閉鎖循環飼育は、飼育水をすべて浄化して再利用し、蒸発や浄化処理の工程における減水分だけを補充する飼育手法となる。閉鎖生態系循環飼育、もしくは狭義でいう「閉鎖」でないため「循環飼育」と表現される場合もあるが、用語の混乱を避けるため、本書では「閉鎖循環飼育」、「閉鎖循環式飼育システム」といった単語で記載する。

閉鎖循環飼育は、飼育水を繰り返し再利用するため、高度な水質維持装置が不可欠である。そのため、これらシステムに要するイニシャルコストが大きくなり、飼育水の変化には細心の注意を要するが、取水環境による立地の制約が少ないのが最大のメリットである。用水の確保が困難な内陸域での導入が期待されている。

（森田 哲男）

■参考文献

1) 山本義久（2015）欧州における閉鎖循環式養殖、月刊養殖ビジネス2月号、14〜17頁。
2) 森田哲男・山本義久・荒井大介（2010）都会の真ん中で陸上養殖（2）閉鎖循環飼育システムを用いた飼育方法に取り組んでいます、豊かな海21、19〜21頁。
3) 山本義久（2011）閉鎖循環飼育の未来と可能性、アクアネット4月号、57〜59頁。
4) 高橋庸一（2010）ヒラメ種苗生産における生物餌料の軽減と飼育作業の簡素化、水産増殖38、23〜33頁。

半循環　閉鎖循環

第1章　「循環式陸上養殖」の基本と魚類の生理学

魚の呼吸および浸透圧・アンモニア調節のメカニズム

1-4

ここがポイント！

- ☑ 閉鎖飼育環境での溶存酸素濃度は水温や個体密度の影響を強く受けるため、注意が必要である
- ☑ 魚種によるアンモニア排出・浸透圧調節能力の違いをもたらすメカニズムが明らかになってきている
- ☑ 飼育条件を魚種ごとの生理機能特性に合わせて最適化することで閉鎖循環式養殖のメリットを最大限引き出せる

　閉鎖循環式養殖の利点として、飼育環境を養殖対象魚種に合わせて調節することが容易であり、生産効率の向上を図れることが挙げられる。例えば低塩分環境を用いた海産魚の養殖では、海水飼育よりも好成績が得られることも多く、天然環境に可能な限り近づけることが、必ずしも最善ではないことを示している。

　これまで、閉鎖循環式養殖における飼育環境の最適化はさまざまな飼育試験を実施し、高成長および高生残を示す条件を見出す手法を主として行われてきた。しかし、日本のように多くの魚種を養殖対象種もしくは潜在的養殖対象種としている場合、この戦略の省力化・効率化を図ることが閉鎖循環式養殖の普及に向けて重要となると考えられる。

　その方策として、魚類の環境順応生理の変化を指標とすることが挙げられる。一般に環境変化に対する生理機構は生存に必須であるため、その応答は鋭敏かつ迅速に行われる。つまり長期にわたる飼育試験を行わなくともその解析は可能である。また、実際の養殖環境において問題が顕在化する前に魚の状態を把握することも技術的には可能と考えられる。

　このような観点から、循環式養殖を行う上で、魚類の環境順応生理を司るメカニズムを理解しておくことは非常に有益である。

■ 魚類の呼吸機構

　魚類の主たる呼吸器官は鰓であり、ここでの疾病は魚類に重篤な影響を及ぼすことは広く知られている。鰓は一部の例外を除いて左右4対存在し、それぞれの鰓は鰓弓、鰓弁から成り、鰓弁が呼吸上皮として機能する。常に新しい環

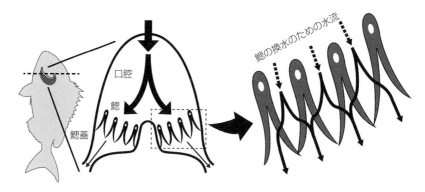

図1 呼吸のための鰓への水の供給とその水流
左図：口腔内に取り込まれた環境水は鰓を通過して、再び環境へと放出される。
右図：鰓の換水は鰓弁を効率よく通過する形で行われる。

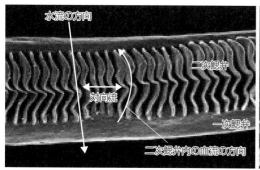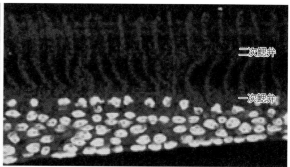

図2 鰓弁の走査型電子顕微鏡像（左）と塩類細胞の分布（右）
左図：一時鰓弁上の二次鰓弁がラジエーター状に存在する。水流の方向に対向して二次鰓弁内を血液が流れる。
右図：鰓表面の水流の下流側に塩類細胞が偏在する。

境水を鰓に供給することが、効率的な呼吸には重要であり、鰓への環境水の継続的な供給のことを「換水」という（**図1**）。

　換水は、低速遊泳時には口腔や鰓蓋の運動を協調させるポンプ運動によって行われる。これに対して、カツオ・マグロの仲間のような回遊魚では、遊泳時に口を開けて鰓に環境水を送る「ラム換水」という様式によって呼吸が行われる。ブリやカンパチは天然環境ではラム換水によって呼吸を行なっているが、拘束条件下では口腔ポンプによる呼吸も行なうことができる。そのため高速遊泳の難しい比較的小型な養殖施設においても呼吸が可能である。

　魚種により差はあるが、環境水中の溶存酸素濃度がおよそ3 mg/ℓ以下になると魚類は酸欠状態に陥りやすい。また水中における気体の溶存可能量は温度と反比例する。つまり水温が上がると溶存酸素量は少なくなり、特に高密度飼育条件では、貧酸素状態になりやすくなる。ただし、高圧酸素の添加などは酸素の過飽和によるガス病を招くこともあり、十分な曝気と水槽内の水流の最適化を行なうことが肝要であるといえる。

　鰓弁は一次鰓弁上に二次鰓弁と呼ばれる薄板が密に発達する構造をとる。二次鰓弁では薄い細胞層の直下に血液が流れていて、鰓表面の水流と反対方向の血流となっている（**図2**）。このような対向流システムは環境水との間で効率よ

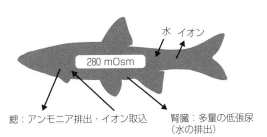
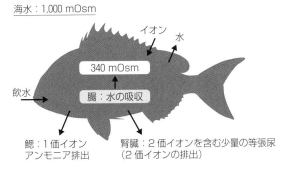

図3 魚類の浸透圧・イオン調節機構
淡水と海水では正反対の調節を行う必要がある。

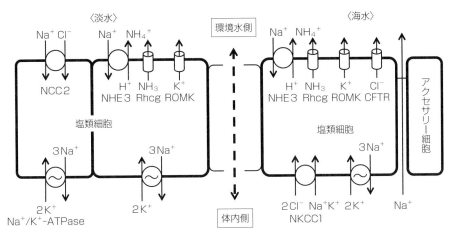

図4 魚類の塩類細胞でのイオン輸送モデル

く呼吸を行なうことに寄与している。二次鰓弁は呼吸上皮の面積の拡大に重要な構造であるが、その発達の度合いは魚種によって大きく異なる。例えば、低酸素環境に弱いサケ科魚類やマグロの仲間では二次鰓弁は高度に発達しているが、低酸素状態に強いコイ科魚類やニホンウナギではさほど発達しない。このように、鰓の二次鰓弁の形態的特徴はその魚種の低酸素耐性と関連があることが考えられている。

■ 魚類の浸透圧調節機構

浸透圧調節とは

　魚類の血液浸透圧はその生息環境に依らず、われわれ陸上脊椎動物と同様に、およそ海水の3分の1に維持されている。魚類は淡水または海水を主たる生息環境としていて、汽水域でも潮汐によって環境塩分濃度は一定ではない。つまり、魚体と外環境との間では水やイオンの濃度勾配によって起こる物質の拡散が常に起こっていて、これに対処するための働きが浸透圧調節である（図3）。

　前述の通り、鰓は呼吸器官としてだけでなく浸透圧調節器官としても重要であり、その機能は主に鰓に存在する塩類細胞が担う。塩類細胞はその機能から淡水型および海水型塩類細胞に大別され、それぞれイオンの取り込みと排出を担う（図4）。また淡水魚、海水魚に関係なく、塩類細胞は鰓の入鰓弁動脈側、つまり鰓を流れる水流の下流側の鰓上皮に偏在する。このこと

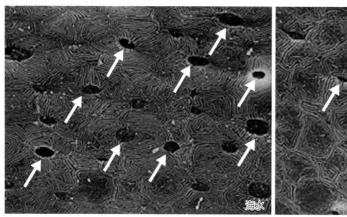
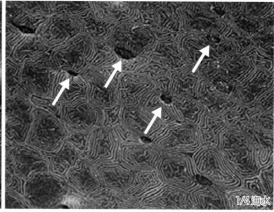

図5 トラフグ鰓塩類細胞の開口部と飼育浸透圧環境の関係
海水で飼育したもの（左）と比較して4分の1海水で飼育したトラフグの鰓（右）では塩類細胞の開口部が少ない。
資料：Lee et al. (2006) Gen comp Endorinol 149：pp285-293、Figure3A の b、d を改変

用語解説

NHE3
Na^+/H^+ exchanger-3。細胞外のナトリウムイオンと細胞内の水素イオンを交換的に輸送する輸送体。

NCC2
Na^+、Cl^- co-transporter-2。細胞外のナトリウムイオンと塩化物イオンを共輸送する輸送体。

CFTR
cystic fibrosis transmembrane conductance regulator。細胞内の塩化物イオンを排出する輸送体。

NKCC1
Na^+、K^+、Cl^- co-transporter-1。血漿中のナトリウム・カリウム・塩化物イオンを細胞内に共輸送する輸送体。

は、淡水環境で体表の大部分を占める鰓上皮から流出してしまったイオンを水流の下流側で再度取り込むことに寄与し、海水中では排出したイオンが鰓から再度浸入することを防いでいる。

塩類細胞におけるイオン輸送機構

近年、塩類細胞におけるイオン輸送機構について多くの知見が報告されている。塩類細胞でのイオン輸送機構の駆動力として働くのが、体内側の細胞膜に局在する Na^+/K^+ - ATPase である。この輸送体は細胞内の Na^+ 濃度を低く、K^+ 濃度を高く維持する働きを持つ。Na^+/K^+ - ATPase によって生じた電気的および濃度的勾配を利用して浸透圧調節のためのイオン輸送は行われ、このことは淡水および海水型塩類細胞で共通である。

図4に示す塩類細胞でのイオン輸送モデルを理解すると、淡水中で不足するイオンは塩類細胞の環境水に接する細胞膜に局在する NHE3 および NCC2 によって取り込まれる。これら2つの輸送体は別々の塩類細胞に存在し、この輸送体の局在によって淡水型塩類細胞は少なくとも2つに分類される。しかしニホンウナギでは鰓において NCC2 の発現が確認されていない

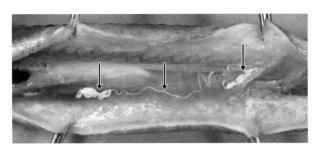

図6　海水飼育ウナギ腸管内に見られるカルシウム沈澱物
あらゆる魚種で絶食下において白色固形物が消化管内に観察される。
資料：Mekuchi et al. (2010) Fish Sci, 76：pp199-205に掲載の写真の原本を使用。スケールバーや矢印を変更。

など、淡水適応機構を担う塩類細胞の機能には魚種特異性があることが示唆されている。

　一方、海水中では海水型塩類細胞の環境側細胞膜に局在するCl^-輸送体CFTRによって海水中にCl^-が排出される。またNa^+については塩類細胞と、これに隣接して存在するアクセサリー細胞との細胞間隙から排出される。淡水型塩類細胞と異なり、これまで報告された魚種でほぼすべての海水型塩類細胞にCFTRとNKCC1が局在する。このことから、海水環境における鰓でのイオン輸送機構は魚種によらず高度に保存されていると考えられている。

　淡水と海水の中間である希釈海水において、トラフグでは塩類細胞の数自体に変化はないものの、塩類細胞が環境水に開口する割合が減少することが報告されている（**図5**）。これは海水型塩類細胞しか持たないトラフグが希釈海水環境において塩類細胞を介したイオンの排出を抑えるための応答であると考えられている。汽水域に生息するハゼの仲間でも潮汐による塩分濃度の変動に合わせて塩類細胞の開口部を開閉することが報告されている。また塩分濃度の程度によって塩類細胞の開口部の形態が変化することも知られており、塩類細胞の機能を検討する場合、開口部の形態・密度は簡便かつ優れた指標となる。

　魚類の浸透圧調節には鰓だけでなく、腎臓や腸も重要な役割を果たす。魚類の腎臓は老廃物の排出への寄与は低く、主に浸透圧・イオン調節器官として機能する。淡水中で腎臓は体内で過剰となる水を排出するべく、血漿をろ過して生じる原尿から必要な栄養分や各種イオンを腎臓の細尿管において再吸収し、最終的にそれらがほとんど含まれない尿を多量に産生して排出する。対して海水中では体内で水が不足するため、原尿から必要な栄養分や水を細尿管で再吸収し、マグネシウムやカルシウムといった過剰となる2価イオンを多く含む尿を少量排出することで、イオン調節に寄与している。

　淡水に生息可能な魚種では細尿管が機能および形態的に近位と遠位に区分される。これに対して、多くの海産魚では形態的に近位細尿管のみが観察され、海水適応の過程で遠位細尿管が失われたことが考えられる。また腸は淡水中ではエサに含まれるイオンを取り込み、海水中では体内に不足する水を取り込む。水は浸透圧勾配に従って移動することから、体内より浸透圧の高い海水から直接水を取り込むことはできない。そこで飲んだ海水から消化管においてNa^+、Cl^-を取り込み、浸透圧を下げて、体内よりわずかに低張にしてから水を取り込む。

　また、海水中には多量のカルシウム、マグネシウムが含まれるが、これらについては消化管内に分泌した重炭酸イオンと反応させて、水に

溶けていない状態とすることで除去している。

■ 魚類のアンモニア排出

陸上動物では窒素代謝の老廃物であるアンモニアを尿素や尿酸に変換、尿を介して排出している。これに対して魚類では鰓からアンモニアを直接環境水中に排出している。アンモニアは水によく溶ける気体であり、水溶液中ではアンモニア（NH_3）とアンモニウムイオン（NH_4^+）の状態で存在する。この存在比はpHによって変化し、中性付近ではほぼ99％がアンモニウムイオンの状態で存在する。また魚類に対してアンモニアは非常に有毒であるが、アンモニウムイオンの状態ではさほど害はない。魚類のアンモニア排出はこのような性質にうまく適応した様式によって行われる。

魚類の鰓におけるアンモニア排出はRhタンパクと呼ばれる輸送体によって行われる。この輸送体はアンモニアは輸送できるが、アンモニウムイオンは輸送できない。そこで、まず体内に存在するアンモニウムイオンを輸送体で運ぶ前にアンモニアへと変換して輸送する。塩類細胞に存在するRhタンパクはNHE3と共役して機能し、Rhタンパクがアンモニアを環境水中へ輸送する際に、NHE3が水素イオンを排出する。この働きにより、鰓から排出されたアンモニアが直ちに水素イオンと反応して、アンモニウムイオンへと変換され、アンモニアの毒性が低減されると考えられている。

加えて、Rhタンパクはアンモニアを濃度勾配に従って輸送するため、塩類細胞近傍の環境水に存在するアンモニアをアンモニウムイオンへと変換することは、Rhタンパク付近の微小環境でのアンモニア濃度を低く保ち、アンモニア排出を効率的に行うためにも重要であると考えられる。またRhタンパクは塩類細胞だけでなく、鰓の呼吸上皮細胞にも存在し、体外へのアンモニア排出を行う。

■ 環境順応生理研究と閉鎖循環式養殖

浸透圧調節ならびにアンモニア排出機構については広塩性を示す実験魚種で主に研究が進められており、養殖対象種、特に狭塩性海水魚での知見は限られている。現在までに魚類に普遍的に存在するメカニズムはかなりの部分が明らかになったが、魚種により浸透圧変化やアンモニアに対する耐性が異なることを考えると、種間において機能・機構にバリエーションがあることが強く示唆される。

今後は、種間差・種内差などについて、より詳細な検討と知見の蓄積を行ない、環境変化に応答する環境順応生理機構を簡便かつ普遍的に評価する手法・体系の確立が求められる。

（渡邊 壯一）

第2章

必要な設備とプラント管理、事業採算性

半循環　閉鎖循環

第2章　必要な設備とプラント管理、事業採算性

アンモニアの毒性と防除方法

2-1

ここがポイント！

- ☑ 非解離アンモニア（NH_3）は 0.05 mg／ℓ 以下の維持が鍵
- ☑ NH_3の毒性は、pHが7から8に上がると約10倍、飼育水温が20℃から30℃になると約2倍になる
- ☑ 亜硝酸はアンモニアと比べると弱毒だが、淡水魚養殖ではモニタリングが重要

■ 飼育水槽では常に
　アンモニアが排出されている

　閉鎖循環飼育では飼育水をすべて水質浄化しながら再利用するため、飼育水中の懸濁物や有害物質を効率的に除去することが必須となる。ここでは閉鎖循環飼育で生じる有害な物質の中でも最も理解が必要なアンモニア態窒素の毒性について紹介する。

　循環飼育にとって最重要工程はアンモニア処理である。魚類養殖における窒素収支についてはニジマスを用いた研究が知られ、Hall ら[1]によると、飼料中から取り込まれた窒素源（N源）のうち成長に使われるのはわずか29％程度で、残りの71％は鰓からの排出、ふんや尿、残餌といった窒素性排出物となり、利用されないと試算されている（**図1**、第1章41頁：1-4）。

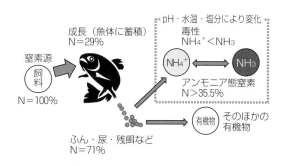

図1　魚類養殖における窒素収支の模式図
※ Hall ら(1992)のニジマスによるモデルを改変して作成。

　魚介類の飼育で問題となる窒素性排出物は「アンモニア態窒素」と呼ばれるもので、実に窒素性排出物の半分を占めている。つまり、飼料中から取り込まれたN源の35.5％以上はアンモニア態窒素として飼育水中に排出されることになる。アンモニア態窒素は給餌していない場合でも代謝により排出されるが、給餌後はエ

サの消化や残餌に伴い顕著に増加する。

図2はヒラメ種苗生産における止水飼育と流水飼育のアンモニア態窒素濃度の推移を表したものであるが、飼育水槽には止水飼育、流水飼育とも受精卵を収容した前日に仔魚のエサであるワムシと、ワムシのエサである植物プランクトン（ナンノクロロプシス）を大量に入れているにも関わらず、飼育初期は飼育水中のアンモニア態窒素濃度は低いレベルである。しかし、止水飼育では飼育6日目よりアンモニア態窒素濃度が急増している。これは飼育水槽に添加した初期餌料や死亡卵などの有機物の分解が始まったことが主要因であるが、それに加えて、摂餌開始により仔魚からアンモニアの排出が増加したことも一因である。

しばしば天然魚を十分通気している蓄養水槽に一時ストックしたにも関わらず数日後に全滅することがあるが、このような場合も代謝や吐き戻したエサ由来のアンモニアの毒性による死亡の可能性は高い。

毒性の異なる2種類のアンモニア 0.05 mg／ℓ以下維持がポイント

このアンモニア態窒素は、飼育水中では非解離アンモニア（NH_3）とアンモニウムイオン（NH_4^+）の2種類の状態で存在している（詳細は第1章45～46頁参照）。重要なのはこれら2つの毒性が大きく異なることだ。難脂溶性のアンモニウムイオンの毒性はさほど強くないが、脂溶性である非解離アンモニアは容易に細胞に取り込まれて細胞機能に障害を引き起こすことから、アンモニウムイオンの300～400倍に相当する毒性があると考えられている。

非解離アンモニアの慢性毒性に関する知見は少ないが、古田[6]は0.7gのヒラメ稚魚と0.2gのマダイ稚魚を用いて28日間飼育し、慢性毒性を求めている。それによると、ヒラメでは

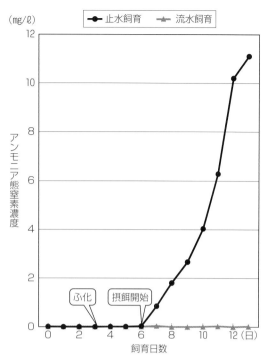

図2 ヒラメ種苗生産における止水飼育と流水飼育の飼育水中のアンモニア態窒素濃度の推移

0.84 mg／ℓ以下で生残、0.072 mg／ℓ以下で成長に影響がなく、マダイでは0.079 mg／ℓ以下で生残に影響がないとしている。非解離アンモニア耐性については、魚種や発育段階、水中の溶存酸素量によって大きく異なるが、研究論文などの知見から「0.05 mg／ℓ以下」を維持することを1つの目標としている。

なお、アンモニア耐性が低いとされる変態時期の仔稚魚や軟体類の飼育、酸素濃度が低下した場合などは、さらに注意が必要と考えられる。

非解離アンモニアの割合は pH、水温、塩分で変化する

注意を要するのはpHと水温

水中の非解離アンモニアとアンモニウムイオンの割合は、水温、pH、塩分などに影響されることが知られている。しかし一般的な飼育に

用いる海水であれば塩分の影響はほとんどなく、pHと水温が大きく影響する（**図3**）。閉鎖循環飼育は魚体から排出されるアンモニアの影響を受けやすい環境であるため、アンモニアの解離・非解離の割合に強く影響を及ぼす水温やpHとの関係を常に頭に入れて飼育を行う必要がある。

pHが1上がると毒性は10倍に

ヒラメ稚魚の飼育を事例として紹介したい。ヒラメ稚魚の成長に影響を与えないとされる非解離アンモニア濃度は0.072 mg／ℓ以下であるため、少なくともこの数値を上回らない飼育を目指す必要がある。

そこで**図4**を見ていただきたい。図中の網掛けした部分はヒラメ稚魚の成長に影響を与える非解離アンモニア濃度であることを示している。飼育水のpHが7の場合は、アンモニア態窒素濃度が5 mg／ℓとなってもこの濃度に達しないのに対して、pHが8の場合では1〜2 mg／ℓで成長に影響を与える可能性がある。飼育水温は、pHほどではないが、高水温では注意を要し、非解離アンモニア濃度0.072 mg／ℓに到達するアンモニア態窒素濃度は、pH7では水温20℃、30℃の順に21.8 mg／ℓ、10.4 mg／ℓ、pH8では順に2.2 mg／ℓ、1.1 mg／ℓがその値となる。

つまり、pHが7から8になると毒性が約10倍、飼育水温が20℃から30℃になると毒性が約2倍程度になるものと頭に入れていただければ分かりやすい。

アンモニア態窒素濃度が低くても要注意

閉鎖循環飼育では、硝化細菌によるアルカリ消費などによってpHは低下してくるため、1〜2 mg／ℓ程度のアンモニア態窒素は問題ない場合が多い。しかし、飼育初期は閉鎖循環飼育であってもpHは高いことから、このレベルであっても強い毒性を示すこともあり、飼育初期のアンモニア態窒素の動向には特に注意を払う必要がある。

■ アンモニア除去
～化学的処理と生物学的処理～

アンモニアの除去方法は多種多様であり、高濃度のアンモニアが含まれる工場排水や下水処理の分野で技術開発が先行し、効率的な除去方

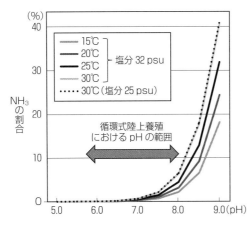

pH／水温	20℃	25℃	30℃
5.5	0.01	0.01	0.02
6.0	0.03	0.05	0.07
6.5	0.10	0.15	0.21
7.0	0.32	0.47	0.67
7.5	1.01	1.46	2.10
7.6	1.27	4.83	2.63
7.7	1.59	2.29	3.29
7.8	1.99	2.87	4.11
7.9	2.50	3.58	5.12
8.0	3.12	4.47	6.36
8.1	3.90	5.56	7.88
8.2	4.86	6.90	9.72

図3 pH、水温、塩分の違いによる非解離アンモニア（NH_3）の割合
右表は、塩分28〜31 psuにおける割合を示す。
※ Bowerら（1978）より算出

法が考案されている。主な方法としては、アンモニアストリッピング法、塩素分解処理法、イオン交換法、オゾン酸化法などによる「化学的処理」、藻類などによる吸収や硝化細菌を用いた硝化による「生物学的処理」などがある。

しかし、化学的処理では大量に処理しやすいといった利点はあるものの、魚介類にとって有害な物質を産出することが多く、下水処理などでは成り立っても魚介類の飼育への適応は現状では難しい。その一方で、循環飼育へ応用する技術開発も行われており、今後の研究に期待したい。

その1つが、光触媒による分解であり、近年注目されている。光触媒とは光を照射することで触媒作用を示す物質の総称で、酸化チタンなどが代表的な光触媒活性物質として知られている。光触媒に有する機能の1つとしてアンモニア分解の働きもあることが知られており、公園のトイレの脱臭など他分野では実用化が進んでいる。しかし、我々が実施したハタ類の飼育実験では十分な効果は得られておらず、現時点では陸上養殖の分野での実用化にはほど遠いと考えている（第2章105頁：2-9参照）。紫外線殺菌処理を行うことから殺菌効果も得られるため、今後注目したい技術ではある。

次に生物学的処理法である。前述のように藻類による吸収と微生物による硝化が主な方法であるが、循環飼育で主に用いられているのは後者である。前者はアオサなどの海藻を用いてアンモニア態窒素を栄養源として吸収させる有効な手段であるが、アンモニア態窒素を適切に処理するためには飼育水槽容積の数倍を有する海藻培養水槽を確保する必要があり実用化には至っていない。門脇[10]が提唱する「複合養殖のすすめ」にもあるように、複合養殖を行うことによって育った海藻や貝類なども食用として利用することで、近い将来に是非とも実用化したい技術ではある。

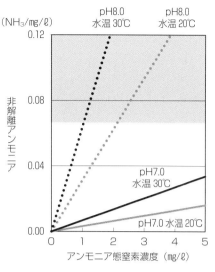

図4 非解離アンモニアに影響する飼育水温とpHの影響

グラフのグレーの部分は、ヒラメ稚魚の成長に影響するNH$_3$濃度を示している。

■ 硝化細菌を用いるのが一般的

循環飼育では、魚体に影響することなく、効率的にアンモニアを除去可能な微生物を用いたアンモニア態窒素の「硝化」が一般的な方法として用いられている。微生物による硝化は自然界でも見られる現象で、基質（自然界では石や砂）に付着している「硝化細菌」と呼ばれるバクテリア（細菌）の働きによって一連の反応が生じている（図5）。

硝化は、①アンモニア態窒素を亜硝酸態窒素に酸化する工程と、②亜硝酸態窒素を硝酸態窒素に酸化する工程の2つで構成され、それぞれの反応はアンモニア酸化細菌群、亜硝酸酸化細菌群の働きにより進行する。なお、これは特定の細菌を示すのではなく、このような働きをする細菌はさまざまな種類が知られている。また、それぞれの反応には酸素が必要であることから、好気的環境（酸素が十分ある環境）で硝化は進行していく。

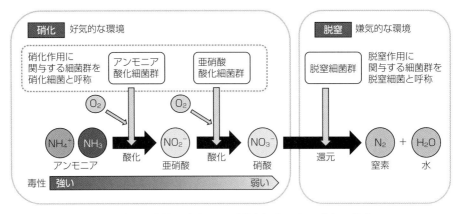

図5 硝化細菌による硝化と毒性の変化および脱窒細菌による脱窒の模式図

■ 亜硝酸のモニタリングも重要

基質にはアンモニア酸化細菌群と亜硝酸酸化細菌群が同居して1つのコロニーを形成しながら付着していると考えられている。アンモニアから硝酸までの反応は連続的に進むことから、亜硝酸酸化細菌群が基質へ豊富に付着していれば、亜硝酸が飼育水中に大量蓄積することはほとんどない（図5）。しかし生物ろ過の熟成が不十分で亜硝酸酸化細菌の増殖が不十分である場合には亜硝酸の蓄積が進むこともある。

亜硝酸の毒性は、特に海水魚では、飼育水中に大量にある塩化物イオンが亜硝酸イオンの妨害物質となるため、実際に毒性は極めて低くなると考えられている。

一方、淡水では妨害物質がほとんど存在しないため、淡水魚では亜硝酸イオンが体内に入りやすく、血液中のヘモグロビンと結合して酸素の運搬を阻害し呼吸障害（メトヘモグロビン血症）を引き起こしやすくなる。ニホンウナギでは20 mg/ℓで摂餌や成長に影響があり、24〜96時間の半数致死濃度（LC50：半数の個体が死亡する濃度）は460 mg/ℓとされることから、淡水魚では亜硝酸のモニタリングが極めて重要になってくる。

■ 毒性の低い硝酸も楽観は禁物 脱窒反応を促す

閉鎖循環システムは好気的環境

硝酸の毒性はアンモニアや亜硝酸よりも低いとされているが、高濃度となる場合は楽観視できない。硝酸は自然界では嫌気的環境（酸素濃度が低い環境）で働く脱窒細菌により窒素と水に分解され水中に放出されるが（「脱窒」と呼ばれる）、システム全体が好気的環境である閉鎖循環飼育では意図的に嫌気的環境をつくらなければ脱窒反応は進まないため、飼育水中には飼育日数に比例して硝酸が増加していく（図5）。

硝酸態窒素は摂餌不良につながる

硝酸態窒素が慢性的に魚介類の成長や生残に与える影響について調査した研究事例は少ないが、ヒラメ稚魚では500 mg/ℓ以上になると成長阻害が生じると報告されている。

筆者が実施した飼育実験においても硝酸態窒素が500〜800 mg/ℓに達しても飼育魚が大量に死亡した経験はないが、硝酸態窒素が100 mg/ℓを超えるころから摂餌不良が生じることもあり、長期飼育となる養殖の場合では部分換水を定期的に行わないのであれば、脱窒装置の設置が不可欠と考えている。特に貝類や甲殻類は硝

酸耐性が魚類よりも著しく低くなる傾向があり、アカガイではわずか113 mg／ℓの硝酸であっても120時間で半数が死亡した事例も報告されており、魚類よりも細心の注意を払う必要がある。

硝酸の除去の必要性

時に養殖など長期間におよぶ飼育では硝酸の増加が頭打ちとなる現象が生じる場合があるが、これは生物ろ過水槽内に飼育水の循環が行き届かず嫌気的環境が生じて脱窒が行われたためである。つまり、このような場合は、生物ろ過水槽内の一部に飼育水が行き届かず、その部分ではろ材が効率的に利用されていないことを意味しており、本来は飼育期間中であっても循環方法の見直しなど生物ろ過装置の改良が必要となる。

しかし、このような場合であってもアンモニア態窒素が低く推移（1 mg／ℓ以下）するようであれば、嫌気的環境の範囲が小さくシステム全体の硝化に影響するほどではないと判断し、三態窒素（アンモニア態窒素・亜硝酸態窒素・硝酸態窒素）のモニタリングを強化して飼育を継続している。

低コストな脱窒装置の開発が進行中

脱窒は専用の脱窒装置または脱窒水槽がないと反応が速やかに進まない。脱窒装置は各種メーカーから販売されているが、高額のものでは1台で数百万円もする脱窒装置をシステムに組み込むことは養殖経費の増大につながることから簡単に導入できるものではなく、安価な脱窒装置の開発が望まれるところである。現在、我々は低コストで簡便な脱窒装置の開発を実施しており、今後の成果に期待している。

なお、半循環飼育では少量の換水であっても硝酸は外部に流出するため、問題とならない。

（森田 哲男）

■参考文献

1) Hall, P. O. J., L. G. Anderson, O. Holby, S. Kollberg & M. O. Samuelsson (1992) Chemical fluxes ana mass balances in a marine fish cage farm. IV.Nitrogen. Marine Ecology Progress Series 89, 81-91.

2) Bower, C.E. and P.Bidwell (1978) Onization of ammonia in seawater: Effect of temperature,pH and salinity, J.Fish.Res.Bd.Can, 35, 1012-1016.

3) K.Kikuchi (1995) Nitrogen excretion rate of Japanese flounder a criterion for designing closed recirculating fish culture systems, Israeli J.Aquacult, 47, 112-118.

4) 山本義久（2011）閉鎖循環飼育の未来と可能性、アクアネット9月号、66～70頁。

5) 山本義久（2011）閉鎖循環飼育の未来と可能性、アクアネット11月号、68～73頁。

6) 古田岳志（2008）本邦海産魚類を対象とした毒性試験法の開発に関する研究、鹿児島大学学位論文、1～140頁。

7) 山形陽一・丹羽誠（1982）日本ウナギに対するアンモニアの急性および慢性毒性、日水誌、48(2)、171～176頁。

8) 本田晴朗・岩田仲弘・武田重信・清野通康（1990）循環濾過システムによるヒラメ生産に関する研究⑤稚魚の成長に与える窒素3態の影響、平成2年水産学会秋季大会講演要旨集、93頁。

9) 城戸勝利・渡辺康憲・中村幸雄・岡村武志（1991）マダイ卵および仔稚魚の生残に及ぼすアンモニアの影響、水産増殖、39(4)、353～362頁。

10) 門脇秀策（2009）1複合エコ養殖のすすめ、日水誌、75(2)、283～284頁。

11) 山形陽一・丹羽誠（1979）亜硝酸のウナギに対する毒性について、水産増殖、27(1)、5～11頁。

12) 千葉健治（1980）水質環境と魚類の成長—Ⅶ 止水養魚池におけるウナギの餌付きと水質との関係について、水産増殖、28(2)、66～77頁。

13) 小泉嘉一（2013）第2章第1節 養殖プラントの水質管理、陸上養殖 事業化・流通に向けた販売戦略・管理技術・飼育実例、情報機構、65～97頁。

半循環　閉鎖循環

第2章　必要な設備とプラント管理、事業採算性

主要なろ材の種類と硝化能力

2-2

ここがポイント！

☑ ろ材選択のポイントは、「比表面積の大きさ」・「低価格」・「入手しやすさ」の3点
☑ 硝化能力試験での最適なろ材の組み合わせは「カキ殻」と「サランロック®廃材」

■ ろ材の熟成と種類

　硝化細菌は、「ろ材」と呼ばれる基質に付着させて増殖・維持させる。硝化細菌がろ材で十分増殖すると、アンモニア源を添加してもアンモニア態窒素は速やかに減少し、代わりに硝酸が増加する。このように硝化細菌が十分増殖してろ材に付着し、硝化が速やかに進行する状態は「熟成」と呼ばれている。ろ材が十分熟成していると一連の硝化反応は連続して進むことから、亜硝酸はほとんど検出されない。

　ろ材は、硝化細菌にとって有害な素材でなければどのような素材であっても付着するため、塩ビ管などでも硝化能力が認められた事例もある。しかし効率的に硝化細菌を付着させるためには、比表面積が大きく、かつ安価で入手しやすいろ材の選択が必要である（**図1**）。

　ろ材には天然素材と人工素材の双方が用いられ、前者はサンゴ片などに代表される多孔質のろ材がよく用いられる。人工素材では、いわゆる工場でろ材用に加工された「工業製品」と、水産現場で用いられたモジ網などの廃材をろ材として再利用する場合がある。

　以下に屋島庁舎で導入を検討した主なろ材の特徴を解説する。

サンゴ片

　サンゴを細かくしたもので、水産資材メーカーでは大きさにより「砂・小・中」、「S・L・M」などの銘柄で販売されている。多孔質であるため硝化細菌が付着しやすく高い硝化能力が得られるため、古くからろ材としてよく用いられてきた。

　閉鎖循環飼育ではアンモニア態窒素の酸化による水素イオンの増加などが起因して流水飼育よりも酸性に傾きやすい傾向が強い。サンゴ片は飼育水へのアルカリ供給源としての働きがあるため、閉鎖循環飼育ではpH調整機能として

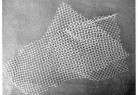

図1 ろ材の種類

も使われることが多い。

サンゴ片は長期間使用すると表面にアパタイト（リン灰石）が形成されて不溶性となるため、アルカリ供給源の役割が低下することから、3年程度で交換が必要とされている。しかし、筆者の経験では5年以上経過したサンゴであってもアルカリ供給源として十分に機能しており、定期的な入れ替えをしなくとも、日々の飼育で摩耗した分や洗浄などで少なくなったろ材を新品で補充する程度で良いと考えている。

むしろ問題となるのは、天然のサンゴ保護の観点から輸入が規制される傾向にあることで、今後は安定した入手が困難になることも想定される。

また、ろ材が重いことから、ろ材洗浄時は相当な重労働となる。

カキ殻

カキの廃殻を加熱処理した後に砕いて細かくしたもので、養鶏のエサ（カルシウムの補給）として用いられている。メーカーでは大きさにより「細目・中目」、「S・L・M」などの銘柄で販売されている。サンゴと同様に硝化能力が高く、pH調整機能としての働きがある。さらにサンゴよりも低価格で、軽いためサンゴ片の代替になると考えている。

活性炭

石炭やヤシ殻などの炭素物質を原料としてつくられたもので、多孔質であるため硝化能力が高い。オゾン処理海水を飼育に用いている機関では吸着材として使用していたため、余剰分をろ材に転用することも多いが、粒径が小さく小分けしたネット（ろ材は10ℓずつネットに入

れて管理）の隙間からこぼれてしまうなど管理がしにくいため、屋島庁舎では飼育実験には用いていない。

親水性セラミック

多孔質で親水性のセラミック素材は、園芸用や都市の緑化などの土壌改良にも用いられている。多孔質であるため硝化能力が高い。素材が軽量であるため、ろ材の搬入や洗浄時は扱いやすいが、ろ材自体がもろく崩れやすいため破片がシステム内のポンプなどに詰まらないよう注意が必要である。また、入手価格が高いため、低価格化が望まれる。

発泡性ガラス質

発泡性ガラス質は、ガラス質素材を微粒子に粉砕して発泡剤を混合したのち、高温の焼成炉で軽量セラミック化したもので、硝化能力は、サンゴ片やカキ殻と比べると低くなるため、これらと同等の硝化能力を得るためにはろ材の量が多くなってしまう。しかし、軽くて扱いやすいことから大量のろ材を扱う大型水槽で用いるのに適している。

流動担体

流動担体は浮遊性があるろ材で、ろ材自体が生物ろ過水槽内を流動することによって硝化細菌がアンモニアや酸素などと接触し効率的に硝化される。素材の種類により、プラスチック製担体、ポリエステル製担体、ウレタン製担体などと呼ばれている。軽くて扱いやすいのが特徴である。

排水や下水処理でよく用いられるが、pH調整機能がないため、閉鎖循環飼育では流動担体を単独で用いるのは難しい。

ナイロン製繊維網（モジ網）廃材

海上生簀で使用した、いわゆるモジ網の廃材をろ材として再利用している。そのため、ろ材の入手経費は削減できるが、筆者が実施した実験では硝化能力は高くなく、現在は使っていない。ただし、硝化能力が比較的あるといった知見もあるため、モジ網の材質や摩耗状況によって硝化能力は変わってくる。また、ろ材洗浄時などはかさばり扱いにくい。モジ網以外にも、漁網やロープもろ材として使える。

サランロック®廃材

サランロック®はワムシ培養のときにゴミ取りマットとして用いているもので、古くなったものをろ材として再利用している。ろ材入手経費が削減できるため有効であり、モジ網より洗浄時も扱いやすい。ただし硝化能力はそれほど高くないため、生物ろ過水槽の上面に被せることで荒ゴミ除去を兼ねた補助的なろ材として用いているのが現状である。

■ 各種ろ材の硝化能力試験

屋島庁舎では閉鎖循環飼育に適したろ材を探索するためさまざまな実験を行っているので、その一例を紹介する。なお、このような実験は扱いやすい少量のろ材を最適な熟成方法や循環方法の下で行い、硝化の妨げになるような有機物の混在がない環境で実施されるため、硝化能力は高い値を示す傾向がある。そのため、実際の飼育時の硝化能力とは大きく異なる場合があることを考慮していただきたい。

無機のアンモニアを用いた実験

実験には**図1・表1**で示した11種類のろ材を用いて、約半年間、実験水温を維持しながら塩化アンモニウム粉末を適時添加して熟成させ実験に供試している。実験は、水温25℃、pH8.2、DO（溶存酸素濃度）6.7〜6.8 mg／ℓ、塩分26 psu（人工海水）の条件で実施し、実

表1 硝化能力の比較実験に用いたろ材一覧と入手経路

ろ材の素材		ろ材の種類・材質・銘柄	大きさ（長径）	10ℓ当たりの湿重量	10ℓ当たりの入手経費
天然素材		サンゴ片	サンゴ小	2〜3 mm	11,259 g	1,910 円
			サンゴ中	5〜10 mm	9,869 g	1,480 円
		カキ殻	カキ殻細目	4〜6 mm	8,131 g	350 円
			カキ殻中目	6〜9 mm	8,180 g	330 円
人工素材	工業製品	流動担体	プラスティック製担体	約 10 mm	5,525 g	800 円
			ポリエステル製担体	8 mm	2,403 g	1,500 円
			ウレタン製担体	22 mm	4,168 g	790 円
		親水性セラミック		30〜50 mm	6,652 g	4,920 円
		発泡性ガラス質		30〜50 mm	5,760 g	1,620 円
	廃材	ナイロン製繊維網		105 径	—	—
		サランロック（規格 OM150）		—	—	—

注：入手経費は屋島庁舎での入手当時（2008〜2011年）の参考金額であり、地域や入手時期によって変動する。

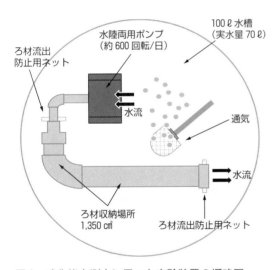

図2 硝化能力測定に用いた実験装置の概略図

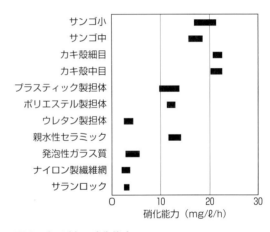

図3 各ろ材の硝化能力
図中の黒い部分は、3回の実験の結果の各ろ材の硝化能力の範囲を示している。

験水槽（**図2**）に塩化アンモニウム約2.1 mg添加して20時間のアンモニア除去量を求め、ブランク値などで補正して硝化能力を算出している。実験で最も硝化能力があったのは、サンゴ2種とカキ殻2種の天然素材のろ材であった（**図3**）。

一方、人工素材のろ材は天然素材と比べ全般的に硝化能力は劣るが、軽くて扱いやすいため、飼育期間が短くろ材の洗浄頻度の多い種苗生産や散水式ろ床（第2章70頁：2-5参照）のろ材として有望であると言える。しかし、ろ材の入手価格が高い素材もあり、これらのろ材を養殖分野などへ本格的に導入するためには価格の大幅な低下に期待したい。

カキ殻とサランロック廃材の組み合わせに注目

本実験結果から、筆者が現時点で考えられる最適なろ材の組み合わせは「カキ殻」と「サランロック廃材」である。カキ殻で硝化を行い、

生物ろ過水槽上面に敷いたサランロックによって荒ゴミを除去し、生物ろ過水槽の目詰まり防止と補助的な硝化を行う手法が現実的と考えている。

ただし、カキ殻は重量があるため、大型水槽では大量のカキ殻を扱うことは作業上困難である。そのため軽量な親水性セラミックや発泡性ガラス質を適量混ぜてろ材の洗浄作業の軽減を行っても良い。ろ材については、実験で使用した11種以外にもホタテ殻やウニ殻、軽石など硝化能力が期待できる有望なろ材が数多く存在することから、それぞれの地域や事情に合ったろ材をぜひとも探索していただきたい。

ここまで無機的な熟成で得られた独立栄養細菌による実験結果を記載してきたが、実際の飼育では飼育水槽の壁面や配管表面などにバイオフィルム（主に従属栄養細菌が増殖したぬるぬるした物質）が覆い、このバイオフィルムも硝化能力を有することが知られており、システム全体の硝化能力は変わってくる。担体などの接触性ろ材は、このバイオフィルムを利用したもので、バイオフィルムが付着することで硝化能力が向上してくる。

（森田 哲男）

■参考文献

1) 山本義久（2009）、マダイを対象とした閉鎖循環飼育—Ⅲ 種苗生産段階に適したろ材の探索、栽培漁業センター技報、9、27～31頁。

2) Masaki Akino, Shingo Aso and Minoru Kimura (2015) Effectiveness of biological filter media derived from sea urchin skeletons, Fisheries Science、81 (5)、923～927頁。

3) 菊池弘太郎（1998）循環濾過養魚のための水処理技術、日水誌、64、227～234頁。

第2章 必要な設備とプラント管理、事業採算性

硝化細菌の活性に関わる環境条件

2-3

ここがポイント！

- ☑ 硝化細菌の特性を理解することによってろ材の量を最適化できるため、結果的にシステムの簡素化、低コスト化につなげることができる
- ☑ システムを構築する際は、硝化能力に余裕を持った設計が重要

■ 活性が変化する硝化細菌の各種環境要因の検討

特性を理解し、システムの簡素化・低コスト化へ

硝化細菌は環境条件よって硝化活性が変化する。そのため、これらの特性を理解することにより循環システムに用いるろ材の量を最適化でき、システムの簡素化や低コスト化につなげることができる。

循環飼育における生物ろ過水槽内での硝化細菌の活性については河合ら[1]が詳しく報告しているが、硝化に関与している細菌群の全容は把握されておらず、遺伝子解析技術の高度化により多種多様な細菌群が関与していることが知られるようになったのも実は最近のことである。また、低水温に適応した細菌や汽水域に卓越する細菌相が解明される日も近いかもしれない。

そうしたことから、本項では一般的な硝化細菌に関する環境要因と硝化活性の関係を示すが、前述したような低水温や汽水域に生息するような硝化細菌では、これらの関係が大きく異なる可能性もあることを考慮してご理解いただきたい。

水温：高水温ほど硝化活性が高い傾向

一般的に、流水式・循環式を問わず、魚介類の飼育は30℃以下で行われることが多く、これらの水温帯では硝化活性は高水温ほど高くなる（図1）。筆者らが実施した実験においても高水温ほど硝化活性が上昇し、30℃では20℃のおよそ2倍の硝化活性を示した（図2）。

しかし、筆者らの経験では、水温10℃前後で飼育していたサケ類の生物ろ過水槽でも極めて高い硝化活性が得られたこともあり、冷水域もしくは熱帯・温帯域の硝化細菌では至適温度

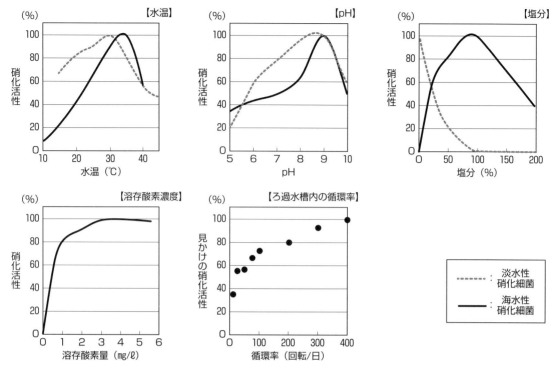

図1 各種条件による硝化活性などの関係イメージ図

出典：水温、pH、塩分は河合ら（1965）を改編、溶存酸素濃度は市川（1994）を改編、ろ過水槽内の循環率は山本ら（2005）、飼育日数は森田ら（未発表）。

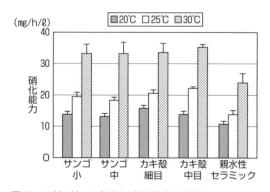

図2 ろ材ごとの水温と硝化能力の関係

水温25℃、塩分25 psu（80％海水）の条件で浸漬式で比較した。硝化能力は3回の実験の平均値を示している。

が大きく異なると言える。

pH：7前後維持が理想的か

　閉鎖循環飼育におけるpHは6.5～8.0の範囲を示すことが多く、一般的には飼育開始直後から急速に低下していく。硝化活性はpH9付近で最も高くなることから、硝化能力を最大限発揮するためには飼育水のpHをさらに高くすれば良いということになる。しかしpHを高くするとアンモニアの毒性が大きくなるため、こちらにも注意が必要である。

　具体的に閉鎖循環式陸上養殖におけるキジハタの高密度飼育した事例を挙げると（**図3**）、飼育開始直後よりpHが下がり、飼育250日後にはpH6前後となった。飼育期間中のアンモニア態窒素の量はしばらく低く推移したが、pH6.2～6.3を境に急激に増加に転じた。このことから、一般的な硝化細菌群の硝化活性を維持するためには少なくてもpH6.3以上とする必要があると考えている。これが重要なポイントである。

　pH低下による魚体への影響や硝化活性やアンモニアの毒性（非解離アンモニアの増加）を総合的に考慮すると、pH7前後を維持するの

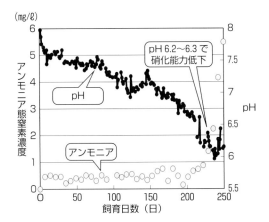

図3 キジハタ閉鎖循環式陸上養殖におけるpHとアンモニア態窒素濃度の推移

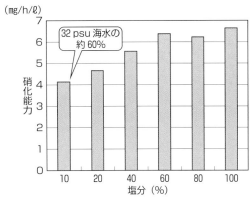

図4 循環式ワムシ連続培養における塩分ごとの硝化能力
32psuを塩分100%の海水とした。

が最も理想的であると考えている。

塩分：適正塩分はあるが、低塩分でも実際の飼育への影響は少ないか

硝化活性は塩分濃度も大きく影響し、淡水性硝化細菌は塩分が少ないほどよく、海水性硝化細菌では100%海水（32 psu前後）で最も活性が高くなることが知られている（図1）。

筆者らが開発した循環式ワムシ連続培養では低コストで低塩分にできることから簡単に収穫量を増やすことが可能である。ところが異なる塩分で培養実験を実施したにもかかわらず、生物ろ過水槽内の硝化活性は高く維持され、10%海水（3 psu）であっても100%海水の約6割を維持していた（図4）。これは、ろ材の熟成をワムシ培養に用いる塩分濃度で数カ月実施したことにより、硝化細菌が低塩分に適応もしくは低塩分に適した硝化細菌に置き替わったと考えており、案外塩分は気にしなくても良いのかもしれない。

ちなみに、淡水性・海水性を問わず、水道水や高塩分水の飛沫が飛んだところで硝化細菌が全滅することはないが、ろ材表面のバイオフィルムなどを洗浄する際は、海水性では海水（殺菌海水）、淡水性では地下水や水道水で洗浄す

るのが基本である。なお、水道水には消毒用の塩素が含まれているため、洗浄程度なら構わないが、ろ材を浸漬することは避けた方が無難である。

溶存酸素濃度（DO）：生物ろ過水槽への酸素供給も忘れずに

硝化は好気的条件で進行するため、DOの管理は重要である。筆者の経験では魚介類飼育のようにDOをそれほど気にしなくても良いが、無通気の状態が続くと短期間で死滅すると考えている。特に、DO2〜3 mg／ℓ以下になると硝化活性が急速に低下することが知られている（図1）。

生物ろ過水槽内にも生き物がいることを常に頭に入れて、生物ろ過水槽へも酸素供給を行うことが重要である。

生物ろ過水槽内の循環率

硝化活性は生物ろ過水槽内の循環率によって大きく変化することが知られている（図1）。これは、飼育水がろ材の間を通過する機会が増えることによって、硝化細菌がエサとなるアンモニアを捉える機会が増大するためと考えていただければ分かりやすい。

図1に示したように、硝化活性は循環率の増加により高まっていくが、循環率はポンプの能力と比例するため、ポンプの購入費や電気代などのコストとの妥協点の設定も必要である。われわれが循環式陸上養殖システムを設計する場合、循環率は100～200回転/日で設定している。また、ポンプを用いず循環率を増加させる手法の開発も電気代削減に効果があり、屋島庁舎では通気装置を利用したエアーリフトにより循環率を増やす工夫を行っている。

微量金属イオン

　硝化細菌の生存にはマグネシウムや鉄、カルシウム、銅、リン酸などの微量金属イオンが必須であり、これらの金属イオンの枯渇により硝化能力が激減する場合がある。ただ、これらの金属イオンは地先の海水や水道水、エサなどに含まれているため、一般的な閉鎖循環式陸上養殖では問題とならない。

　しかし、廃水を限りなくゼロとするゼロエミッション型の閉鎖循環式養殖を行う場合は留意する必要がある。

アンモニア・亜硝酸

　水中のアンモニアや亜硝酸濃度が極端に高くなると硝化活性は逆に低下することは、実は循環飼育経験者でもあまり広く知られていない。筆者も循環飼育を始めたころ熟成を速めようと塩化アンモニウムを大量に投与したが、思っていたほど硝化細菌が増えない苦い経験があった。循環飼育中はアンモニアが高濃度となると飼育魚が生残しないため硝化活性どころの問題ではないが、ろ材の熟成では濃度に注意する必要がある。熟成には10～20 mg/ℓ程度あれば十分である。

■ 硝化能力に余裕を持った設計がカギ

　硝化細菌の活性は、飼育環境や水質により大きく変化することがご理解いただけたと思う。生物ろ過装置の製作に当たってはこれらを考慮し、硝化能力に余裕を持った設計が必要になってくる。

　また閉鎖循環飼育を行うに当たって注意する点として、アンモニアの毒性と硝化細菌の活性の関係を常に頭に入れながら飼育を行うことが重要となってくる。例えば、pH低下が生じ、pH調整剤でpHを人為的に上昇させる場合などは、アンモニア毒性を考慮して急激なpH上昇とならないよう慎重に行うべきである。

（森田　哲男）

■参考文献

1) 河合章・吉田陽一・木俣正夫（1965）循環沪過式飼育水槽の微生物科学的研究—Ⅱ．沪過砂の硝酸化成作用について、水産学会誌、31、65～71頁。

2) 山本義久・鴨志田正晃・岩本明雄（2005）、マダイを対象とした閉鎖循環飼育—Ⅰ　生物ろ過装置の機能向上について、栽培漁業センター技報、3、30～36頁。

3) 糸井史郎（2008）6章　循環システム、養殖の餌と水—影の主役たち、128～139頁。

4) 市川雅英・小西陸裕・久住美代子・豊岡和宏（1994）循環式硝化脱窒法における硝化反応効率化の検討、衛生工学シンポジウム論文集、2、201～205頁。

5) 山本義久（2011）閉鎖循環飼育の未来と可能性、アクアネット9月号、66～70頁。

6) 山本義久（2011）閉鎖循環飼育の未来と可能性、アクアネット11月号、68～73頁。

半循環　閉鎖循環

2章　必要な設備とプラント管理、事業採算性

硝化細菌の入手と ろ材の熟成方法

2-4

ここがポイント！

- ☑ 迅速・確実に硝化細菌を得る方法は、信頼のおける機関から硝化細菌の付着した熟成ろ材の一部を分けてもらうこと
- ☑ ろ材の熟成は、①ろ材の洗浄、②種ろ材管理水槽の準備、③ろ材の熟成の3つのステップからなる

■ 硝化細菌の入手は容易だが熟成までは数カ月が必要

硝化細菌がろ材で十分に増殖すると、アンモニア源を添加しても速やかにアンモニア態窒素はなくなり、亜硝酸はほとんど検出されずに硝酸が時間とともに直線的に増加していく（**図1**）。このように硝化細菌が完全に機能する状態のことを「ろ材の熟成」と呼んでいる。循環飼育を行うためには、まず熟成したろ材を準備する必要がある。

硝化細菌入手の代表的な2手法

硝化細菌は一般的な水域であれば数多く存在している。そのため、海水性の硝化細菌であれば、容器にろ材を入れて地先の海水を少量掛け流し、エサとなる塩化アンモニウムを数日に1度の割合で適量（アンモニア態窒素濃度10〜

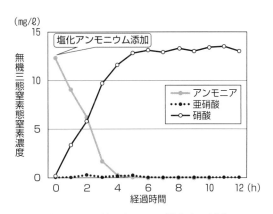

図1 熟成したろ材における三態窒素の推移
実験条件は、水温25℃、塩分32 psu とした。

20 mg/ℓ 程度）添加すれば、硝化細菌が自然に付着し増殖させることができる。

またもう1つの方法としては、飼育の容易な魚種を飼育し、排出されるアンモニア態窒素により増殖させることもできる。この場合はアンモニア態窒素が高すぎると飼育魚が死亡するた

写真1　ろ材管理水槽
注：撮影のために外しているが、通常は珪藻の繁殖防止のために遮光シートで水槽を覆っている。

め、アンモニアをモニタリングしつつ、若干の注水も行いながら飼育することが必要になる。

しかし、どちらの手法で行っても硝化細菌の増殖速度は大腸菌など一般的な細菌と比較して極めて遅く、硝化細菌の付着・増殖がスムーズに進行したとしても熟成までには少なくとも数カ月を要する。さらに、海水の確保が容易な臨海域以外では現実的でないことや、これらの手法では硝化細菌以外にも有害細菌などが混入する危険性があることなどの問題点もある。

近年は硝化細菌が商品として販売されるようになってきた。これらを用いれば迅速な熟成が可能になるため、新たな熟成手法になると期待している。しかし、現状では長期飼育に伴い硝化能力が不安定になる事例が散見されており、さらなる技術開発が望まれている。

■ 互助的ネットワークの構築が迅速・確実な硝化細菌の入手方法

循環式飼育の導入が進んだことで、疾病などの発症履歴がない、信頼のおける機関より熟成ろ材を分けてもらうことが最も迅速かつ確実な硝化細菌の入手方法となってきた。しかし、循環飼育を初めて行う場合は同業者のネットワークがなく、ましてやその信頼の有無などは判断が難しいため、入手は非常に困難である。また、疾病履歴のある機関から熟成ろ材を入手した場合は、前述の手法よりも有害細菌などの侵入確率がはるかに高くなってしまうため、大きな問題に発展してしまう危険性が高いことを念頭に置く必要がある。

このような状況に対し、筆者は、熟成ろ材の互助的なネットワークが構築されることが循環飼育の普及に必要であると考えている。

■ ろ材熟成のステップ

ろ材の熟成は専用水槽で実施

入手した硝化細菌は、できるだけ有害な細菌などが入らないように、われわれが「ろ材管理水槽」と呼んでいる専用水槽で管理している。屋島庁舎では1,000 ℓ のろ材管理水槽を10基設けており、ろ材の熟成を行う場合は、この水槽より種ろ材を供給することにより、有害細菌などの混入防除とろ材の迅速な熟成を担っている（**写真1**）。

屋島庁舎でも以前は、循環飼育実験終了後にろ材の表面を洗浄して再び次の実験に使用していたこともあったが、有害な細菌などを持ち越して飼育が失敗してしまう事例が発生したため、実験後（飼育後）は一度ろ材を殺菌・乾燥し、ろ材の1～2割をろ材管理水槽の熟成ろ材と入れ替えることによって実験ごとにろ材の再熟成を実施することを徹底している。

以下、「ろ材管理水槽」における熟成方法を記載するが、殺菌後のろ材も基本的には同じ手順で熟成させることになる。

作業をスムーズにするろ材管理法

ろ材は、ホームセンターなどで「玉ねぎ袋」

として販売されているネットに入れて管理し、熟成や持ち運びがしやすいようにしている。ちなみに「玉ねぎ袋」は、規格や販売元によって「みかん袋」や「収穫袋」などとして販売されている。

屋島庁舎ではサンゴは赤色、親水性セラミックは青色など、ろ材の種類ごとに色分けしている。ろ材管理水槽や生物ろ過水槽ではろ材取り出し時などは濁りも大きくなるため、ネットの色分けやタグの添付などで工夫した方が作業はスムーズに進んでいくのでおすすめする。

ろ材は各袋に約10ℓずつ（バケツにメモリをつけ計量）袋に小分けしている。10ℓ以上入る袋もあるが、袋が大きくなるとろ材の重量も重くなるため、10ℓが作業的な負担も少なくて済む。また、移動させたろ材量の計算も「15袋＝150ℓ」のように簡単にできる。

ろ材の洗浄は水道水が基本

新品のろ材では、袋に小分けした後にまず水道水で洗浄している。もちろん地先の海水でも洗浄効果は同じだが、ろ材管理水槽に地先海水由来の細菌を持ち込まないよう水道水を用いている。飼育などで一度用いたろ材については塩素で2時間以上殺菌（100 ppm、一般的な有効塩素濃度11〜12％の工業用次亜塩素酸ナトリウム溶液では、1tの水量に約1ℓ）した後、中和し、水道水で洗浄している。

なお、ろ材は繰り返し洗うほど良いが、特に新品のろ材では白い濁りはいつまでも出続けるため、濁りが薄くなってきたら適度に洗浄を打ち切っている（**図2**）。

種ろ材管理水槽の準備

ろ材管理水槽として、屋島庁舎では1,000ℓのダイライト水槽を用いている（**図2**、**写真1**）。水槽の形状や大きさ、色などは何でもよいが、透明な水槽は遮光しにくいため避けた方が良い。

水槽の底面にはプラスチック製の二重底プレートなどを敷いて通水し、ろ材の底部分に硫化水素が蓄積しない構造としている。二重底プレートは水産業界ではよく知られているが、一般的には押入れなどに敷く「すのこ」を想像していただければ分かりやすい。材質はプラスチック製とする必要はないが、ホームセンターなどで市販されている「すのこ」は、材料となる木材に魚介類に有毒な物質（ホルマリンなど）を添付している場合があるので、使用は避けた方が賢明である。

通気は二重底プレートの下に通気用のパイプを製作して設置して行っているが、エアストーンでも全く問題ない。通気量は養殖を行う際の通気量のイメージで良いが、極端な微通気では水槽内で水の動きが停滞し酸欠となるので注意する必要がある。また、水面が激しく波打つような強爆気にする必要もない。かえってろ材を摩耗させてしまうだけである。

硝酸態窒素濃度200 mg/ℓ以上が人工海水を交換するタイミング

ろ材の熟成に用いる海水は、有害細菌などの侵入リスクを低減させるため、市販の人工海水粉末を用いている。人工海水粉末は水道水で溶かして目的の塩分に調整しているが、塩分は熟成速度には影響するものの、多少の範囲では硝化細菌の生残には大きく影響しないことから、塩分濃度を厳密に調整する必要はない。

なお、熟成に用いる人工海水は時間とともに蒸発し、塩分濃度が上昇する。また、pHが徐々に低下し、硝酸が蓄積されるため、定期的に交換している。また、アルカリを出さない種類のろ材を熟成する場合は、サンゴ片やカキ殻などのろ材を適宜混ぜてアルカリ源を少しでも補うのが熟成のコツと言える。

屋島庁舎では、実験のスケジュールで人工海

手順	説明	写真・図
1 ろ材の入手	循環飼育に用いるろ材を選定し入手する。	
2 ろ材の小分け	ろ材は10ℓずつ小分けにし、管理や持ち運びが容易になるよう工夫している。	 市販の「玉ねぎ袋」をろ材用に用いている。 ろ材の種類で色分けして管理する（青い袋と赤い袋）。カキ殻（青い袋）、サンゴ（赤い袋）。10ℓ分バケツで測って入れている。
3 ろ材の洗浄	ろ材は一袋ずつ水道水で洗浄する。	 ろ材を洗浄する。（飼育に使ったろ材は塩素で殺菌）白濁が少なくなったら終了する。（いつまでも白濁するため、適度に洗浄は打ち切る）
4 熟成専用水槽の準備	種となる硝化細菌は専用の水槽で熟成させる。	 ろ材管理水槽を準備する。  通気用パイプ。ろ材の下は二重底プレートを敷くと硫化水素が蓄積しない。
5 ろ材を並べる	ろ材は隙間なく並べる。	 ろ材を並べる。  イメージ：熟成したろ材（濃灰色）を未熟性ろ材（薄灰色）で囲むように配置する。
6 塩化アンモニウム添加	栄養源として塩化アンモニウム粉末を添加する。※定期的に追加する。	  塩化アンモニウム粉末。
7 遮光して熟成	水槽の上面や側面を遮光して熟成させる。	 遮光して熟成させる。  遮光しないと珪藻が増殖する。

図2　ろ材の熟成手順

図は、新品のろ材を用いた場合を記載している。

水の交換は不定期であるが、硝酸濃度200 mg/ℓ以上を交換のタイミングとし、1水槽当たり1年に2～3回交換することが多い。

　硝化細菌を保有するだけであれば、加温設備は不要である。実際、屋島庁舎においても、冬季は5℃前後まで低下するが、加温設備は導入していない。しかし、冬季に熟成速度を確保する必要がある場合や凍結するような北日本などでは、温度管理は必要である。硝化反応は水温に大きく影響されるため、夏季の方が熟成は迅速に進み硝化能力も向上する。熟成速度を上げたいのであれば、水温を25～30℃にした上で行うと良い。

ろ材の熟成
：ふたと遮光シートで環境を整備

　未熟成のろ材（新品のろ材や殺菌後のろ材）は、熟成された（種の硝化細菌が付着した）ろ材を囲むように隙間なく並べていく。熟成期間中は、水中のアンモニア濃度が少なくなれば（1～2 mg/ℓ以下）、塩化アンモニウム粉末を10～20 mg/ℓになるよう添加する（**表1**）。このとき、アンモニア態窒素の濃度を確認しながら添加するのが望ましいが、1～2週間に1度程度のペースで添加していっても問題が生じることはない。

　アンモニア濃度が極端に高くなった場合に硝化反応が抑制されることもあるが（59頁：2-3参照）、高濃度であることで硝化細菌が死滅することはまずない。熟成に用いる塩化アンモニウムは、高価な特級品や一級品を使う必要はなく、理化学関連の商社より1袋（20～25 kg）数千円で入手できる工業用のもので十分である。

　ろ材管理水槽は、蒸発が防げれば簡易なもので良いが、必ずふたを設置し、水槽上面と側面は珪藻などの繁殖防止のため、黒色系の遮光シートなどを用いて遮光する必要がある。

表1 ろ材熟成における塩化アンモニウム添加量基準

水量[注1]	添加基準[注2]
100 ℓ	3～6 g
500 ℓ	15～30 g
1,000 ℓ	30～60 g
5,000 ℓ	150～300 g
10,000 ℓ	300～600 g

注1：水槽容量ではなく、実水量を示している。
注2：水中の塩化アンモニウム態窒素濃度が10～20 mg/ℓになる量を示している。

■ 塩化アンモニウム粉末を用いたろ材熟成度の簡易判定法

　現場レベルにおけるろ材の熟成度の簡易判定については、ろ材の入った水槽（水槽の7～8割以上ろ材が入った状態）に塩化アンモニウム粉末を10～30 mg/ℓの濃度（アンモニア態窒素換算で約3～10 mg/ℓ）となるように添加し、アンモニア態窒素が翌日1 mg/ℓ以下であったら熟成は進んでいると判断して良い。もちろん、厳密には水温や塩分で硝化能力は異なるが、水温20～30℃の条件であれば、この程度の判断基準で十分である。

　筆者らはこのアンモニア態窒素濃度をより正確に測定するため、HACH社のDRシリーズのような分光光度計などの機器を用いているが、一般的な熟成度の判断程度であれば、熱帯魚販売店などで売られている海水用のパックテストキットを用いれば高額な機器がなくても測定は可能である。

■ 正確な硝化能力の測定方法
失敗しないコツは「測定専用水槽」と「まとめて測定」

　もっと詳細な熟成度や新しいろ材の効果を調査したい場合は、硝化能力を正確に測定する必要がある。

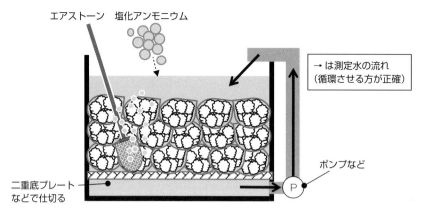

図3 硝化能力測定用水槽の一例

以下にその手順を示す。

まず、測定には専用の水槽を準備する。水槽内はポンプなどを用いて攪拌・循環させ、ろ材の中を均一に通水できるような構造が理想的である（**図3**）。ここで重要なのは、水槽の構造よりも、比較するろ材を同じ水槽を用いて計測することである。次に塩化アンモニウム粉末を10〜20 mg/ℓ入れ、よく混合されたらサンプルを採水する（この時刻が実験スタート時間となる）。筆者の経験では塩化アンモニウム粉末添加後20〜30分が混合できた時間の目安である。その後は一定間隔（2時間くらい）でサンプルを数回採取し、まとめてアンモニア態窒素濃度を測定する。

この「まとめて測定」というのが失敗しないコツで、電極などを用いた測定機器では電源を起動する度に校正されてしまう場合が多いため、「まとめて測定」することで一度の校正で済むばかりでなく、測定ごとの誤差を極力少なくしている。

サンプルは冷蔵・冷凍保存も可能

ちなみに、サンプルはまとめて測定するまで原則冷蔵庫で保管している。サンプルに懸濁物が含まれる場合はろ過して懸濁物を除去した後保管する。硝化活性は低温では著しく減速する（低温に適した硝化細菌は当てはまらない）ため、たとえサンプルに硝化細菌が混入したとしても、数日程度であれば硝化反応が進まないためである。

ちなみに長期間測定することができない場合は、冷凍保存を行うことにより、飼育業務に余裕ができたときに測定することも可能である。解凍も特殊な方法ではなく、測定前日に冷凍庫から冷蔵庫に移して解凍しておけば良い。

硝化能力5〜20 mg/h/ℓが熟成判断基準

図4に具体的な事例を示した。厳密にはアンモニアは空気中へも飛散するため、ろ材を入れない同型の水槽を用意して飛散量も算出し、各サンプルから得られた数値を補正している。また、アンモニア態窒素濃度が低濃度になると、測定誤差の影響も大きくなるため、1 mg/ℓ以下のサンプルは計算から除外して1時間当たりのアンモニア減少量（傾き）を求めている。事例では、アンモニア投入後から6時間後までの数値を用いて7.9 mg/h/ℓの硝化能力があると計算される。

ろ材の熟成を判断するような場合は、水温が20〜30℃くらいの範囲であれば、硝化能力が5〜20 mg/h/ℓ程度で熟成していると判断できる。しかし、1 mg/h/ℓ以下であれば、熟成は

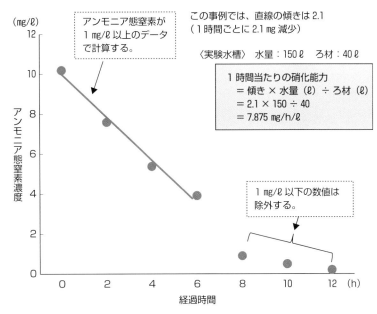

図4 硝化能力測定と計算方法
熟成度や新しいろ材の効果を正確に調べたい場合は、①ろ材の中を均一に通水できる構造の測定専用水槽を用意すること、②測定ごとの誤差を少なくするためサンプルはまとめて測定することが望ましい。現場レベルでの測定では簡易判定法で充分である。

進んでいない、もしくは、ろ材として適正ではないと判断している。

注意したいのは、「硝化能力＝7.9 mg／h／ℓ」ではなく「この実験装置では7.9 mg／h／ℓ」と

いうことである。この数値はポンプの能力などで変動するものであり、数値だけがひとり歩きしないようにしたい。

（森田 哲男）

■参考文献

1) 糸井史郎（2008）6章　循環システム、養殖の餌と水－影の主役たち、128〜139頁。

2) 菊池弘太郎（1999）6：循環型養殖システムにおける負荷軽減、水産養殖とゼロエミッション研究、日本水産学シリーズ123、64〜76頁。

3) 山本義久（2011）閉鎖循環飼育の未来と可能性、アクアネット9月号、66〜70頁。

4) 山本義久（2011）閉鎖循環飼育の未来と可能性、アクアネット11月号、68〜73頁。

半循環　閉鎖循環

第2章　必要な設備とプラント管理、事業採算性

生物ろ過
～主要な3方式と基本構造～

2-5

ここがポイント！

- ☑ ①浸漬ろ床方式、②散水ろ床方式、③流動床方式の中で、初心者向きは①浸漬ろ床方式
- ☑ 生物ろ過装置は、生物ろ過水槽、ろ材、エアーリフト、ポンプ、通気システムなどで構成される
- ☑ 循環水がろ材全域に広く循環するよう工夫すると、ろ材の硝化能力を高めることができる

　生物ろ過方式には数種類が考案されているが、主に①浸漬ろ床方式、②散水ろ床方式、③流動床方式の3方式がよく用いられており、設置場所や飼育条件で使い分けている（**表1**）。

　このほかにも、生物ろ過水槽内の水位が潮の満ち引きのように上下する「間歇ろ床方式」などがあるが、これについては第3章130～131頁で実証事例を交えながら紹介している。

■ ①浸漬ろ床方式

　浸漬ろ床方式は最も簡便で一般的なろ過方式であり、循環式陸上養殖に関わるほとんどの人が生物ろ過で連想するのはこの方式である（**図1**）。浸漬ろ床方式は構造を理解しやすいため、循環式陸上養殖を初めて行う場合はこの方式を推奨している。

　一般的にこの方式は、飼育水槽からポンプで汲み上げた循環水を生物ろ過水槽の上面から底面に流しろ過する。ろ材は常に水面下に浸漬された状態であるため、ろ材全体に循環水が行きわたり安定した硝化能力を発揮するが、生物ろ過水槽にはろ材と海水の重量に耐えられる頑丈な構造が求められる。

　また、水中に含まれる酸素は硝化細菌による硝化（酸素を消費しながら、アンモニアを亜硝酸、亜硝酸を硝酸へと変化させること、46頁参照）で消費されるため、酸素補給が不可欠となることから、生物ろ過水槽内部にはエアレーションを設置をしている。

　さらに、飼育期間が長期に及ぶと生物ろ過水槽内には有機物が蓄積するため、生物ろ過水槽内でも物理ろ過が行われているととらえることもできるが、ろ材表面が閉塞しやすいため、定期的な洗浄が必要である。

表1 ろ過装置の選定基準の一例*

設置条件や飼育条件の事例／ろ過方式		浸漬ろ床	散水ろ床	流動床
生物ろ過水槽の設置場所	充分なスペースあり	○	○	△
	充分なスペースなし**	△	○	○
ろ材の種類	重量のあるろ材（サンゴ片など）	◎	○	－
	軽量ろ材（セラミックスなど）	○	◎	－
	浮遊性のあるろ材	－	－	○
飼育工程	親魚養成	○	○	○
	種苗生産	◎	○	△
	餌料培養	◎	○	△
	養殖	○	○	○
飼育	加温して飼育している	◎	○***	◎
	夏季の飼育****	○	◎	○

○　　　：条件に適しているろ過方式（◎は特に適していることを示す）。
△　　　：ほかのろ過方式の方が良い。
＊　　　：筆者が参考としている基準で、一般的な基準を示しているわけではない。
＊＊　　：飼育水槽の上面など立体的にシステムを構築する場合があるため、荷重が大きくなるろ過方法は適さない。
＊＊＊　：放熱が大きいため、加温コストの観点からの判断。
＊＊＊＊：熱帯性・温帯性の魚介類の飼育において、夏季に飼育適水温より高くなるが、冷却装置などを有していない場合は放熱効果が得られやすいため、冷却コストの観点からの判断で、冷水性魚介類は当てはまらない。

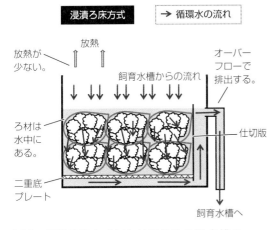

図1 浸漬ろ床方式における生物ろ過水槽の構造イメージ

図2 散水ろ床方式における生物ろ過水槽の構造イメージ

■ ②散水ろ床方式

　散水ろ床方式は、ろ材を空気中に放出された状態で設置し、循環水を生物ろ過水槽の上面から底面へと通水させてろ過する仕組みである（**図2**）。空気中の酸素が常に補給されるため硝化能力は高いが、水を空気中に落とすと循環水の通る道（水道：みずみち）ができて通水されないろ材が出るため、ろ過水槽内にまんべんなく散水する必要がある。それを怠ると、結果的に全体の硝化能力が低下してしまう点に注意したい。

　なお、硝化能力を最大限引き出すためには、ろ材上部にマットなどを敷いて散水し、ろ材全

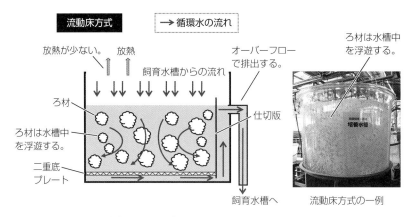

図3 流動床方式の構造イメージ図と流動床方式を用いた事例

表2 ろ過方式の違いによる主なろ材の硝化能力

ろ材の種類／ろ過方式	硝化能力（mg/h/ℓ）		
	浸漬ろ床	散水ろ床	流動床
カキ殻細目	21.6	17.9	—
親水性セラミック	12.9	13.5	—
発泡性ガラス質	4.3	10.0	—
プラスティック製担体	11.8	5.1	13.5
ポリエステル製担体	12.1	6.4	20.2

流動床方式に用いるろ材は浮遊性を有する。

面に循環水が行きわたるようにする工夫が重要である。

この方式では生物ろ過水槽内に循環水が満たされないため、軽いろ材を用いれば浸漬ろ床方式のような頑丈な構造でなくてもシステムの構成が可能となる。また、循環水のろ過過程で放熱があるため、夏季に飼育水温を下げる場合は有効であるが、逆に冬季の場合は断熱材でろ過水槽上面を覆うなど放熱を抑制させる工夫が必要である。

本方式は生物ろ過水槽内に有機物が蓄積しにくい構造であるため、ろ材表面の閉塞は生じにくい。

■ ③流動床方式

流動床方式は比重の軽いろ材を水流などで還流させろ過する方法で、ろ材表面と循環水の接触機会が多いため効率的な硝化が得られる（**図3**）。また、このろ材は浸漬ろ床や散水ろ床方式で用いても高い硝化能力は得られないが、流動させると能力を発揮する種類が多い。

筆者が行った実験結果を見ると（**表2**）、流動床に用いるろ材はろ過方式によって硝化能力が著しく異なるのが分かる。ろ材は工業製品であり、複数のメーカーから販売され、水処理分野では広く用いられているため、入手や管理が容易である。また、軽いものが多く作業性が高いのも大きなメリットである。しかし一方で、単価が高額となる場合があることが水産分野に普及しにくい要因となっている。

なお、これらのろ材ではサンゴ片やカキ殻のようにアルカリ源を補給する機能がないため、水の交換がない閉鎖循環飼育ではサンゴ片やカキ殻などアルカリ源が補給できるろ材との併用もしくはアルカリ源の添加が必要となる。そのため半循環式飼育の方が使いやすく、閉鎖循環飼育の場合は浸漬または散水ろ床方式でサンゴ片やカキ殻を用い、空きスペースを有効活用して流動床方式を補助的に併用する事例が多い。

生物ろ過装置の基本的な構造と各資材に求められる機能

ここからは生物ろ過装置の基本的構造について紹介するが、生物ろ過装置の規模や循環方法は工程（種苗生産や養殖など）によって異なるため、海産魚の養殖システムをモデルに一例を説明する。

生物ろ過装置は、ろ材を収納する水槽（生物ろ過水槽）、ろ材、水を循環させるエアーリフトとポンプ、通気システムなどで構成されている。前述のように、循環式陸上養殖では浸漬式ろ床方式が最も簡便で初心者でも導入しやすいことから、本方式の基本的構造を紹介する。

生物ろ過水槽

浸漬式ろ床方式の水槽は、加重と水圧に耐え得る頑丈な構造が必要である。ただし必ずしも水産用の水槽を選ぶ必要はなく、耐圧などの条件を満たせば現地にあるものを用いて経費を抑えることができる。一般的にはFRP（繊維強化プラスチック）やコンクリート（あく抜きが必要）を用いることが多い。また、木材を枠組みにしてシートを張って製作している民間養殖会社もある。

水槽に用いる材質は注意が必要で、取り付け金具を含めて亜鉛や銅など金属系素材を含むものは避けるべきだ。また、木材では材質の腐食や防虫用に塗られた化学防腐剤の溶出などに注意が必要である。

水槽の形状は角型が設置しやすい。円形の場合は設置時のデッドスペースが多くなり、後述するふたも作製しにくくなる。

生物ろ過水槽で最も質問を受けるのが容量についてである。養殖では飼育水槽の実容量の4割程度を目安に設計しているが、硝化能力は水温や循環方法、飼育期間などに大きく左右され、飼育対象種の飼育密度によってもアンモニア排出量が大きく変わることから、明確な答えを出すのは難しい。そのため、飼育現場で適正量を見つけていくしかない。

なお、種苗生産や親魚養成では養殖と比較して水槽容量が小さくなり、一般的には飼育水槽の実容量の2.5～3割程度となっている。

ろ材

浸漬ろ床方式のろ材には、硝化能力の高いサンゴ片、カキ殻、親水性セラミックなどが適している。現状では低価格で硝化能力が高いカキ殻が最も良いが、硝化能力があるほかのろ材を保有している場合は有効利用する。親水性セラミックなどアルカリ源の供給ができないろ材は単独使用を避け、少なくても半分程度はサンゴ片やカキ殻などの生物系ろ材を併用する方が良い。もしくはケアシェル®などのアルカリを添加できる素材を適時加える方法もある。

なお、1日当たり新水をおおよそ0.5回転以上注水するような半循環式陸上養殖の場合は、pHの高い海水と入れ替えがあるため、pH7前後を維持できているようであればアルカリ源の供給について気にする必要はない。ろ材を並べた上部にはサランロック®などのマット類を入れることで荒ゴミを除去し、ろ材の目詰まりを防ぐだけでなく、広範囲のろ材に循環水が分散するように工夫している。

循環飼育を始めるときにろ材の確保量に驚かれる飼育担当者は意外と多く、例えば5 kℓ（実水量）水槽で循環式養殖をする場合、1.5～2.0 m³程度のろ材が必要と考えた方が良い。

ポンプ

生物ろ過水槽を含めたシステム内を循環させるポンプの選択は、最も悩むところである。ポンプの容量を大きくしシステム内の循環率を上げると、硝化能力は増加するがポンプ代や電気代が高くなり電力施設も大型になってしまうた

図4　エアーリフト作成方法（屋島庁舎）
1：通気を確保（写真①）し、塩ビ管の下部に空けた通気孔（塩ビ管に直接穴を開けても良い）に差し込む（写真②）。
2：通気孔を水槽の下にして水槽壁面に張り付ける（写真③）。
3：水を貯めると、空気で揚水され循環水が出てくる（写真④）。通気量を増やせば揚水量も増加する。

設計：山本義久（(研)水産研究・教育機構）

めである。また、システム内の循環率の増加は飼育水槽内のふんや残餌を速やかに排除してシステム系外に排出させる効率を高めるためにも重要であることから、ポンプの選択は生物ろ過装置だけの問題ではなく総合的な判断が求められる。

われわれは今までの飼育経験から生物ろ過装置内の循環率を少なくても1日100回転以上確保する必要があると考えている。具体的には5kℓの飼育水槽（システムの総水量：約8kℓ）では、0.4kw（200V）の自給式遠心ポンプを用いており、揚程4mで使用時の吐出量は約250ℓ/分となっている。ただしポンプだけではシステム内の循環率は約40回転/日と少ないため、後述するエアーリフトにより生物ろ過装置内の循環率を補完している。

なお、硝化能力などは飼育環境によって変化するため、例えば飼育水温が低い場合は硝化細菌の活性が低いため、ポンプの能力を大きくして硝化能力を高める場合もある。

エアーリフトと通気システム

生物ろ過水槽の硝化細菌にとって酸素の補給が重要になってくる。生物ろ過水槽への通気は、エアーストンや通気パイプで直接行う場合もあるが、われわれはエアーリフトと組み合わせて通気と生物ろ過装置内の循環率増加を同時に行っている。

エアーリフトとは、水槽に塩ビ製などのパイプを取り付け、強い通気をパイプの底面より行って水を汲み上げて循環させる方法である。大量の通気量を確保するためのブロアーの設置が必要であるが、ポンプの稼働に比べて経費は各段に抑えられ、酸素補給の役割もあるため導入したい方法である。タイプはいろいろあるが、**図4**に製作方法の一例を示したので参考にしていただきたい。

生物ろ過装置の構造とポイント

図5には浸漬ろ床方式による生物ろ過装置の基本的構造を示した。調整水槽からポンプで揚水された循環水は、最初に水槽上面に排出される。このとき循環水はシャワー状に散水し、空気中より酸素を少しでも取り込めるよう工夫している（**図6**）。これは塩ビパイプに10〜15㎜ほどの穴を開けて散水させているが、穴が小さいと有機物やバイオフィルムなどが目詰まりの原因となるので注意したい。筆者も5㎜ほどの小さな穴を数多く開けて酸素の効率的な取り込みを試みたが、ひんぱんに目詰まりが生じた経験がある。種苗生産など飼育期間が短い場合は良いが、養殖など飼育が長期となる場合は留意したい。

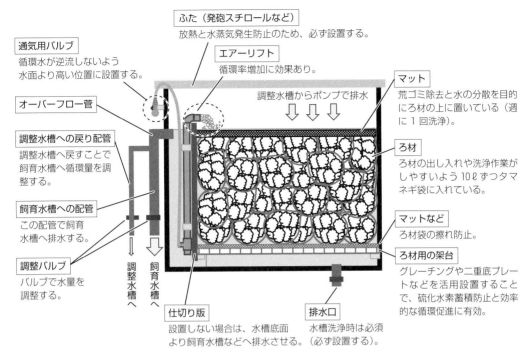

図5 循環式陸上養殖における生物ろ過装置の基本的構造（屋島庁舎）

ろ材を搬入前の状況　　ろ材を搬入後の状況
　　　　　　　　　　（撮影のため、マットは取り外している）

図6 生物ろ過水槽での散水の一例
散水することによって、空気中の酸素の取り込みを行っている。この事例では飼育期間が短期間だったため、塩ビパイプに5㎜程度の穴を開け散水している。

　タマネギ袋に小分けしたろ材は、生物ろ過水槽に直接入れるシンプルな構造もあるが、どうしても底面のろ材まで循環水が行き届きにくくなってしまう。そこで、循環水がろ材全域に広く循環するよう工夫することで、硝化能力は大きく変わる。そのため、**図5**のように底面にグレーチングや二重底プレートを用いたろ材用の架台を敷き、水槽内に仕切り版を設置することで、飼育水槽に戻る循環水は必ず一度ろ材を通過するような構造にすることが理想的である。

　ただし、水槽の構造上仕切り版を設置できなくても工夫次第で簡単に同じような状況をつくることもできる。

図7 生物ろ過水槽でのろ材配置例

例えば、図7に示したのは市販のFRP水槽を用いた設置事例であり、注水口から最も遠い側の底面に排水口を設けて底面のろ材も有効に機能するようにしている。しかし、そのままでは抵抗の小さい水槽上面を水が流れてバイパス配管に排出されてしまうため、一部のろ材を水面より干出させることによって、干出部は堰のようになり、循環水は必ずろ材の中を通水することになる。このように、ろ材設置方法1つとっても多種多様である。

話を元に戻すが、ろ材を通過した循環水はオーバーフローさせるなどして飼育水槽に戻るが、配管の大きさは揚水時の少なくても1.5～2倍以上確保する必要があり、ポンプの大きさによってさらに大きな配管が必要な場合もある。この配管の設計が細く苦労している飼育現場をよく目にする。また、調整水槽へ戻るバイパス配管を設置すると、飼育水槽へ戻る水量の調整が生じた場合に便利である。

忘れてはならないのは、水槽上部に設置するふたと、生物ろ過水槽内の海水を排水できる排水口を設置することである。ふたは放熱や水滴の飛散を防止するために不可欠で、特に冬季は気温と水温の差が生じることにより大量に発生する蒸気で室内の湿度が高くなり電気系統のトラブルの原因となるため必ず設置すべきだ。ふたは気密性を重視したものではないため、発砲板や風呂のふたを使うなど安価なものを活用しても良い。排水口は飼育終了後の水槽洗浄時に便利で、それがないと水槽底面に蓄積したろ材の欠片や有機物を取り除くのに苦労する。

（森田 哲男）

■参考文献

1) 山本義久（2011）閉鎖循環飼育の未来と可能性、アクアネット9月号、66～70頁。

2) 菊池弘太郎（2004）3・3・3 微生物によるアンモニア処理―硝化―、養殖・畜養システムと水管理（矢田貞美編著）、52～58頁。

3) 菊池弘太郎（1998）循環濾過養魚のための水処理技術、日水誌64（2）、227～234頁。

4) 山本義久（2011）閉鎖循環飼育の未来と可能性、アクアネット11月号、68～73頁。

5) 芳倉太郎（1996）生物膜法による水処理、生活衛生 Vol.40（6）、339～352頁。

6) M. B. Timmons and T. M. Losordo (1994) Aquaculture Water Reuse Systems: Engineering Design and Management, Elsevier Amsterdam, p.333.

半循環　閉鎖循環

第2章　必要な設備とプラント管理、事業採算性

物理ろ過
～システム内の有機物除去～

2-6

ここがポイント！

- ☑ 閉鎖循環式の飼育では、①生物に影響を与えない、②排水が少ない、③設置経費が安価といった3つのポイントを押さえた処理方法を選択する必要がある
- ☑ 微細な懸濁物は泡沫分離装置で除去することが多いが、飼育水中には大小さまざまな懸濁物があり、泡沫分離装置だけですべて除去することはできないと理解する

　循環飼育ではアンモニアの溶出源となるような有機物を迅速に除去することが求められる。本項ではシステム系内における有機物の物理ろ過方法について記載するとともに、陸上養殖を初めて行う読者のためにも、流水飼育で用いる飼育の基本も含めて紹介する。

　魚介類の飼育では、飼育魚から排出されるふんや尿、体表粘液、鱗、残餌などをはじめ、排泄物などが起因となる細菌やバクテリアフロック（微生物の凝集体）などの有機物が大量に発生して水質を悪化させる（図1）。種苗生産では、仔稚魚の飼育時に添加するクロレラやナンノクロロプシス、シオミズツボワムシといった生物餌料、そのふんや死骸なども加わる。

　流水式飼育では換水によりこれら有機物の大半は飼育水槽系外へ排出されるが、同じ水を繰り返し利用する循環飼育では、数μmから数cmまで大小さまざまな有機物が蓄積することとな

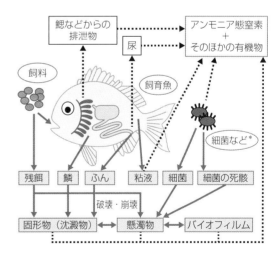

図1　陸上養殖をモデルとした有機物発生の様式図
実線の矢印は排泄物の主要な経路を示しており、有機物の発生メカニズムは多種多様である。破線の矢印は、アンモニア態窒素などの溶解性物質の主要な経路を示している。
＊ここには、ウイルスや種苗生産時に用いる生物餌料（ワムシ、クロレラなど）なども含まれる。

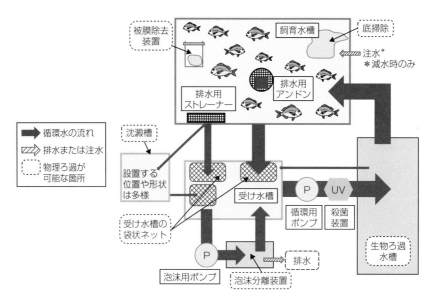

図2 屋島庁舎に設置している閉鎖循環式陸上養殖システムの様式図と物理ろ過事例

沈澱槽は屋島庁舎では原則設置していないが、設置する場合の配置を示した。

イラスト（マダイ）：藍原章子（㈱水産研究・教育機構）
システム設計：山本義久（㈱水産研究・教育機構）

る。これらの物質は、ろ材の目詰まりやバクテリアフロックによる配管の閉塞にとどまらず、分解や破壊・崩壊に伴って溶出するアンモニア態窒素などの有害物質による水質悪化や懸濁による水中濁度増加によって紫外線による殺菌能力が低下するなど、飼育そのものに甚大な影響を与える。これらのことから、循環飼育では何らかの物理ろ過の工程が不可欠である。

■ 3つのポイント

下水や工場排水など一般的な水処理では、沈澱、凝集分離（凝集剤による沈澱）、泡沫分離、粒状ろ過（砂ろ過など）、膜ろ過（ドラムフィルターなど）といった処理装置が設置され、工程ごとにさまざまな大きさの粒子を順次処理するとともにアンモニアなども除去した上で河川や海に放出している。これらの装置は設置面積が広くなり、設置費用が高額となる場合も多い。

しかし閉鎖循環式養殖では、①生物に影響を与えない、②排水を可能な限り抑制する、③設置経費を抑制する処理方法を選択する必要がある。例えば、①では、一般的な下水処理に用いるPAC（ポリ塩化アルミニウム）のような魚の生残に影響を与えるような凝集剤は利用不可能であり、②では粒状ろ過のような大量の排水を伴う処理方法は半循環式飼育に限られる。

閉鎖循環飼育の物理ろ過法と言えば泡沫分離装置を連想する読者も多いだろうが、泡沫分離装置で処理できる粒子は小さな有機物（懸濁物）に限定されるため、大小さまざまな粒子の有機物（固形物や懸濁物）が生じる循環飼育ではそのほかの物理ろ過方法も組み合わせて行う必要がある。物理ろ過についてはさまざまな方法が報告されている。特に欧米では集約的な陸上養殖に対応した技術開発を行ってきたことから、大型機器が導入されている。しかし屋島庁舎では、前述の3つの重要ポイントを満たす、

表1 屋島庁舎で用いている循環飼育における主な物理ろ過の方法

物理ろ過の種類			捕捉できる主な有機物	閉鎖循環式			半循環式	
				親魚養成	種苗生産	養殖	親魚養成	養殖
飼育水槽	被膜除去装置	通気あり	浮上物（油膜）	◎	◎	×	◎	×
		通気なし		×	×	◎	×	◎
	底掃除	排水あり	残餌・ふん（固形物）	×	◎	×	◎	◎
		排水なし		◎	×	◎	◎	◎
受け水槽	袋状ネット		固形物	◎	◎	◎	◎	◎
沈澱槽*			固形物	○	×	◎	○	◎
泡沫分離装置			懸濁物	◎	◎	○**	×	×
生物ろ過装置			懸濁物・固形物	◎	◎	◎	◎	◎
排水口（オーバーフローによる排水）			浮上物（油膜）	／	／	／	◎	◎

◎：システムに不可欠、○：設置した方が良い、×：設置は不要（効果は小さい）、／：該当しない
＊：屋島庁舎では原則設置していないが、簡便で有効なろ過方法であるため記載した。
＊＊：懸濁物除去の観点からの判断で、本装置が有する二酸化炭素の脱気、酸素の吸気、細菌の除去などでは効果的に機能を果たす。

できるだけ簡便かつ安価で、排水を抑制できる物理ろ過方法を模索し採用している（図2）。

■ 各工程に適した物理ろ過

物理ろ過の方法は、同じ循環飼育でも閉鎖循環式と半循環式では飼育水を排水できるか否かの違いがあるため、考え方が根本的に違ってくる。また、生物餌料や仔稚魚のふんなど懸濁物が多く生じる種苗生産と飼育魚の残餌や大きなふんが主体の養殖では飼育水中に放出される懸濁物や固形物の大きさも異なるため、各工程に適した方法を選択することが重要となる。

表1に屋島庁舎で用いている主な物理ろ過方法を記載した。泡沫分離装置や沈澱槽のように循環飼育独特の物理ろ過方法も用いているが、むしろ流水式飼育でも用いるような被膜除去装置など簡易な物理ろ過方法も多いことが分かる。一方、欧米でよく使われるドラム式の膜ろ過や粒状ろ過（砂ろ過など）は機材が大型化し、コスト面から組み込んでいないのも特徴的である。

以下、それぞれの物理ろ過方法について特徴を記載していく。

飼育水槽の固形物除去（底掃除）

底掃除は一般的な流水式飼育でも行われる方法であり、半循環式飼育では図3のような底掃除用具を製作し、1～数回/日、給餌後速やかに堆積したふんや残餌を取り除いており、流水飼育と同様である。一方、閉鎖循環式飼育では排水できる水量に制限があるため、流水式や半循環式のように固形物を大量の飼育水と一緒に排水することは難しい。

給餌する配合飼料の粒径が大きく、ふんの形状もしっかりしている親魚養成や養殖では、水底まで届くタモ網を用いてふんと残餌のみ除去している。原始的な手法であるが、飼育水槽から固形物を効率に除去するには効果的で、給餌後速やかに着実に底掃除を行うことが重要である。閉鎖循環式の飼育水は黄褐色に着色することから、一見濁っているように感じるが、懸濁物の物理ろ過が適正にできれば透明度は高く、一時的に通気を停止すれば水底まで可視でき固形物を取り除くことは可能である（図3）。

ただし、閉鎖循環式飼育でも種苗生産では、タモ網を用いた底掃除では飼育水槽底面に沈降（堆積）した固形物を拡散させてしまうため、貝化石などを散布することで懸濁物を沈澱・包

埋した後、数日に1回程度、流水式飼育と同様の底掃除を行い、底掃除による減水分はその都度補給している。

最も重要なことは給餌後できるだけ速やかに底掃除を実施することである。屋島庁舎では目安として給餌直後に生じる濁りと給餌作業による飼育魚の興奮状態が軽減される給餌後30分前後に行っている。**図4**に配合飼料浸水後の配合飼料の形状と飼育水の変化について観察した例を示した。浸水後1～2時間は配合飼料も形状を維持し飼育水の濁りも少ないが、4時間後には濁りが大きくなり、8時間後には飼育水が白濁し、配合飼料は吸水して肥大化してくるのが分かる。浸水4～8時間後では配合飼料がある程度形状を維持しているものの、わずかな衝撃で崩壊するため、飼育水槽では飼育魚が触れると崩壊して拡散し、飼育水は白濁することが容易に想像できる。浸水24時間後には配合飼料はほぼ溶解する。流水式では溶解してしまった懸濁物も系外に排出されるが、循環飼育では繰り返し飼育水を再利用するため速やかな除去が必要である。

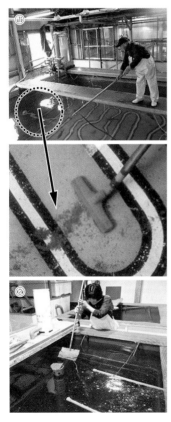

図3　底掃除による固形物の除去
①排水を伴う底掃除：半循環式や閉鎖循環式の種苗生産では堆積した残餌やふんごと底掃除することで懸濁物や油分を拡散させないようにしている。
②排水を伴わない底掃除：閉鎖循環式飼育では底掃除による排水はできるだけ避けたい。通気を止め、タモ網などを使って目視でふんや残餌の除去を行い、懸濁物は被膜除去装置などで除去する。

水温 25℃　**1時間後**
飼育水の透明度は維持されている。

2時間後
飼育水の透明度はほぼ維持されている。
やや懸濁物が浮き上がってきている。

4時間後
飼育水の透明度はある程度あるが、懸濁物が多くなってくる。

8時間後
懸濁物が多く、飼育水の透明度は低下。配合飼料は肥大化し、触れると崩壊する。

24時間後
配合飼料は崩壊し、飼育水は大きく濁る。

図4　配合飼料浸水後の配合飼料の形状および飼育水の変化

また、配合飼料から溶出するアンモニア態窒素にも注意したい。アンモニアは目視で判断できないため見落されがちであるが、実は配合飼料の給餌直後より残餌からは相当量のアンモニアが溶出し、その後も一定速度で溶出が続いている（**図5**）。生物ろ過装置への負担を軽減させるためにも、残餌などの速やかな回収は必須である。なお、配合飼料の大きさ（粒径）が大きくなると表面積の関係からアンモニアの溶出速度が若干遅くなるようだが、浸水後の懸濁状況は大きな差はなく、粒径の大きな配合飼料を給餌している場合も早めの除去が必要である。

飼育水槽に浮上した有機物処理（被膜除去装置）

　被膜除去装置についても、循環飼育に限らず流水式飼育では一般的に用いられている装置である。被膜除去装置は「油膜取り装置」と呼ばれることもあり、こちらの方がなじみ深い読者も多いのではないかと思う。底掃除が飼育水槽の固形物を除去するのに対し、被膜除去装置は水面に浮上した有機物を取り除く働きをしている。

　被膜除去装置はそれぞれの種苗生産機関で形状や送気法の工夫がなされているが、基本的には塩ビパイプでつなぎ合わせた配管内に空気を密閉して浮力を持たせ、直径1～数mm程度の穴を多数開けた送気用塩ビパイプを間口に取り付けた構造となっている。これはブロワーにつながっており、送気して小さな穴から水面に吹き付けることで水面流を起こし、水面に散らばった有機物が集まりやすい仕組みとなっている（**図6**）。

　この装置はもともと種苗生産の初期飼育において、エサなどに含まれる油分による被膜を効率的に回収し、仔魚が水面の空気を確実に飲み込み開鰾しやすくするため考案されたものだが、親魚養成や養殖においても広く用いられて

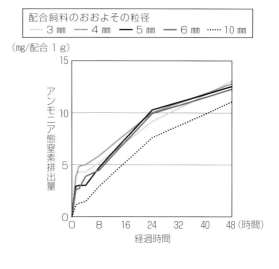

図5　配合飼料浸水後の経過時間に伴うアンモニア態窒素の積算溶出量の推移（水温25℃）

いる。本装置はバイオフィルムなどの汚れがパイプ接続部など洗浄しにくい箇所に付着してしまう欠点があるのと、送気の角度や装置の設置場所で浮上物の集まり方が変わってくることがある。

　われわれも種苗生産では本装置を用いているが、養殖や親魚養成では飼育水槽に流れ込む水量（システムで浄化され飼育水槽に戻ってきたもの）が種苗生産よりはるかに多く、飼育水槽では大量の流入水で一定方向の大きな水流が起こりやすい環境にある。そのため、送気しなくても塩ビパイプをつないだだけの装置を設置するだけで被膜は十分に捕捉され、複雑な構造は不要である。むしろ、単純な構造にして確実に装置の洗浄を毎日行う方が結果的に効果があるように思われる。この構造であれば数分の作業で被膜除去装置が製作可能で、装置の出来・不出来の心配もない。水面の水流の方向を確認して設置位置を調整することだけがコツと言える。

　注意事項としては、種苗生産工程において被膜を除去すると浮上へい死を引き起こす魚種（特にハタ類）もあり、逆に油成分を飼育水に

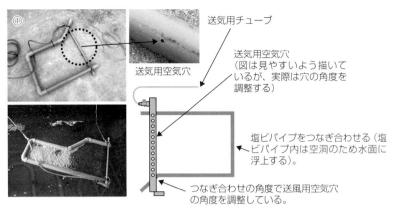

① 種苗生産、親魚養成などで用いる被膜除去装置
塩ビパイプに小さな穴を開け、水面を吹き付けることで効率的に水面の有機物を集めている。

② 養殖で用いる被膜除去装置
塩ビパイプをつないだ簡単な構造だが、養殖や親魚養成では十分機能する。

図6 被膜除去装置による浮上した有機物の除去

添加することで被膜をつくり仔魚の浮上へい死を防除していることもあるため、個々の種苗生産マニュアルに従って設置していただきたい。

受け水槽での固形物除去

　飼育水槽の底掃除と被膜除去装置である程度有機物が取り除かれた飼育水は受け水槽に流入する。受け水槽は飼育水槽から流れてきた水を一時的にストックする水槽で、泡沫分離装置や生物ろ過装置への起点ともなる要の水槽である（**図2**）。受け水槽でも固形物の処理は行われ、実は閉鎖循環式、半循環式双方ともに最重要の処理工程と考えている。受け水槽への流入口には袋状ネットを設置しており、ここで水中に漂う固形物をろ過している（**図7**）。

　種苗生産では、飼育水中のワムシやアルテミアなどの残餌もここで回収し、生物ろ過水槽への負担軽減の役割も担っているため、親魚養成から養殖まで各工程で袋状ネットによる膜ろ過は必須となる。袋状ネットはワムシ（S型ワムシ、L型ワムシ）給餌期間では目合い50〜70 μm、アルテミア給餌期間では目合い150 μm前後のナイロン製プランクトンネット生地を用いて製作しているが、袋状ネットの目合いが細かいことから目詰まりしやすいため、排水口は塩ビパイプを使って複数に分岐し、袋状ネットが複数取り付け可能な構造に加工してネットに対する負担を軽減し、目詰まりを防止している（**図7 ③右**）。種苗生産においても、この処理を行わないとワムシなどが生物ろ過水槽に侵入し、飼育期間中に生物ろ過水槽がオーバーフローしてしまうことがあり、注意が必要である。ワムシやアルテミアは死亡すると分解が速やかに進んで、より微細な懸濁物やアンモニア態窒素の発

①受け水槽に用いられる袋状ネット類（固形物などの大きさや洗浄頻度により材質や網目を選択する）。ソケット式にすると取り外しやすくなる（1番左）。

②目詰まりにより袋状ネットが外れないよう、塩ビ製のソケットなどで引っかかるよう工夫している。

③受け水槽に設置された袋状ネット類（1番右：種苗生産での事例）。

図7 受け水槽に設置した袋状ネットによる固形物および懸濁物の除去

生源となることから、袋状ネットの洗浄は朝と夕の2回実施している。

一方、循環式養殖や親魚養成では100〜18目（目合い200〜1,200 μm：製品によって異なる）のポリエステル製の袋状ネットを飼育魚の成長に合わせて設置し、少なくとも1日1回は洗浄するようにしている。どの目合いのネットを選択するかの判断は難しいが、筆者は洗浄時にネットが目詰まりを起こして膨らんだ状態になり、洗浄時の水切りが難しくなってきたら目合いを大きくするようにしている。また、**図8**のように飼育水槽の排水口の設計を変更することで、飼育水槽と受け水槽の水面に落差が生じ、袋状ネットの代わりにゴミ取りマットを設置することでネット脱着作業が大幅に削減できる。除去方法は1つではないので工夫したい。

受け水槽での固形物の除去効果は設置した袋状ネットを飼育水が何回通過するか（循環率）によって大きく左右され、循環率を上げると除去できる固形物は当然多くなる。

図9は飼育水槽の循環率を変更したときに水中照度がどのように変化するかを示したものである。この実験では、受け水槽に水中ポンプを

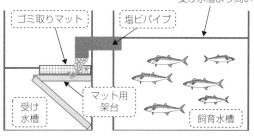

図8 受け水槽の有機物（主に固形物）除去事例

イラスト（サバ）：藍原章子（㈱水産研究・教育機構）

設置して飼育水槽に戻し、飼育水槽と受け水槽の循環率を増加させただけで、泡沫分離装置や生物ろ過水槽を含んだシステム全体の循環率に変化があったわけではない。飼育水槽の循環率に比例して水中照度増加が顕著となることがこ

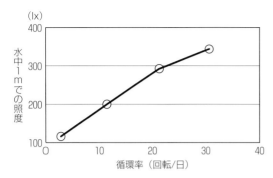

図9 飼育水槽と受け水槽の循環率と水中照度の関係

図10 沈澱槽による固形物の除去

の事例からもよく分かる。300 lx 以上の照度が得られると十分な透明度が得られ、飼育水槽の底面もよく見えることから、水中のゴミは十分除去されたと判断しており、いかに飼育水槽と受け水槽の循環率が有機物の除去に重要であるかを示した事例である。

この実験からも循環式陸上養殖では流水式養殖のような5～10回転/日などでは有機物の除去は間に合わないと判断でき、少なくても適正な透明度が得られる30～40回転以上確保する必要があると言え、飼育密度が増加すればさらに大きな循環率を確保していく必要がある。

ただし、ポンプを大きくすることはポンプの入手や稼働のための電気代の増加に直結することから、選定や設置方法は工夫したい。なお、種苗生産では養殖の手法は当てはまらず、循環率をむやみに増加させてしまうと飼育水中の餌料生物の流出、水流による仔稚魚への悪影響が生じるため、流水式飼育の一般的な換水率と同程度の循環率に抑え、後述する泡沫分離装置などを用いて有機物を除去している。

沈澱槽での固形物除去

沈澱槽は循環飼育特有の装置である。沈澱槽内をゆっくりと回転流をつけながら通過させることで、浮遊している比較的大きな固形物を自重で沈澱させる仕組みとなっている。回転流よりも固形物の沈降速度が各段に大きい場合は有効であり、ポンプなどの動力も不要なことから設置経費や維持経費は低く抑えることができる。一方で、水量や時間に対する処理効率が低いため、設置する場合は設置面積を広く確保する必要がある。

また、粒子サイズと沈澱速度は比例するため、種苗生産のように仔稚魚のふんや残餌、生物餌料といった粒子の小さな有機物（懸濁物）が大半を占める種苗生産では沈澱による物理ろ過の効果は期待できず、設置する必要はない。沈澱槽は水産機器メーカーから市販されているが、飼育現場では水槽の形状が類似したアルテミアふ化水槽を代用することが多い（図10）。

沈澱槽は一般的には飼育水槽と受け水槽の間に設置し、固形物を除去してから泡沫分離装置へと送水することになる。屋島庁舎では循環飼育の技術開発当初は種苗生産に特化した研究を進めてきた関係から養殖に対応した沈澱槽は導入しなかった。新たに沈澱槽を設置するスペースも不足していたため、前述した受け水槽の袋状ネットによるろ過で代替している。当初から養殖を対象としたシステム設計を行う場合は沈澱槽は有効であり、積極的に導入すべきと考えている。

なお、養殖現場によっては沈澱槽に溜まった固形物（沈澱物）を何日も放置する事例が散見されるが、せっかく固形物を集めても時間の経過とともに崩壊し、懸濁物やアンモニア態窒素の発生源となるため、1日に1回は洗浄もしくは除去作業を行いたい。

■ 懸濁物の発生

飼育水中の懸濁物の発生源となっているのは給餌後のふんによるものである。残餌の処理を怠った場合のアンモニア態窒素や濁度は経過時間に比例して増加していくことは既に述べたが（**図4**、**図5**）、残餌を完全に取り除いてもこれらは増加する。

図11にキジハタ若魚を5 kℓ水槽（システムを合わせた総水量8 kℓ）に約340 kg（68 kg／kℓ）飼育した事例における給餌後のアンモニア態窒素と濁度の推移を示した。この飼育事例では、4 kgの配合飼料（クエ太郎7号：㈱ヒガシマル）給餌し、給餌経過時間ごとにサンプリングしている。アンモニア態窒素は給餌直後から時間経過とともに増加し、若魚であれば給餌半日程度でアンモニア態窒素のピークとなり、その後減少する。もちろんより小さなサイズの種苗ではピークまでの時間は短くなり、魚種や水温でも変わってくる。半循環飼育であっても、閉鎖循環の傾向と顕著な差はない。

一方、濁度は給餌直後に若干の増加はあるものの、すぐに解消し、給餌20時間後くらいに急増し、その後時間とともに減少して濁度が給餌前の状態に戻るのには2日程度を要する。アンモニア態窒素と異なり、給餌後ふんが排出されるのにともなって濁度は上昇してくる。

なお、濁度の増加は閉鎖循環飼育では顕著だが、半循環ではそれほど顕著に増加しない。以下、懸濁物の処理方法について記載する。

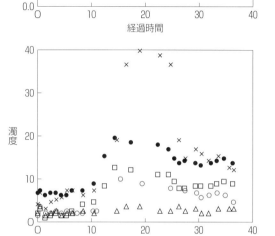

図11 給餌後のアンモニア態窒素と濁度の推移
「0」は給餌前の数値であり、採水後に給餌を行った。

■ 懸濁物の除去方法

凝集処理

凝集処理は、懸濁物を含む用水に凝集剤を添加・攪拌することで水中の懸濁物を凝集・沈澱させ除去する処理方法である。凝集した固形物を取り除くため、泡沫分離装置や沈澱槽、粒状ろ過（砂ろ過など）などと併用設置することで有効となる。凝集剤は、下水や用水処理ではPAC（ポリ塩化アルミニウム）や高分子凝集剤（ポリマー）を主に使用している。しかしこれらの物質が魚類、特に淡水魚に対して鰓の閉塞などに悪影響を及ぼすとの報告もあることから、屋島庁舎で稼働している閉鎖循環式陸上養殖のシステムには組み入れていない。

ただし、近年は新しい素材を原料とした凝集剤も考案されており、屋島庁舎でも小実験を行っているところである。

粒状ろ過

粒状ろ過は砂などのろ材を使って水中の懸濁物などをろ過する方法で、水産分野では取水した用水（地先の海水など）中の懸濁物を取り除くため、広く利用されている。一般的には下流式、つまり装置の上方から下方へ用水を流してろ材に懸濁物をトラップさせる仕組みとなっており、蓄積した懸濁物（汚泥）を取り除くためには定期的に空気を含んだ用水を下方から送り込み剥離させる「逆洗工程」が必要となる。

ろ材には砂のほか、砂利や無煙炭粒（アンスラサイト粒やガーネット粒）がよく用いられている。粒状ろ過の中で一般的な急速ろ過装置である砂ろ過は $5\,\mu m$ 以上の粒子を取り除くことができる優れた物理ろ過であるが、高頻度に逆洗を行い汚泥をシステム系外に大量の用水とともに排出させる必要があるため、排水量を抑えたい閉鎖循環式飼育では現実的とは言えない。

しかし一方で、親魚養成や水族館の展示水槽など、有機物の負担が小さく極めて高い透明度が要求される場合には有効であり、一定量の排水を伴う半循環式飼育では最も優れた物理ろ過装置の1つであると考えられる。さらに、浮力の大きいビーズ粒子を用いた上向式ろ過装置も考案されており、この装置を用いれば一般的な急速ろ過装置の5%以下で逆洗が可能とされている。しかし、双方のろ過装置とも設置コストや維持コストを要するのがデメリットである。

なお、欧米では粒状ろ過をシステムに組み込んだ陸上養殖事例も多く見られるが、粒状ろ過による換水率は20%／日に及ぶ。

膜ろ過

膜ろ過は、メッシュ状のスクリーンフィルターによって固形物や懸濁物を捕捉する装置で、フィルターの設置方法によって固定式スクリーンフィルターとドラム式（回転式）スクリーンフィルターの2種類がある。前者は名前の通り単純な構造であるが、目詰まりが生じた場合はその都度フィルターを取り外して洗浄する必要があるため、自動逆洗装置がついた後者がよく使われている。逆洗水は水道水でも良く、飼育水を用いないため内陸域であっても逆洗により飼育水が減水するわけではない。

スクリーンの目合いは一般的には $10\sim100\,\mu m$ であるが、目合いが小さいと目詰まりしやすくなり、大きいと微細な懸濁物は捕捉できないことになる。そのため飼育現場では $50\,\mu m$ 前後のスクリーンを用いる事例が多い。ただし、せっかく捕捉した懸濁物も時間の経過とともに水圧などで細かく粉砕されスクリーンを抜けてしまうことが多いので注意が必要である。欧米では飼育のオートメーション化と養殖施設の大規模化が進んでいるため、広く導入されている。だが、設置コストが高いことがデメリットである。

■ 微細な懸濁物除去（泡沫分離装置）

水中のより微細な懸濁物は泡沫分離装置（プロテインスキマー）で除去することが多い。生物ろ過水槽の目詰まり防止を考慮すると泡沫分離装置で処理をした上で生物ろ過水槽へ循環させるのが理想的と言える。

また、膜ろ過などを設置してもより微細な懸濁物は通過するため、膜処理は前処理の役割と考え、泡沫分離装置でより微細な懸濁物は除去すると考えた方が良い。特に種苗生産では数 μm 程度のクロレラやナンノクロロプシスを除去する必要があるため、泡沫分離装置の設置は必須となる。ここでは屋島庁舎で用いているポンプ循環型の泡沫分離装置について紹介する。

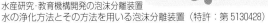

図12 泡沫分離装置における懸濁物など除去のイメージ（エジェクター式）
懸濁物除去のイメージは、上山ら（2006）を参考に作成、泡沫分離装置の図は山本（2009）を転用。
＊E：エジェクター、P：ポンプ

装置の仕組み・選定

　泡沫分離装置は微細な気泡を発生させ、気泡の気液界面に懸濁物が吸着する性質を利用して、飼育水中の懸濁物を浮上分離させて取り除く機器である。（**図12**）この現象は自然界でも見ることができ、例えば冬の日本海に発生する「波の華」も同じような仕組みである。

　このように泡をフィルターとして用いた懸濁物除去方法であるため、膜ろ過のように目詰まりを起こすことや、せっかく捕捉した懸濁物が再溶出してアンモニアを排出することもない。気泡の供給方法には、自吸式に区分される翼剪断式やベンチュリー式、ブロアー圧送式に区分される散気式やミキサー式などがあり、数種の方法が各機器メーカーの泡沫分離装置に採用されているが、これらの仕組みについては多くの水処理関連書物で詳しく記載されているため、参照していただきたい。

　各機器メーカーの泡沫分離装置は形状や気泡の供給方法などが異なっているため、飼育の規模や飼育工程において使い分けている。

　屋島庁舎では主に3種類の泡沫分離装置を用いており、屋島庁舎で開発した泡沫分離装置（**図12**）は軽量で機器の洗浄も容易で、安定泡沫の量を微調整するバルブなども多いため、

写真1　屋島庁舎で用いている泡沫分離装置
左：TAS環境エンジニアリング㈱製の機器（写真はFS-040P）
右：オーシャンアース㈱の機器（写真はボルケーノVL-3D）

め細かい調整が必要な種苗生産向きと考えている。一方、本器は本来自吸式設計であるが、能力を向上させるため通気装置（ブロアー）で空気を供給している。そのため、同じブロアー系列内の通気使用量により本装置への吸気量が変化して泡沫量も不安定になることがある。また、長期間使用するとエジェクター部分などにバイオフィルムが付着し泡沫量が安定しなくなることがあり、有機物負荷の大きい養殖ではこまめな洗浄が欠かせない。

　養殖ではTAS環境エンジニアリング㈱製の泡沫分離装置が適用されている事例は多い。（**写真1**）。特殊な回転翼が高速回転することで

生じる負圧を利用して大量の空気を装置内に供給することができるため、気泡が大量に発生し、効率良く懸濁物を吸着できる。また、自吸式であるため機器に供給される空気の量は安定しており、結果として長期間使用しても泡沫量の変化は少なく、養殖には使いやすい。ただ、回転翼を含めた機器は非常に重たく、手動では洗浄しにくい構造であるため、飼育期間が短い種苗生産では、飼育終了時に毎回行う機器洗浄が煩雑な作業となるため用いていない。ほかにも餌料培養でオーシャンアース㈱製の泡沫分離装置を用いているが、こちらは第3章169頁（3-11）で紹介したい。

泡沫分離装置は多くの場合、大きさの異なるものが数通りラインアップされており、飼育水槽に対応した泡沫分離装置の大きさ、それぞれの泡沫分離装置に応じたポンプの大きさも決まっている。例えばポンプの能力が低いと泡が発生せず、能力が高すぎると排水が多くなり循環飼育が維持できないため、必ず機器メーカーの仕様書を確認してほしい。また、自吸式の機器でも、自給できる気泡量が少ないと気泡に吸着できる面積が少なくなり、安定泡沫の生成量の減少から効率的に泡沫排水が得られないため、自吸式であってもこのような場合は通気装置から強制的に空気を確保した方が良い。

ワンパスでは懸濁物を除去できない

泡沫分離装置では一度の処理（ワンパス）で懸濁物を除去できると思われている方も多いが、実は何回も泡沫分離装置を通過することによって懸濁物の量は減少していく。懸濁物の除去率は懸濁物の量によっても変動するが、植物プランクトン（淡水クロレラ）を100万細胞/mℓ含んだ溶液を用いた実験では、約6時間かけて8割を除去している（**図13**）。そのため、ワンパス程度では生物ろ過水槽への懸濁物流入を完全に防ぐことは不可能である。

一方、山本（2013）のマダイ種苗生産の実験では、泡沫分離装置の設置有無によるろ材表面の汚れは大きく異なり（**写真2**）、種苗生産では泡沫分離装置を設置しないことで生物ろ過水槽が閉塞し、海水がオーバーフローしてしまう事故も頻発していると報告している（第3章154頁、3-8参照）。

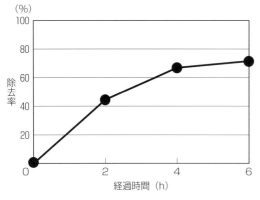

図13 泡沫分離装置による淡水クロレラ除去率の経時変化

資料：山本（2013）

写真2 水産研究・教育機構開発泡沫分離装置の有無によるろ材表面の状況

写真：山本（2013）

表2 ヒラメ蓄養前後の飼育水と泡沫排水の水質

項目	ヒラメ蓄養水槽の水質		泡沫排水**の水質
	収容前	収容後*	
濁度（TU）	0.17〜0.20	0.19〜0.25	200〜350
DOC：溶存態有機炭素（mg/ℓ）	2.35〜2.8	2.65〜3.70	290〜460
NH_4-N：アンモニア態窒素（mg/ℓ）	0.0	0.15〜1.49	50〜85
NO_2-N：亜硝酸態窒素（mg/ℓ）	0.0	0.1〜0.82	—
NO_3-N：硝酸態窒素（mg/ℓ）	46.7	44.0〜49.8	5〜14
全生菌数（CFU/mℓ）	10^3	$5×10^4$	10^8
ビブリオ菌群数（CFU/mℓ）	10^2	10^3	$10^5〜5×10^5$

* 10 kℓ水槽にヒラメ1,000尾（869 kg）を収容した約16時間蓄養後の水質。
** 泡沫排水による排水量は、システム水量の0.3%／日。　　　　資料：丸山ら（1994）を改変

定期的な洗浄

泡沫分離装置は飼育期間が長くなると装置壁面の汚れが激しくなる。また、安定泡沫排出部は泥状のものが蓄積してくる。前者は剥離による懸濁、溶出によるアンモニア供給源となること、後者は排出部の閉塞や閉塞による安定泡沫層の大きさが不安定になることがある。

飼育している水温や飼育密度、システムの構造にもよるが、壁面の洗浄は1カ月に1度くらいを目安に泡沫分離装置のみ停止して行い、排出部は1週間に1度くらいシステムを稼働しながら（停止しても可）洗浄している。また、吸気部分の定期的な洗浄も必要であり、1〜2カ月に1度、もしくは安定泡沫の高さなどから判断して洗浄を行う必要がある。飼育終了後は壁面や排出部を軽く洗浄した後、次亜塩素酸ナトリウムを有効塩素濃度50〜100 ppm（12%次亜塩素ナトリウムであれば1 kℓ当たり0.5〜1 ℓ）前後で1日以上循環させて洗浄している。

養殖での泡沫分離装置

種苗生産や飼料培養では、飼育水中の懸濁物の主流が微細なナンノクロロプシス（2〜5 μm）やクロレラ（2〜10 μm）などであることから泡沫分離装置の導入は非常に有効である。一方、養殖では泡沫分離装置で処理しにくいふんや残餌に由来する大きいものが多いため、装置を設置しても効果が目に見えて出てこないことが多い。

ただ、泡沫分離装置には脱気（飼育水中の二酸化炭素の放出）や酸素の効率的な溶解、細菌や重金属の除去、アンモニア態窒素の除去（**表2**）など幅広い効果を有しており、泡沫分離装置を設置しない場合は、例えば酸素供給装置を強化するなどの代替策を用いた上で、泡沫分離装置導入の費用対効果の総合的な判断から検討が必要である。

淡水魚での注意

泡沫分離装置は一般的には海水魚に適した装置であるが、淡水魚の飼育においても飼育期間が長くなるとシステム内に蓄積した体表面粘液物質により安定泡沫が徐々に得られるようになる。このため飼育期間の短い淡水魚の種苗生産で使うことはなく、淡水魚で使うのは養殖などの場合だけである。

■ 物理ろ過としても有効な生物ろ過装置

生物ろ過装置の本来の役割はアンモニアの硝化であるが、システム内に生まれた「粒状ろ過」そのものであり、生物ろ過水槽で捕捉され

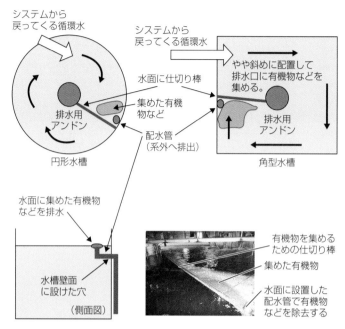

図14 半循環式陸上養殖における排水による有機物の除去

る懸濁物は意外と多く、結果として物理ろ過装置のように機能している。しかし、生物ろ過の効果が期待できるのは浸漬ろ床方式で、散水ろ床方式や流動床方式ではその効果は小さくなる。

■ 半循環式飼育での処理：排水

排水による浮上物や懸濁物の除去は流水式飼育では当たり前のことである。しかし、閉鎖循環式では原則排水を伴わないため、本手法をそのまま用いることはできない。

半循環式飼育では、流水式と比べると排水量は少ないが、工夫次第で有機物を効率的にシステム系外に排水することはできる。例えば水面に簡単な構造物を設置することで、飼育水槽中の浮上物を１カ所に集めて排水口から効率的に除去することができる。飼育水槽の水面に浮上した有機物の集め方は本項81〜82頁で紹介した被膜除去装置と同じ考え方であるが、図15のように水槽内で回転流が得やすい円形水槽であれば、塩ビパイプでつくった簡単な仕切り棒を１カ所設置することで水面に集まった有機物を効率的に排出できる。この場合、被膜除去装置は水面付近の懸濁物などを集めるのに障害物となるため設置しない方が良い。

角型水槽においても、システムから戻ってくる循環水の吹き出し方向やエアレーションの配置によって一定方向の水の流れは容易につくれるため、図14のように仕切り棒と排水管を設置すれば効率的に有機物をシステム系外に排出できる。

なお、養殖や親魚養成では本手法は有効であるが、種苗生産では仔魚が流れ出すため導入には工夫が必要である。そのほか、国内外の研究機関では紫外線やオゾンを用いた懸濁物の分解などさまざまな物理ろ過の方法が研究されている。これらの技術は新たな展開が期待できる一方で、機器が高額であるなど一長一短であり、今のところ広く導入されていない。今後、技術開発が進めば国内でもシステムの中核となる可能性もあるので期待したい。

（森田 哲男）

■ 参考文献

1) 平山和次（1966）海産動物飼育海水の循環濾過式浄化法に関する研究-IV　飼育魚による海水の汚濁、および循環濾過式飼育水槽安全収容量、日水誌31、11～19頁。

2) 山本義久・宮田勉・與世田兼三（2011）欧州の閉鎖循環式養殖の現状、水産技術3（2）、153～156頁。

3) 山本義久（2013）陸上養殖は我々に何をもたらしてくれるのか？～最新のシステム開発と欧州の陸上養殖の現状～、研究開発リーダー87、34～38頁。

4) 菊池弘太郎（2004）第3章　閉鎖循環型養殖における水処理技術、3・2　懸濁物質の処理、養殖・畜養システムと水管理、恒星社厚生閣、41～51頁。

5) Thomas M. Losordo・Alexander O. Hobbs・Dennis P. DeLong (2000) The design and operational characteristics of the CP and L/EPRI fish barn: A demonstration of recirculating aquaculture technology, Aquacultural Engineering22, 3-16 [http://aquaoptima.com/products/]

6) 栗田工業㈱（2006）よくわかる水処理技術、日本実業出版社。

7) 田端健二（1975）ヘドロ処理薬剤の魚介類に及ぼす影響、環境技術4（8）、599～604頁。

8) 鈴木祥広・丸山俊朗（2000）凝集・泡沫分離法に適するタンパク質の懸濁粒子への吸着特性、環境工学研究論文集、37、237～245頁。

9) 上山智嗣・宮本誠（2006）マイクロバブルの世界、工業調査会。

10) 大成博文（2006）マイクロバブルのすべて、日本実業出版社。

11) 佐藤順幸・増本輝男（2004）5章　活魚の畜養水槽の水管理システム、養殖・畜養システムと水管理（矢田貞美編著）、97～130頁。

12) 丸山俊朗・奥積昌世・佐藤順幸（1994）泡沫分離法による海水性濁水の処理、衛生工学シンポジウム論文集、2、215～220頁。

13) 高橋正好（2009）マイクロバブルとナノバブルの基礎と工業的応用、マテリアルインテグレーション、22（5）、2～19頁。

14) 山本義久（2009）マイクロバブルの水産・養殖分野への応用、マテリアルインテグレーション、22（5）、24～29頁。

15) 山本義久（2013）海産魚類の閉鎖循環式種苗生産システムの開発に関する研究、東京海洋大学院博士学位論文。

16) 鈴木祥広・丸山俊朗・竹本進・小田リサ（1999）泡沫分離・硝化脱窒システムによるウナギの閉鎖循環式高密度飼育、水環境学会誌22（11）、896～903頁。

17) 鈴木祥広・丸山俊朗（2000）魚類の体表面粘質物を利用した泡沫分離法による懸濁物除去に関する基礎的研究、水産環境学会誌、28（3）、181～186頁。

18) 武田重信・菊池弘太郎（1994）高能率魚類生産のための水質浄化技術の開発、11、養魚システムの物質収支と物理化学的浄化法の評価、電力中央研究所報告、1～23頁。

半循環　閉鎖循環

第2章　必要な設備とプラント管理、事業採算性

溶存酸素（DO）の管理
～酸素の供給方法～

2-7

ここがポイント！

- ☑ 循環飼育では硝化細菌やバクテリアによる酸素消費量増加により溶存酸素（DO）が低下しやすい
- ☑ 水中の飽和溶存酸素量は、低水温より高水温、淡水より海水の方が少なくなる
- ☑ システムへの酸素供給方法には、空気通気と酸素通気があり、組み合わせを工夫することで効率的な供給が可能となる

　魚介類の飼育にとって最も重要な環境因子とされるのは、呼吸に関わる「酸素」である。水中に溶け込んだ酸素の量は、魚の生残だけでなく成長にも大きく影響することが分かっている。ここでは、閉鎖循環飼育の適正な酸素管理について解説する。

■ 酸素の溶解と消費に関わる因子

水温・塩分の影響を受ける飽和溶存酸素量

　飼育水槽における溶存酸素量（以下、DO）管理の重要性は言うまでもないが、循環飼育では「用水の再利用」という宿命から酸素を豊富に含んだ新しい海水を補給できないため、通気方法や通気システムのちょっとした不具合から重大な酸欠事故が生じることもあり、酸素については流水飼育より厳密に管理していく必要がある。

　空気中の酸素が水中に溶け込める量（飽和溶存酸素量）の上限は、通気の強弱だけでなく、水温と塩分が大きく関わってくる。特に水温の影響は大きく、水温が高いほど飽和溶存酸素量は少なくなり、高水温では強く通気しても飼育水中のDOは低水準で頭打ちとなる。また、塩分も飽和溶存酸素量に影響し、海水では淡水より酸素が溶け込みにくいと言える（図1）。

酸素消費量と酸素管理

　一方、酸素消費量もさまざまな環境要因によって左右され、一般的には低水温より高水温（図2）、成魚より稚魚、安静時より活動時（特に給餌時）の方が高くなり、平田ら[1]が実施したオニオコゼを用いた実験では、活動時は休息時の約1.4倍酸素消費量が増加するとある。ま

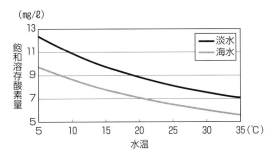

図1 水温による飽和溶存酸素量の目安
資料：JISK0102の水中の飽和溶存酸素を参考に作成

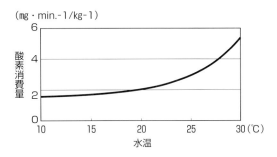

図2 マダイにおける水温と酸素消費量の関係
資料：光永ら（1999）を参考に作成

表1 主な養殖対象種の酸素消費量

魚種		水温 (℃)	体重* (g)	酸素消費量* (mℓ/kg/h)	参考文献
淡水魚	ティラピア	20.2	200	41	山元（1989）
		30.0	200	80	山元（1989）
	ウナギ（養殖）	25.0	300	45	江草（1958）
海水魚	ブリ	21.7	1,855	186	高橋（1943）
	カンパチ	28.7	1,200	322	高橋（1943）
	マアジ	21.5	137	444	諸岡（1966）
	マダイ	28.4〜28.5	1,250	208	諸岡（1966）
	カワハギ	20.8	153	142	高橋（1943）
	オニオコゼ	23.4	76	140	平田ら（2001）
	ヒラメ	20.0	438	31	田村（1938）
貝類	クロアワビ	15.4〜16.0	382	8	石田ら（1974）
		24.8	382	15	石田ら（1974）
	トコブシ	25.0	40〜60	27〜52	Nimura et al.（1993）

※参考文献の値の小数点以下を四捨五入しており、誤差範囲も省略している。

た、水中の懸濁物量や飼育期間、飼育魚の種類（**表1**）、ストレスによっても変化することが知られている。

これらのことから、飼育水温の上昇は水中への酸素の溶解量を減少させる上に、飼育魚による消費量も増加するため、夏季飼育時の酸素管理については特に注意を要するということになる。

■ **閉鎖循環飼育におけるDOの増減**

飼育方法と水温によって飼育水槽内のDOがどのように変化していくのか、われわれが実施した100ℓ水槽によるキジハタ飼育を具体例として示した（**図3**）。

本事例では、25℃に調温した閉鎖循環飼育と換水率を10回転／日とした流水飼育、同様の換水率で調温しない（自然水温）流水飼育の3つの実験区を設定し、同数のキジハタ（飼育密度は約5kg/kℓ）を収容して150日間DOの推移を比較した。実験期間中にキジハタも成長し、実験終了時には25℃で飼育した2実験区では約30kg/kℓ、自然水温の流水飼育では約10kg/kℓまで飼育密度が増加している。

この実験から、①自然水温による流水飼育では気温（≒取水水温）の影響を強く受け、低水温期はDOの低下を気にしなくても良い、②

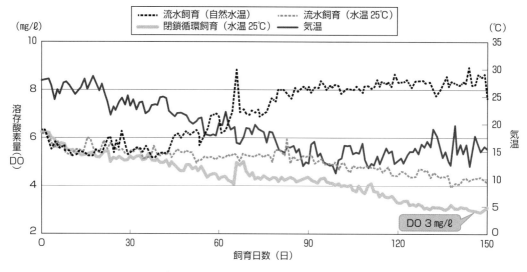

図3 キジハタ陸上養殖における溶存酸素量(DO)の推移

高水温飼育であっても流水飼育のDOはある程度高い値を維持する、③閉鎖循環飼育では飼育日数と比例してDOは低下することなどが示されている。

閉鎖循環飼育のDOが低下し続ける原因は、成長に伴い呼吸による酸素消費量が増加したことに加え、養殖魚から放出されるアンモニアが増えることで硝化細菌のアンモニア酸化による酸素消費量の増加や、長期飼育によってシステム内の配管などにバイオフィルムが蓄積してバクテリアによる酸素消費量が増加してくるためである。

閉鎖循環飼育における酸素消費については、例えば、ヒラメの飼育では酸素消費の約3分の2は呼吸によるものであるが、残りの約3分の1は硝化細菌による硝化と有機物の分解によるものであるとの報告がある。

■ **DOと養殖魚の成長の関係**

DOに関わる最大の問題は、低酸素条件が飼育魚の生残や成長にどのような影響があるかである。懸念される生残について、キジハタの事例では例え2mg/ℓ以下まで低下しても飼育魚が死亡した経験はないが、DOが2～3mg/ℓになると飼育魚の行動鈍化や呼吸頻度の増加がしばしば観察されている。

DOと成長の関係については、筆者らが平均DOを5～6段階に調整した比較実験を行った事例が明確である。この実験では、実験開始時の飼育密度を7kg/kℓ（低密度飼育）と27kg/kℓ（高密度飼育）とした2通りで実施している（**図4**）。双方ともDOによって成長に差があり、低密度飼育では3.1mg/ℓ、高密度飼育では4.4mg/ℓより低くなると成長の減速が見られた。また、その数値は高密度飼育の方が高く、高密度飼育では給餌によるDOの一時的な急低下を生じやすいためと推察している。

ここで興味深いのは、水面での摂餌行動から給餌量を調整する手撒き給餌では、平均DO2mg/ℓ前後は明らかに給餌量（摂餌量＋残餌量）が減少するものの、それ以上のDOでは給餌量に大差はないことである（**図4**）。つまり、摂餌行動から適正な給餌量を判断するのは難しく、DOが多少低くなることで見かけ上の摂餌しているように見えても、結果として食べてい

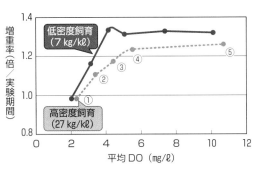
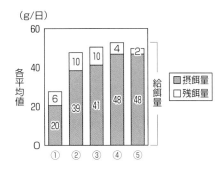

図4 キジハタ飼育水槽における平均溶存酸素量（DO）と成長の関係
水温25～28℃の流水式飼育条件下で実験した。低密度では平均体重20～21gの種苗を用いて33日、高密度飼育では平均体重80～82gの種苗を用いて35日行った。右図は高密度飼育における番号に対応した平均給餌量と残餌量を示した。

ないのか、吐き出したのか分からないが、いわゆる「食いが浅く」、結果として残餌が多く生じていることである。

■ 空気通気と酸素通気

システムへの酸素の供給手法としては、ブロワーから供給される「空気通気（エアレーション）」と液体酸素や酸素発生装置による「酸素通気」の2種類が用いられている。国内では簡便な前者が主流であるが、圧力をかけない限り溶解できる酸素量は図1で示した飽和溶存酸素量に規定されるため、高密度飼育では抜本的にも酸素不足を解消することはできない。一方で、空気通気は酸素供給だけでなく、飼育水槽内の環流や呼吸などにより蓄積された二酸化炭素の一部を脱気するなどの役割も担っている。

酸素通気は効率的に酸素を高い濃度で溶解させることが可能であり、欧米では一般的な手法となっている。酸素通気の主な手法として、液体酸素を直接添加する方法、酸素発生装置を用いて空気からつくった濃縮酸素を通気する手法がある。前者では、液体酸素貯蔵用タンク（**写真1**）や供給システムなどの設備投資が大きくなるため、小規模な養殖場ではレンタルでも導入可能な酸素発生装置を用いる現場をよく見か

写真1 液体酸素の貯蔵用タンク
写真提供：四国大陽日酸㈱

ける。しかし、ある程度の飼育規模になるとコスト面での差はないとの報告もあることから、陸上養殖を事業規模で実施する場合は導入しても良い手法である。

屋島庁舎では基本的な酸素供給は空気通気で行い、飼育密度が高くなりDOが連続的に5mg/ℓ以下になれば酸素発生装置による酸素通気を併用する手法をとっている。ただし、この場合、いくら酸素を一時的に飽和溶存酸素量以上溶解させても、空気通気による脱気が起きてしまい、DOは飛躍的に高くなることはない。ただ、2通りの通気を行うことで機器トラブルによる酸欠の可能性は低くなり、例えば

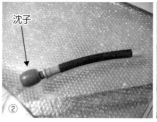

写真2 空気通気に用いるエアストーンとユニホース
①：エアストーン（形状もさまざまで、各種販売されている）。
②③：ユニホース（簡単に加工可能。軽い素材なので固定式としない場合は、浮かないよう沈子などを取り付けている）。

写真3 酸素通気に用いる酸素発生装置と分散器

ルーツブロワーの故障による空気通気量の急激な低下が生じても酸欠事故に発展する可能性は少なくなる。そのため、保険的な意味合いからも酸素通気を併用している。また、種苗生産では、空気通気量を大幅に増やすことは仔稚魚に物理的影響があるため、空気通気は流水飼育と同じように行った上、酸素通気により酸素不足分は補っている。

以下、循環式飼育で用いられている主な酸素供給の方法について紹介する。

■ 循環式飼育での主な酸素供給方法

エアストーンなどを用いた酸素供給

空気通気では、多孔質セラミックス素材でできたエアストーンやパイプ素材（ユニホース®）を用いて通気するのが一般的である（**写真2**）。ユニホースはエアストーンよりも細かな気泡が出るため、効率良く空気を溶解できるが、その分、目詰まりを起こしやすいため定期的な洗浄や交換が必要となり、養殖など飼育期間が長くなる場合は洗浄できるよう水中のパイプなど構造物に固定しない方が良い。

酸素通気では酸素発生装置などから供給された高濃度の酸素を炭素繊維素材などからできた酸素用の分散器を用いて通気することが多い（**写真3**）。酸素用の分散器はより微細な泡が得られるため、効率的に酸素を溶解できるが、目詰まりを起こしやすいため種苗生産のみで使用し、飼育期間の長い養殖では筆者はユニホースを用いている。

なお、酸素用の分散器は通気孔が小さいため、空気通気に使うことはない。また、一般的な洗浄では通気孔に詰まったゴミを取り除くことは難しい。

ポンプを用いた酸素供給

ポンプを用いて圧力をかけることで効率的に酸素を溶け込ますことが可能となる。ポンプによる強い環流が生じやすいため、水流の物理的

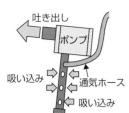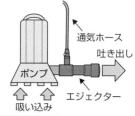

図5　ポンプを活用した通気手法

影響を魚が受けやすく、脆弱な仔稚魚期の種苗生産では用いることはできないが、養殖では非常に便利な方法である。

水中ポンプに微量の空気を混入させる、もしくは、ポンプにエジェクターを装着して気液混合させるなど、各々の飼育現場で工夫されている（**図5**）。ポンプの大きさや吸気量にもよるが、一般的な空気通気よりおおむね1〜2 mg/ℓ程度DOを上げることができる。これらの方法では、大量に放出される微細気泡が飼育水槽自体をまるで泡沫分離装置のようにするため、懸濁物が浮上分離しやすく、被膜除去装置（99頁：2-8参照）を用いれば飼育水中の懸濁物除去にも有効となる。さらに、マイクロバブル発生装置を用いてより高い濃度で酸素を供給することで、ムラサキウニやニジマスなどでは高成長などの副次的効果が得られるとの報告もある。

また、空気の代わりに液体酸素や濃縮酸素を用いるとDOはさらに増えることとなるが、飽和溶存酸素量の4〜5倍以上までDOが上昇するとガス病を発症するリスクがあり、必要以上に酸素を溶解させないことが注意点となる。

なお、空気通気の場合でも空気中に多く含まれる窒素による窒素ガス病の発症リスクはあるため、注意が必要である。

写真4　ウルトラファインバブル発生装置
複数のメーカーからウルトラファインバブル発生装置が販売されており、生物ろ過装置の入り口に装置を組み込むことが多い。

写真提供：IDEC㈱

液体酸素を用いた酸素供給

大規模な養殖場では液体酸素を用いることが多く、欧米では液体酸素の吸気装置と二酸化炭素の脱気装置を組み合わせたシステムがよく見られる。前述したように、事業規模が大きい場合は酸素発生装置よりも高いコストパフォーマンスが得られることもある。

ウルトラファインバブル発生装置を用いた酸素供給

専用装置（**写真4**）を用いてマイクロバブルよりさらに小さいウルトラファインバブル（ナ

ノバブル）を発生させてシステム内に酸素を供給する方法である。マイクロバブルはやがて水面に気泡が放出されるが、ウルトラファインバブルは気泡が微細で水中を漂うため極めて高いDOを長時間維持できるのが大きな特徴である。近年、空気の代わりに酸素を供給する飼育実験が行われており、酸素供給だけでなく減菌効果やバイオフィルム付着防止、高成長効果などが同時に得られる新しい技術として期待されている。

　ガス病の発症については、詳細な検証が必要だが、今のところ発症事例は報告されていない。機器がもっと安価になり実証実験に大きな進展があれば、閉鎖循環飼育のシステム構造も今後大きく変わる可能性がある。

（森田 哲男）

■参考文献

1) 平田八郎・新納正也・石橋泰典・村田修・熊井英水（2001）オニオコゼ Inimicus japonicus の酸素消費量の日周変化、水産増殖、49（4）、469～474頁。

2) 菊池弘太郎（2004）6.2.1酸素供給、養殖・畜養システムと水管理（矢田貞美編著）、65～66頁。

3) 平田岳志（2000）環境条件の変化に伴う魚の酸素要求量、養殖5月号、25～27頁。

4) 室越　章（2000）装置別に見た酸素供給能力とコスト比較、養殖5月号、28～31頁。

5) 光永靖・坂本亘・荒井修亮・笠井亮秀（1999）野外におけるマダイの酸素消費量の水温を指標とした見積もり、日水試、65（1）、48～54頁。

6) 山元憲一（1989）テラピアの酸素消費量に及ぼす水温の影響、水産増殖、37（3）、225～228頁。

7) 江草周三（1958）養殖ウナギの酸素消費量について、魚類学雑誌、7（2／3／4）、49～56頁。

8) 高橋仁助（1943）水産動物の酸素消費率、水産学雑誌、51、7～24頁。

9) 諸岡等（1966）魚類の酸素消費量測定について、水産土木、2（2）、13～18頁。

10) 川辺勝俊（2001）アカハタの酸素消費量と生存限界溶存酸素量におよぼす水温の影響、水産増殖、49（2）、185～189頁。

11) H. Honda (1988) Displacement Behavior of Japanese Flounder Paralichthys olivaceus Estimated by the Difference of Oxygen Consumption Rate、日水試、54（7）、pp.1259。

12) 石田修・田中邦三・江野口隆三・庄司泰雄（1974）アワビの畜養に関する研究、千葉水試研報、33、27～38頁。

13) Y. Nimura and H. Yamakawa (1989) Oxygen Uptake Rate and Heart Rate of Small Abalone Sulculus supertexta as Related to the Ambient Oxygen Concentration, Fiseries Science, 55 (10), pp,1869.

14) 江草周三（1969）溶存酸素過剰に因る魚のガス病について、魚病研究 4（1）、59～69頁。

15) マイクロバブル（ファインバブル）のメカニズム・特性制御と実際応用のポイント（2015）情報機構、469頁。

16) K. Ebina, K. Shi, M. Hirao, J. Hashimoto, Y. Kawato, S. Kaneshiro, T. Morimoto, K. Koizumi, H. Yoshikawa (2013) Oxygen and Air Nanobubble Water Solution Promote the Growth of Plants, Fishes, and Mice.

17) 湊文社（2015）ナノバブル利用でヒラメ、オコゼ、クエの生産力アップ　順応型システムによる閉鎖循環式養殖、アクアネット9月号、16～18頁。

18) 佐藤順幸（2001）泡沫分離装置の効果的な活用法、養殖1月号、116～119頁。

19) 佐藤順幸（2005）酸素供給・浄化・循環を1台で担うエアリフト式泡沫分離装置、養殖5月号、90～93頁。

半循環　閉鎖循環

第2章　必要な設備とプラント管理、事業採算性

システム系外の殺菌
～用水の殺菌方法～

2-8

ここがポイント！

- ☑ 循環式陸上養殖では疾病発症リスクが低減するが、発症事例も報告されているので対策が必要
- ☑ 用水の殺菌方法は紫外線殺菌が主流であり、循環飼育では低圧水銀ランプで十分
- ☑ 紫外線以外に、電気分解・オゾン・膜処理・人工海水粉末などを用いた殺菌・除菌方法もある

　循環飼育は用水を繰り返し再利用することから、一度病原体が入り込むとまん延して飼育魚が全滅する場合もあり、システム系内に病原体を持ち込まないことが重要である。

　外部からの用水の流入が遮断されることから循環飼育を「疾病の起こらない魔法の飼育」と思っている方もいるだろうが、これは大きな誤解である。確かに閉鎖循環飼育の水槽内では、同じように止水で飼育する「ほっとけ飼育」（39頁「用語解説」参照）のように、細菌叢の安定化などにより疾病発症リスクは流水飼育に比べ低減している可能性もあるが、実際には循環式陸上養殖でも多くの疾病発症事例が報告されている。

　流水飼育の疾病防除に関しては、紫外線・電気分解・オゾンなどによる殺菌や銅イオン発生装置による寄生虫防除など、さまざまな対策が講じられているが、循環飼育に適した殺菌方法が検討された事例は少ないのが現状である。本項では、一般的な用水の殺菌方法の中から、循環飼育に使える疾病防除対策について整理していく。

■ 用水の殺菌1：紫外線による殺菌

　紫外線殺菌は水産分野で最も普及した殺菌方法であり、屋島庁舎でも用いている手法である。また、適正な範囲の使用条件であれば処理に伴う有害な副産物が生じにくいことから、下水処理場の分野でも従来の塩素殺菌に代わる方法として急速に普及し始めている。

　紫外線殺菌は「紫外線」と呼ばれる10～400μmの特定波長を病原体へ照射することで細菌やウイルスの遺伝情報をつかさどる核酸を破壊し不活性化する手法である。UVはUltra violet raysを略記したもので、国内では紫外線

表1 水産用に用いられる主な紫外線殺菌装置と殺菌ランプの一般的な特徴

照射方法	構造	設置スペース	ランプ交換	主な特徴
内照式	単純	小さい	やや難	殺菌装置の設置スペースのない場合でも取り付けやすい。
外照式	複雑	大きい	容易	フッ素樹脂製の通水管では、腐食せず海水魚の最適。

水銀ランプの種類	主波長	消費電力当たりの殺菌効率	ランプ寿命	スケールの付着	主な用途
低圧水銀ランプ	254 nm	高い	長い	少ない	小規模施設の殺菌。水槽ごとの殺菌。循環システム内の殺菌。
中圧水銀ランプ*	254＋365 nm	低い	短い	多い	大規模施設の殺菌。

＊海外表記（ランプ点灯時の管内水銀蒸気圧の高さで3分類）で示しており、国内では高圧水銀ランプと呼称される。

の呼称として一般的に使われることもある。紫外線殺菌装置にもさまざまなタイプの製品が販売されており、それぞれ一長一短がある。

例えば、「内照式」はコンパクトな構造であるため設置スペースは少なくて済むが、構造上ランプの交換に難がある。逆に「外照式」は内照式より大型化しやすい構造であるため、設置スペースを広く確保する必要はあるが、ランプの交換は容易に行うことができる。

循環飼育では低圧水銀ランプで十分

また、水銀ランプによっても低圧と中圧（国内において、後者は「高圧水銀ランプ」と呼称される）に分けられる。一般的には前者が処理効率やランプの寿命などで優位であるが、紫外線1本当たりの照射線量が規定されているため、用水量が増えるとランプの本数を増やすか、もしくは中圧水銀ランプの機器に変更する必要がある。ただ、循環飼育では用いる水量がそもそも少ないため、低圧水銀ランプで十分である。

ちなみに、中圧水銀ランプでは照射線量が低圧ランプの10倍以上となるため大量の用水を殺菌可能であるが、波長の分散が起きるため処理効率がやや低下してしまうといった特徴がある（**表1**）。

循環飼育で想定される紫外線の注意点

紫外線の仕組みについては専門書籍を参照していただきたいが、循環飼育で想定される注意点について以下にまとめてみた。

(1)有効照射量

病原体（細菌やウイルス）に対する殺菌効果（有効照射量）は病原体の種類によって変わってくる。例えばウイルスでは紫外線照射量 $1\times10^3\sim10^5\,\mu W\cdot sec/cm^2$、細菌では $1\times10^4\sim10^5\,\mu W\cdot sec/cm^2$ が殺菌の目安となるが、同じウイルスでも種によって有効照射量は大きく異なることもある。

なお、各製品のマニュアルでは、有効照射量表示では分かりにくいため、各病原体を殺菌処理できる時間当たりの通水量で表示されていることが多い。殺菌効果を得るためには、マニュアルに従った適正な通水量管理が重要である。

(2)遺伝子の修復

細菌などでは紫外線照射後に可視光線を浴びると遺伝子が修復し増殖能力が回復されるとの報告がある。そのため「殺菌装置を通過したから大丈夫」といった過信は禁物である。

(3)懸濁物による紫外線照射の妨害

用水中に懸濁物が存在すると、直線的に照射される紫外線を遮るため、懸濁物の内部に隠れた病原体は殺菌されない場合がある。効率的な殺菌を行うためには十分に懸濁物を除去するこ

図1 瀬戸内海区水産研究所（屋島庁舎）で実施している飼育水のろ過、殺菌方法

とが重要である。

地先海水から取水した海水の殺菌事例である。**図1**は、屋島庁舎における地先海水を二重ろ過して懸濁物を取り除き、懸濁物が少しでも少ない用水を紫外線照射することで、少しでも殺菌漏れがない用水が使えるように工夫している。

(4)紫外線効果の減退

紫外線殺菌装置は使用時間が長くなるとスケール（カルシウムやマグネシウムなどの付着物）の付着やランプの寿命による効果の減退があるため、マニュアルに従い定期的なランプ交換などを行う必要がある。

用水の殺菌2：紫外線以外の殺菌・除菌方法

電気分解による殺菌

電気分解は、海水中に直流電流を流して海水中の塩化物イオンや臭化物イオンを酸化することにより、強い酸化能力のあるオキシダントを発生させる殺菌方法である。このように生成した水を「電解水」と呼び、食品添加物としても認定されていることから、広く医療や食品分野で導入されてきた。しかし水産分野では、十分な電解水を確保するためには装置が大型化し装

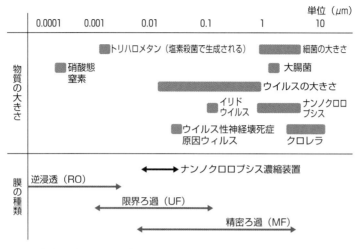

図2 除菌に使えそうな膜フィルター（イメージ図）
資料：栗田工業㈱（2006）、緑書房（2006）などを参考に作成

置の入手経費が高くなる問題があった。また、残留オキシダント除去水槽などの設置が不可欠で、これらに用いている活性炭を定期的に交換する必要があるなど、メンテナンスにも経費がかかってしまうことがデメリットだ。

一方、閉鎖循環飼育を実施している（公財）香川県水産振興基金では、小規模な電解装置を導入して専用水槽に毎日少しずつ貯水し、飼育水槽で注水が必要になった場合はこの貯水水槽から供給することで、装置の小型化や入手・維持経費の削減と効果的な殺菌の両立が可能となっている。今後、低コストで安全な用水を確保できる手法のモデル事例になると思われる。

なお、海水で本装置を用いる場合は電極にスケールが付着しやすくなるため、定期的なメンテナンスが必要になる。

オゾンによる殺菌

オゾン殺菌は専用装置で発生させたオゾンを海水中の塩素イオンや臭素イオンと反応させて強い酸化能力のあるオキシダントを生成して殺菌する方法である。また、オゾンは循環飼育特有の難溶解性物質も分解可能で、これらによる

> **用語解説**
>
> **膜ろ過の種類と穴の大きさ**
>
> 膜ろ過は、膜の穴の大きさによって分類されている。膜の大きさによる名称の違いは以下の通り。
>
> ・精密ろ過（MF膜）：0.01～10μm
> ・限界ろ過（UF膜）：0.001～0.1μm
> ・逆浸透（RO膜）　：～0.01μm

着色も解消されるため、飼育水の透明度確保が不可欠な水族館などでは一部導入されてきた。

一方、本装置は電解装置のようなデメリットに加え、オゾン反応水槽なども必要となることから、大型化してしまいやすい。

また猛毒のオゾンを用いることから、気密性の高い陸上養殖施設では高濃度で滞留する危険性もあるため、陸上養殖では特に適切な運用を心掛けたい。ただ、殺菌能力は優れていることから、小型のオゾン殺菌装置を用いた飼育器具の消毒などには有効である。

図3　人工海水粉末
人工海水粉末は多くのメーカーから販売されている（①）。容器で撹拌しながら溶かした後に水槽に入れる方が効率は良いが（②）、人工海水粉末は製品によって含まれる成分が大きく異なるため、溶解のしやすさに違いがある。なかには数日システム内を循環させないと完全に溶解できない粉末もある。

なお、淡水ではオゾンガスが塩化物イオンや臭気イオンと反応できないため、強い酸化力で直接病原体の核酸などを破壊するものの、通気により空気中に放出されたオゾンの回収が困難である。

膜処理による除菌

膜処理とは膜を用いて物質ろ過する方式で、物理的にふるい分けを行う方法以外に膜の帯電を利用する方法もある。なお、循環飼育で用いるのは前者となる。電気分解やオゾンのように有毒な副産物の発生は全くなく、有効な除菌方法である。しかし、大量の用水を処理するには装置の大型化が必要であることから流水飼育では高コストとなってしまい、使われることはほぼなかった。しかし、使用水量の少ない循環飼育では導入を検討しても良い方法と考えている。

膜ろ過は膜の穴の大きさによって、精密ろ過（MF膜）、限外ろ過（UF膜）、逆浸透（RO膜）に分類されており（図2）、細菌やウイルスをろ過するにはUF膜が適している。

各地の種苗生産機関で十数年前まで使われることが多かったナンノクロロプシスの濃縮装置も同じ原理であり、これらの機器をろ過装置として転用できないこともない。ただし、濃縮装置は0.03 μm程度の中空糸ろ過膜が用いられている場合が多く、0.20〜0.24 μmのマダイイリドウイルスなどは除去できるが、ウイルス性神経壊死症（VNN）の原因ウイルスは0.025 μm程度であるため膜を通過する可能性がある。そのため、膜処理では濃縮装置に限らず紫外線殺菌装置と組み合わせることで高い殺菌効果が発揮される。

人工海水粉末の利用

人工海水粉末には、魚介類の成長や生残に最低限必要な成分（ナトリウム、カルシウム、カリウム、マグネシウムなど）を調合した粉末と天然海水の水分を蒸発させて粉末状にしたものがあり、双方とも海水魚飼育用として販売されている（図3）。流水飼育では人工海水を用いることはコスト面で現実的ではないが、使用水量の少ない循環飼育では十分活用可能である。特に内陸域では海水の運搬には多額の経費を要するためしばしば利用されている。

人工海水粉末は生成過程において熱処理などを加えて殺菌されているものがほとんどであるため、極めて有効な除菌効果が得られる。人工海水の使用方法は簡便で、規定量の粉末を水道水で直接溶かすだけで出来上がる。粉末が溶解しにくい場合もあるため、飼育水槽で撹拌せ

ず、小型水槽でいったん溶解し、目的と合うように水道水を混合した方が人工海水粉末は確実に溶解し、塩分調整もしやすい。

水道水に含まれる塩素はさまざまであり、地域や季節によって含まれる塩素の量が異なり注意が必要である。親魚養成などでは問題とはなりにくいが、特に仔魚への影響は大きいことから、種苗生産ではチオ硫酸ナトリウム（ハイポ）による中和を行っている。甲殻類では中和反応で生じるテトチオン酸ナトリウムの影響により、幼生が正常に発達できないこともあり、ハイポの投入量は厳密に行いたい。

なお、一部の人工海水粉末には硝化細菌の増殖を促すため、アンモニアが少量含まれている製品がある。

（森田 哲男）

■参考文献

1) 吉水守・日向進一（1992）養魚用水の殺菌法—紫外線およびオゾンの利用—、工業用水、404、2〜8頁。
2) 「魚類防疫への挑戦」編集委員会（1993）魚類防疫への挑戦 サケ・マス編、緑書房。
3) 阪本憲司・高橋庸一・岡雅一・板垣恵美子（1988）止水方式におけるヒラメ初期飼育水の細菌相、栽培技研、27（1）、1〜5頁。
4) 浦上逸男（2005）初歩から学ぶ紫外線殺菌 工業用水から上水道まで、ケイブックス。
5) 吉水守・笠井久会（2002）種苗生産施設における用水及び排水の殺菌、工業用水、13〜16頁。
6) 栗田工業㈱（2006）よくわかる水処理技術、日本実業出版。
7) 緑書房（2006）新魚病図鑑
8) 渡辺研一・吉水守（1998）オゾン処理海水を用いた飼育器具類および受精卵の消毒、魚病研究、33、145〜146頁。
9) 笠井久会・渡辺研一・吉水守（2001）、流水式海水電解装置による飼育排水の殺菌、日水誌、67、222〜225頁。
10) 井出健太郎・岩崎隆志・渡辺研一（2010）電気処理海水で飼育したクエ稚魚に出現する東部の皮膚異常、栽培漁業センター技報、12、23〜27頁。
11) 伊藤禎彦・越智信哉（2008）水の消毒副生成物、技報堂出版。
12) 今井正・豊田恵聖・齋藤寛・秋山信彦（2003）テナガエビ幼生の生残と脱皮に及ぼすチオ硫酸ナトリウムの影響、水産増殖、51、417〜422頁。

半循環 閉鎖循環

第2章 必要な設備とプラント管理、事業採算性

寄生虫防除と飼育後のシステム殺菌

2-9

ここがポイント！

- ☑ 循環飼育では、病原菌の侵入リスクは小さいが、システムに一度入ると殺菌は困難
- ☑ 寄生虫防除には低塩分海水や銅ウールの垂下が有効
- ☑ 飼育終了後は、システム内の病原体を引き継がないようシステム全体の洗浄を徹底する

ここではシステム系内の殺菌方法として、魚類養殖で問題となるハダムシや白点虫などの寄生虫防除の方法を紹介する。また、合わせて、飼育終了後の洗浄方法についても説明したい。

■ 紫外線による殺菌

循環式飼育では、病原体の侵入リスクは流水式と比較して小さいが、循環システム系内に入り増殖してしまうと完全な殺菌は非常に困難である。そのため、システム系内にもさまざまな殺菌装置を組み込んでおり、㈱水産研究・教育機構 瀬戸内海区水産研究所（屋島庁舎）ではシステムに紫外線殺菌装置を導入している（**写真1**）。一度システムに侵入した病原体が紫外線殺菌装置により選択的に殺菌できるかは疑問であるが、飼育実験の細菌数モニタリングの結果から一定の効果は得られている。

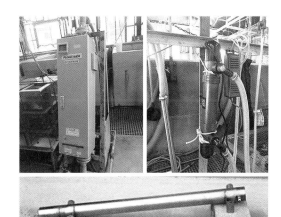

写真1 各種紫外線殺菌装置
機器メーカーからは、さまざまなタイプの紫外線殺菌装置が販売されている。下の写真は、内照式の紫外線殺菌装置を示している。

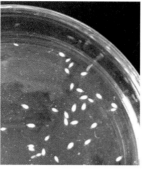

写真2 ハタ類の陸上養殖などで見られるハダムシ

■ ハダムシ（寄生虫）防除

ハダムシは水道水で剥離可能

　養殖魚にとって寄生虫はシステム系内に侵入すると大きな問題があり、特に甚大な被害を生じる場合がある。

　トラフグなどに見られるヘテロボツリウム（*Heterobothrium okamotoi*）や多くの魚類に見られるネオベネデニア（*Neobenedenia girellae*）、ベネデニア（*Benedenia seriolae*）、白点虫（*Ichthyophthirius multifiliis*）などの寄生虫の剥離には、海水魚であれば淡水浴、淡水魚であれば海水浴といった浸透圧を利用した手法が有効と言われている。

　ネオベネデニアやベネデニアなどの寄生虫は一般的には「ハダムシ」と呼称されることが多く、ハダムシに感染すると高い確率で飼育魚が死亡する。ハダムシが飼育魚に寄生すると摂餌量の低下、体表を壁面に擦る、水面に浮上して空気を飲み込むような行動をとるなどの前兆症状が現れる。また、海水魚では水道水を入れた容器に感染魚を入れると、数分でハダムシが白変するため、ハダムシ自体視認することも可能である（**写真2**）。

　海水魚におけるハダムシの除去は、水道水を入れた容器に5分程度浸漬し、寄生虫除去後に飼育水槽に戻すという方法がとられる。水道水は成長した魚類であれば、水道水に含まれる次亜塩素酸ナトリウムをわざわざ中和していなくても構わない。なお、ハダムシの寄生数が多い場合は、淡水浴の容器内は数分で剥離したハダムシで白濁するようになる。浸漬時は処置している魚が酸欠にならないようにエアレーションをするなど注意しながら進めていく。飼育魚の症状によっては浸漬中に異常遊泳する場合もあるため、そのような場合は淡水浴を早めに切り上げて海水中に戻すようにしている。

　1回の淡水浴で剥離できなかった寄生虫は、無理をせず体力の回復する翌日に反復処理し、十分に剥離させる方が効果的である。

低塩分海水で魚体ストレス低減へ

　淡水浴のデメリットは魚に対するストレスが大きいことである。魚種によって異なるが、淡水浴の時間が5分以上になると死亡する場合もある。しかし、淡水浴の時間が短いと全てのハダムシを剥離することはできないため、淡水に浸漬する時間は厳密に管理する必要がある。また、重篤症状の個体は淡水浴中だけでなく、翌日に死亡することもある。淡水浴後は一時的に摂餌しないことがよくあり、淡水浴による魚体に対するストレスは相当大きいものと思われる。

　そこで筆者らは低塩分海水への浸漬（以下、低塩分海水浴）がハダムシの剥離や飼育魚の生残に与える影響について実験を行った。実験の結果、キジハタやマハタに寄生するハダムシの一種であるマハタハダムシ（*B. epinepheli*）は、8 psu以下であれば100％剥離が可能であり、6 psu以上であれば浸漬中に死亡することはないという結果が得られている。最も効率的な手法は「6 psuで30分浸漬」であるが、飼育現場では確実かつストレスなくハダムシを剥離させる手法として5〜6 psuで約1時間の浸漬を実施している。

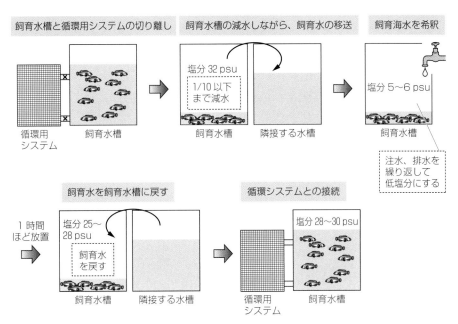

図1　循環式ハタ類陸上養殖における水道水を用いた寄生虫（ハダムシ）剥離方法

直接水道水を入れて緊急時に対応

　しかし、淡水浴、低塩分海水浴どちらであっても人数の限られた養殖現場で行うのは大変な作業であり、休日などに症状を見つけて対処に困ってしまった経験も多い。淡水浴実施中は完全止水となるため、十分な酸素供給体制を整えるなどの準備はもちろん、魚を捕獲するために行う飼育水の減水、飼育魚の取り揚げ、循環飼育では飼育水も貴重であることから、再利用するための移送などといった作業が加わる。また、ハンドリングが影響しやすい魚種では飼育魚の移動そのものが難しい。

　そこで、筆者らはこのような緊急事態の際は、飼育水を10分の1程度まで減水した後、飼育水槽に直接水道水を入れて低塩分環境にすることで、飼育魚を取り揚げることなくハダムシの除去を行っている。一連の工程は図1に示したので参照してほしい。

　この低塩分海水浴は、水道代の問題はあるが、1人でも作業ができるため飼育魚に異常な行動が見られたらすぐに対処が可能である。そのため、緊急時の手法として重宝している。低塩分海水浴後は飼育魚由来の体表粘液の泡が水面を覆うため、除去するとともに、水道水を使うため急激な水温変化が生じないよう特に冬の低水温期は注意したい。なお、この水面の泡は淡水浴を実施した場合より明らかに少なく、このことからも低塩分海水浴は飼育魚に対するストレスが淡水浴より小さいことが容易に想像できる。また、低塩分海水浴直後、急速に飼育魚の活力が回復し水面近くに集まってエサを欲することがある。そういった場合は、飼育魚の体力を速やかに回復させるため適量の給餌をすぐに再開しても問題ない。

　なお、低塩分海水浴後に海水をそのまま注水すると、飼育水槽の塩分濃度は25～28 psu（約80％低塩分海水に相当）となるが、多くの魚種では問題ない塩分であり、むしろ低塩分海水で高成長や高生残が得られるため、そのまま飼育を継続している。塩分濃度は蒸発によって次第に上昇してくる。ただし、低塩分に弱い軟体類や外洋性の魚類もいるため、対象魚種に応

写真3 銅イオン発生装置（上）と電流のコントローラ（下）

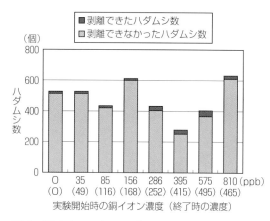

図2 銅イオンによるハダムシ（親虫）の除去効果
銅イオンで剥離できなかったハダムシは、6分間の淡水浴により確認した。

じて実施していただきたい。実施中は酸欠に十分に注意し、万全の酸素供給体制を整えてから実施するのは言うまでもない。

また、ハダムシの卵は魚体から離れてシステム内を浮遊しているため、これらの卵がシステム内でふ化して魚体に付着し親虫へと成長するまでの間に再度淡水浴、または、低塩分海水浴を行う（約1週間後に実施）と効果が大きい。ふ化したハダムシの仔虫の殺菌には後述する銅イオンが効果的であるため、低塩分海水浴後はシステム内の銅イオン濃度を50～100 ppbに保つことで仔虫の殺菌を行っている。

■ 銅を用いた殺菌

銅イオン濃度50～100 ppbで寄生虫防除に効果

銅イオンにおいて、細菌や寄生虫などに対する殺菌効果があることは古くから知られてトラフグ稚魚では50 ppb（1 ppm＝1,000 ppb）、ヒラメ稚魚では20～50 ppb、マダイ稚魚では100 ppbの濃度で白点虫の防除、もしくはビブリオ病の発症がなかったと報告がある。また、一定濃度の銅イオンを含んだ用水を飼育水槽に供給することができる「銅イオン発生装置」が市販されている（**写真3**、和光技研㈱製）。これは、銅板を収納した装置を注水配管に取り付け電流を流すことで、効率よく銅イオンを用水中に溶解分散させる装置である。コントローラで電流値を制御することによって用水中の銅イオン濃度を自由に設定できるようになっている。

屋島庁舎ではトラフグの流水式飼育において用いており、銅イオン濃度を50～100 ppbにすることで、白点虫などの寄生虫防除で効果を発揮している。

循環飼育では銅ウールも活用可能

循環飼育では、銅イオン発生装置の連続運転を行うと銅イオン濃度が時間経過に比例して上昇してしまうため、タイマーを用いて一定時間のみ稼働させるか、簡易的な手法として繊維状

①：銅は市販されている銅ウールを入手
②、③：必要量を玉ねぎ袋で管理（沈子を入れると沈みやすい）

④：水槽に吊り下げる（吊る場所で溶出量が変わるので注意）
⑤：使用後は洗浄（錆を抑制するため水道水が良い）
⑥：時間経過により青緑色に変色する（写真右）が効果は持続する

図3 銅ウールを用いた殺菌・寄生虫防除方法

の銅ウール（㈱ベータイデア製、CW80）を適正量垂下させることで濃度のコントロールを行っている。銅ウール以外にも銅線や銅板などでも試みたが、銅イオンの溶出効率は低く、比表面積が高い銅ウールを用いる方がはるかに効果的であることも分かっている。

前出のハダムシについては、筆者が実施した実験では銅イオンによる明確な剥離効果は認められなかった。実験は30ℓ水槽（水量10ℓ）を用い、銅イオン濃度を0〜810 ppbに調整して20時間浸漬（水温24.9〜25.1℃、DO5.5〜6.0 mg/ℓ、pH7.87〜7.96、塩分31.1 psu）したが、残念ながら全ての実験区で顕著なハダムシ剥離効果は認められていない（**図2**）。

銅ウールの垂下方法については**図3**に示したが、流水式飼育との大きな違いは常時銅ウールを垂下するのではなく、銅イオン濃度をモニタリングしながら垂下するタイミングを決めていることである。魚類養殖では、20〜30 ppbまで銅イオン濃度が低下すると銅ウールを一定期間垂下し、50〜100 ppbになった時点で取り除

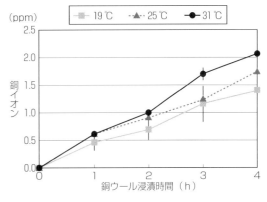

図4 水温による銅イオン濃度の推移

くように調整している。

水温で溶解速度に変化

銅イオンの溶解速度は飼育水温や水流で大きく変化し、筆者が実施した120mℓのガラス容器に銅ウール0.1 g浸漬した実験では、水温19℃、25℃、31℃では水温が高くなるほど溶解速度が上昇した（**図4**）。別途実験した11℃と21℃の比較実験においても、後者の方が1.7倍

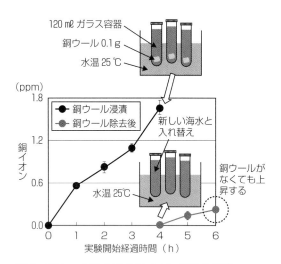

図5 銅ウール除去後の銅イオン濃度の推移

銅イオン濃度は高くなった。

また、通気が銅ウールに直接当たると溶解速度も増加する。高水温で飼育している場合やエアーが出ている場所に垂下する場合は想定より短期間のうちに銅イオンが溶解してしまうので注意してほしい。

垂下時間の目安

銅ウールを用いたことがない水槽では、銅ウールを垂下してもしばらく銅イオン濃度が上がってこないことが多い。これは、銅イオンがまずシステムのろ材や水槽壁をコーティングするように付着し、固定化してしまうためである。ある程度水槽壁面などに固定化すると今度は一気に飼育水中の銅イオンが上昇してくる。一方、銅ウールを取り外した後でも銅が固定化した壁面などから銅イオンとして溶出してくることもある。

筆者が実施した実験では、120 mℓのガラス容器に銅ウール0.1 gを4時間浸漬（水温25.0℃、pH7.7、塩分31.3 psu）したところ、銅イオン濃度は約1.7 ppmまで上昇、銅ウールを取り出して新しい海水で容器を2回洗浄し2時間後の銅イオン濃度を測定したところ、銅ウールを取り除いたにも関わらず約0.2 ppmまで増加した（**図5**）。これはまさに壁面の銅が溶出したためと考えられる。

このように、飼育水に溶出する銅イオンは銅ウールを垂下する時間や水温によって大きく変わるため、具体的な数値を示すことは難しいが、筆者は25℃に調温した5 t水槽（システムを合わせて約8 t）では、300～400 gの銅ウールを3～4時間、数週間の間隔で垂下すると水中の銅イオン濃度は50～100 ppbを維持することができている。これを基準の1つにして、養殖施設に合った垂下方法を探索してほしい。

銅イオン濃度による飼育魚への影響

銅イオンが魚介類に及ぼす影響について調査した事例は少ないが、100 ppb以上になると何らかの影響が想定される。筆者のキジハタ飼育における経験では200 ppbくらいまでは魚体への顕著な影響を感じなかったが、それ以上になると若干衰弱している個体が散見され、400～500 ppbを超えると極度の衰弱もしくは死亡個体が生じてくることがある。そのため、銅ウールの垂下時は銅イオン濃度のモニタリングはもちろん中毒の兆候として表れる摂餌不良や体色の黒変などにも注意している。

重要なことであるが、甲殻類や軟体類、藻類は魚類と異なり、非常に低い濃度でも死亡するため、日常的な疾病防除手法としては使用すべきではない。

人体への危険性

銅の人体への影響については、諸説あるものの、昭和56年に厚生省（当時）より「銅の緑青（銅に生ずる緑色のさび）には猛毒性はない」との研究結果が公表されており、毒性はほかの金属と変わらないと考えるのが主流の見解である。水道法第4条に基づく水質基準では、

表1 各用水における銅ウール浸漬後の銅イオン濃度の推移

実験区	用水の種類	塩分(psu)	pH	水温(℃)	浸漬後の銅イオン濃度（ppb）		
					1時間後	2時間後	3時間後
実験1	海水	31.3	7.68	25.1	604	912	1,230
実験2	水道水	0.0	8.03	25.0	93	96	115
実験3	蒸留水	0.0	9.33	25.1	23	22	31

実験容器（120mℓガラス容器）に銅ウールを0.1g入れ、銅イオン濃度を測定している。

表2 銅ウール使用頻度による浸漬後の銅イオン濃度の推移

用いた銅ウールの種類		浸漬後の銅イオン濃度（ppb）			
		1時間後	2時間後	3時間後	4時間後
新品銅ウール	試験①	590	944	1,354	1,790
	試験②	591	880	1,152	1,640
中古銅ウール	試験①	594	846	1,312	1,474
	試験②	358	510	921	1,122

水温25.0〜25.1℃、pH 7.7、塩分31.3 psuの条件で2回ずつ実施した。実験容器（120mℓガラス容器）に0.1gの銅ウールを浸漬した。中古銅ウールは約半年間使用し、乾燥させた銅ウールを用いた。

水道水における銅イオンの基準は1ppmであり、殺菌で用いる100ppb（＝0.1ppm）程度の銅イオンが人体に直接影響することは全くない。

気になるのは銅の魚体内への蓄積であるが、筆者らがサケ科魚類のサツキマス（アマゴ）を用いて約3カ月、銅イオン50ppbの条件で飼育した事例では、銅は筋肉中には蓄積されにくいことが確認されている。ただ、内臓には基準値以下であるものの若干蓄積した事例もあり、魚種や部位による特性の調査が望まれる。

淡水での使用

屋島庁舎では海水魚のみに銅ウールを用いているが、内水面でも広く銅イオンは利用されている。ただし銅は淡水中で溶解しにくく、筆者が実施した実験では海水の10分の1程度の溶解速度であるため（**表1**）、垂下する銅ウールの量や垂下時間は海水飼育と比較して格段に大きくなる。

緑青が出ても溶解可能

銅ウール垂下終了後は、水道水で洗浄して塩分を洗い流し、飼育施設の風通しの良い場所で自然乾燥させている。それでも繰り返し使うと緑青が生じ青緑色に変色するが、多少の溶解能力の低下はあるものの新品とほぼ同じように使うことができる（**表2**）。

以上のように説明すると、銅ウールによる銅イオン濃度の調整は難しいように思われるが、慣れてくると感覚的に判断できるようになり非常に簡便で便利な方法である。銅イオンは特に白点虫には有効であるため、ぜひ銅イオン発生装置とともに循環飼育に組み込んでほしい技術である。

■ 光触媒は課題が残る

光触媒については第2章の45頁で記載した通り、アンモニアなどの分解効果のほか、処理工程で紫外線を照射することから殺菌効果につ

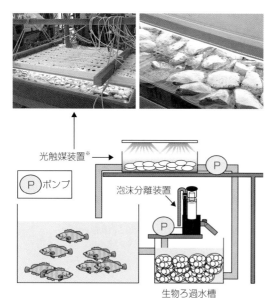

図6 導入実験を行った光触媒装置
※特殊なセラミックス素材にブラックライト（長波長の紫外線を発する蛍光ランプ）を照射。

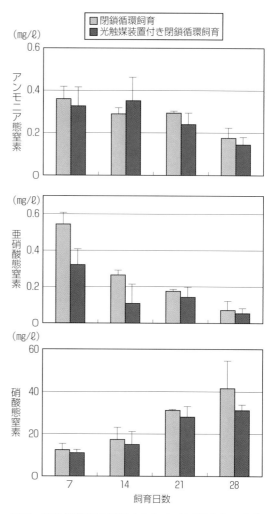

図7 光触媒装置の設置有無による三態窒素の動向
光触媒装置により、わずかながら亜硝酸の除去効果が認められた。

いても期待されている。

筆者らも香川大学との共同研究において新素材を用いた光触媒装置を設置して実験を行ったが（**図6**）、殺菌能力は小さかった。また、三態窒素についても亜硝酸がわずかに減少する程度であった（**図7**）。高性能な装置が開発されれば殺菌・生物ろ過の装置削減や縮小につながる可能性もあるため、今後の技術開発に期待したい。

■ 飼育終了後のシステムの殺菌

システム内の病原体は完全に殺菌

循環飼育終了後は次亜塩素酸ナトリウム溶液（以下、塩素溶剤）を用いてシステム内の殺菌と付着した有機物の分解を同時に行っている。特にウィルスなどは、成魚では問題がなくても稚魚期では発症することもあり、完全に殺菌することによって水平感染防止など、次の飼育で病原体を引き継がないようにしている。

もちろん、ろ材に付着している硝化細菌も殺菌される。しかし、このことは非常に重要であり、システム全てを殺菌することが次の飼育の前提条件となることを肝に銘じてほしい。そのため前述した種ろ材管理水槽を設置して種となる硝化細菌を常時確保するバックヤードの存在は重要となる

殺菌剤の取り扱い

上記の殺菌に用いる塩素溶剤は20～25ℓポリタンクなどで販売されている有効塩素濃度

12％の溶液を用いている。塩素溶剤は1缶当たり1,000～2,000円程度で販売されており、汎用性が高く、低コストであるため有効である。塩素溶剤は強力な酸化作用による強い殺菌効果があるが、有機物などと反応して短期間で酸化され殺菌の効力が低減してしまうことから、殺菌剤としての取り扱いには留意点がいくつかある。

まず保管方法の留意点について、塩素溶剤の分解速度は紫外線や温度が大きく影響するため、保管には直射日光を避け15℃以下で保存するのが望ましい。一事例として、30℃以上では2カ月で半分程度の殺菌能力になってしまうこともあるため、夏場は長期保存せず使用する直前に購入した方が良い。

殺菌の前にシステム内の洗浄を行う

次に、前述したように塩素溶剤は有機物と酸化反応することにより殺菌効力が低下してしまうことから、塩素溶剤を注入する前にシステムの用水を抜き取って壁面の掃除を行い、有機物を取り除いた後、システム内に用水を入れ直している。この作業を怠ると、塩素溶剤の殺菌効果が薄れ、ろ材内部まで十分に殺菌できない事態に陥ることがあるため、特に注意が必要である。

殺菌用の用水は、海水や地下水が潤沢に得られる環境であれば新水を用いるが、内陸域などではコストを考慮して飼育に用いた用水を別の水槽に移送してストックし再利用している。

殺菌の手順

前述したシステムの洗浄が終了後に殺菌用の用水を注水してシステムを再稼働後、塩素を注入している。このとき用水の注水量は満水になるようにし、水槽上部に付着している病原体にも塩素溶剤が浸漬できるようにする（**図8**）。

注入する塩素溶剤の量は除去できなかった有

図8　飼育修了後の塩素消毒
水槽の上部に付着している病原体を殺菌するため、できるだけ満水にして消毒を行う。塩素注入後は塩素を含んだ泡が大量に出るため、隣接の水槽に入らないように注意する。

機物の量などによって異なる。一事例として屋島庁舎の5t水槽（システムを合わせて約8t）では、壁面の掃除などを行った後、塩素溶剤を15～20ℓ（有効塩素濃度270～360 ppm）注入し約1日浸漬している。ウィルスなどの殺菌であれば100 ppm程度で数分～数時間浸漬すれば十分であるが、塩素溶剤とシステム内に残った有機物との酸化反応が生じるのを見越して、濃度は高く設定した方が望ましい。

塩素溶剤をシステム全体に行きわたらせたら、まず通気を微通気に変更し、泡沫分離装置への送気は停止する。これは通気により塩素溶剤を含んだ大量の泡が発生するため、隣接する飼育水槽や外部への塩素溶剤流出を防ぐためである（**図8**）。また、泡沫排水の排出口はシステムに戻るように変更して塩素溶剤が外部に流出しないようにしている。殺菌後はチオ硫酸ナト

リウム（ハイポ）で中和し、検査薬で残留塩素がないことを確認して排水している。

なお、塩素溶剤は金属類や繊維類などほとんどのものが酸化作用により劣化するため、飼育に用いるバケツやネット類などを一緒に殺菌する場合は長期間浸漬せず数時間で引き上げる方が良く、取り出しやすいようカゴに入れるか、ロープを取り付けるようにしている。調温用のチタンや塩化ビニール、ポリエチレン製品などは、それほど気にする必要はない。

（森田　哲男）

■参考文献

1) 森田哲男・今井正・山本義久（2017）淡水浴と低塩分海水浴が単生類の寄生虫マハタハダムシの駆虫と宿主キジハタの生残に及ぼす影響、水産増殖 64、399～402 頁。

2) 今井正・森田哲男・山本義久（2011）閉鎖循環飼育における銅イオンを用いた殺菌手法の検討、平成 23 年度日本水産学会春季大会講演要旨集、127 頁。

3) 山本義久（2012）閉鎖循環飼育の未来と可能性、アクアネット 1 月号、55～59 頁。

4) 藤本宏・岩本明雄（2005）銅イオン発生装置によるトラフグのビブリオ病防除の可能性、栽培漁業センター技報、28～31 頁。

5) 高尾勇斗・入江啓介・浅野涼太・喜多川浩史（2007）海産白点虫 Cryptocaryon irritans に対する銅イオンの効果、日本微生物生態学会講演要旨集、23、113 頁。

6) 兵頭晟男（2002）養殖魚に効果的なイオン作用と利用法、月刊養殖 3 月号、74～77 頁。

7) ICRAS ナノテク陸上養殖　高成長・高生残を実証（2015）日刊みなと新聞、8 月 26 日。

8) 横山佐一郎（2015）酸素ナノバブルがクルマエビ稚エビの成長と整理に及ぼす効果、月刊養殖ビジネス 9 月号、32～34 頁。

9) 日本ソーダ工業会技術・保安常任委員会（1982：2006 改定）安全な次亜塩素酸ソーダの取扱い、日本ソーダ工業会。

半循環　閉鎖循環

第2章　必要な設備とプラント管理、事業採算性
閉鎖循環式陸上養殖の事業規模別の達成度
2-10

ここがポイント！

☑ 低コスト化やシステムの一体型のコンパクト化などは研究途上だが、親魚養成や種苗生産においては実用化レベルに達した
☑ 閉鎖循環だからこその強みを活かし、生産・経費・販売の3要素から高収益を得る方法もある

　近年、閉鎖循環飼育が注目されているが、日本では産業化され成功している事例はわずかである。閉鎖循環飼育と並べて論じられることの多い「植物工場」は、第一段階としての研究においては一定の成果を上げ、第二段階で農林水産省と経済産業省などの国からの補助を受け、葉野菜やトマトなど品種は限定されているが、植物工場の普及・稼働によって生産物は流通に乗り、それなりに産業化が進みつつある。そして、その過程で問題点が抽出され、次のステップに進もうとしている段階にある。

　しかし陸上養殖は、研究ではある程度の成果が得られているものの産業的普及は遅々として進んでいない。これまで2回あった陸上養殖ブームの時のように消えてしまうのか、殻を破って次に進んでいくのか、まさしく正念場を迎えている。一方、海外に目を向ければ、陸上養殖の産業化がかなり進んでおり、大規模化や小型のパッケージされた家庭菜園規模のアクアポニックスの形態として普及しつつあり、わが国とは明らかに様相が異なっている（詳細は、第4章参照）。これらを踏まえて、本稿では日本ならではの閉鎖循環式陸上養殖の産業化に向けたステップを整理し、各分野の問題抽出とその達成度、将来性について考察する。

■ 日本で大規模な産業的普及に至らなかった12の問題点

　日本の陸上養殖は研究分野ではさまざまな展開があり、一定レベルの技術水準を有していたが、大規模な産業的普及には至っていない。筆者が考えるその主な要因としては、次の12点の問題が挙げられる（**表1**）。表1に示した問題を整理すると、①・②は研究者側の問題、③・④はシステム関係の企業側の問題、⑤・⑥・⑦は陸上養殖を実施した企業側の問題、⑧・⑨は種苗の問題、⑩・⑪・⑫は国や自治体などのサ

表1 日本の陸上養殖が大規模な産業的普及に至らなかった要因

No.	問題点	分類
①	実用化研究の知見の蓄積が少なすぎた	研究者
②	陸上養殖の企業化に対するシステムおよび飼育技術のノウハウを集積したマニュアルがなかった	研究者
③	国内外の研究成果を踏まえた「低コストで高性能なシステム」の実用化ができなかった	システム関係の企業
④	企業が開発し販売したシステムが十分な機能と能力を持っていなかった	システム関係の企業
⑤	陸上養殖で企業化した会社が養殖技術を十分に備えていなかった	陸上養殖を実施した企業
⑥	陸上養殖で生産した養殖魚の販売戦略が十分に検討していなかった	陸上養殖を実施した企業
⑦	ハード面のシステムおよびソフト面の養殖生産の双方のマネージメント能力が企業化した組織になかった	陸上養殖を実施した企業
⑧	陸上養殖用の疾病履歴がない種苗が確保できなかった	種苗
⑨	周年確保できる種苗生産体制がなかった	種苗
⑩	電気代などの循環にかかる電気代が高い	国や自治体などサポート
⑪	陸上養殖に適した立地条件の十分な検討がなかった	国や自治体などサポート
⑫	陸上養殖システムの浄化能力の評価基準があいまいであった	国や自治体などサポート

ポートする側の問題である。

すなわち、これまでのわが国における陸上養殖の失敗は、「研究の充実＋システム開発＋養殖（技術・販売）＋種苗＋国策」のそれぞれの分野について、総じて合格点に至っていなかったためと考えられる。さらにこれらの情報を熟知し魚種や地域特性などを鑑みて最適な陸上養殖の提案・実践をサポートできるコンサルタントの存在がなく、実際に陸上養殖を企業化した方達にとって直面する問題は「システムの適正な運用」と「飼育成績」であった。すなわち、最大のリスクはシステムと適する飼育技術の「つなぎ役」が存在しなかったことにある。

■ 欧米で陸上養殖が広がった理由

欧米の陸上養殖システムとわが国の陸上養殖システムを構成する各装置の能力はほぼ同等であると考えている。しかし、使いやすさやメンテナンス性、設置の条件などのユーザビリティを考慮した上で、多種多様な装置を組み合わせて1つのシステムを構築するには、多くの知見および情報、ノウハウを持ち合わせた技術が必要である。当然ながらコスト面も加味することが重要であり、前述したように、それらを両立させたシステムコンサルティングができる企業が不可欠である。

欧米ではこれらの企業が複数社存在し切磋琢磨しており、基幹装置は高性能にし、そのほかは一体型のコンパクトなものを採用するなどして使いやすいシステムを構築している。しかし、わが国に目を向けると、当方の目利きではこのようなシステムを構築できる企業はいまだ存在しないのではないだろうか。

以前の陸上養殖ブームのときの「森のヒラメ」のように、「廃水が出ない陸上養殖システム」と銘打ってシステム関係企業が陸上養殖事業企業に販売しておきながら、生物ろ過装置の逆洗時に大量の廃水が出るなど、毎日の海水運搬の費用がかさみ、ランニングコストの増加や多大なイニシャルコストも含めて経営的に成り立たなくなった事例もある。このように、「使えないシステム」が失敗原因である案件、システム以外の技術や種苗の問題が失敗原因であった事例は、これまで国内に多々ある。

ではなぜ欧米ではこのような問題が起こらないのだろうか。その要因として、大学や水産研究所などの研究機関が開発したシステムを企業が契約し、システム構築や省コスト化を企業側が実施し、養殖技術の付加事項や運用の流れなど、失敗の

リスクを十分にサポートできる体制が確立されていることが挙げられる。ヨーロッパに視察に赴いたときに最も印象的であったことは、オランダのワーヘニンゲン大学などの研究機関が設計したシステム（図1）が、ウナギやニジマスの陸上養殖企業でそのまま設置されていたことである。このことは、産学官が有意義に連携して国策として陸上養殖を推進した証とも言える。

一方、日本では、システム開発は研究機関や企業で独自に行われており、能力を評価する基準がほとんどないため、装置の能力比較も実施されずに販売されている。各装置を組み合わせて構築したシステム全体としても、各装置の仕様が適合できていなかったり、使い勝手が悪かったりという問題も多い。また各装置は同一あるいは連携企業でないためコスト面でも高くなる。特に能力評価基準がないことに問題がある。

■ 技術的なフォロー態勢は整いつつある

筆者らは、陸上養殖のマニュアルの作成、ろ材の硝化能力の基準の提供、独自開発した低コストの閉鎖循環式種苗生産システムにより疾病防除可能なシステムの実用化など、全国の栽培漁業センターなどの水産研究機関との共同研究などでの連携で技術普及を図るなど、産業普及のための網羅的なサポートを実施している。

閉鎖循環式陸上養殖の成立に必要なシステムのみならず、飼育技術としての親魚養成（受精卵確保）・種苗生産・飼料培養・養殖のすべての工程について、導入と有効性の実証のための「つなぎ役」として7年間で各県の15の水産研究機関と共同研究などの連携をしてきた（表2）。

親魚養成では、山口県栽培漁業公社とトラフグでの省エネ化、種苗生産・中間育成では香川県水産試験場栽培漁業センターとキジハタでのVNN防除、広島県総合技術研究所水産海洋研究センターと低塩分条件飼育、鹿児島県とカン

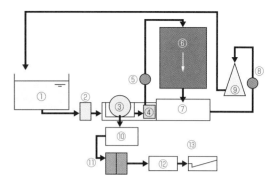

図1　オランダ Wageningen 大学の閉鎖循環式養殖システムの模式図

①飼育水槽、②沈殿槽、③ドラムフィルター、④UV殺菌、⑤循環ポンプ、⑥生物ろ過装置（散水ろ床）、⑦受け水槽、⑧循環ポンプ、⑨酸素供給装置、⑩排水貯水槽、⑪脱窒装置、⑫脱リン装置、⑬凝集固液分離装置

パチ中間育成時の省エネ化、飼料培養では秋田県水産振興センターと循環式ワムシ連続培養、養殖では沖縄県栽培漁業センターとヤイトハタの高密度養殖、鳥取県や香川県とキジハタの陸上養殖などで実証試験を行ってきている。

その結果、親魚養成や種苗生産では実用化レベルになったと考えているが、一方で養殖については、低コスト化や一体型のコンパクト化にピッチを上げて取り組んでいるもののいまだ開発段階であり、現在進行形で進められている。

これらのことが整備されれた現在では、過去の失敗事例の1つである、愛媛県愛南町で展開した企業のシステムを導入したトラフグ閉鎖循環式養殖のように、閉鎖循環式養殖システムの能力は十分であったが、そのイニシャルコストの高価格なことに加えて企業側の養殖技術の未熟さや導入した種苗由来の疾病が原因で頓挫したような事例は、今で考えれば我々の技術により救済できたと考える。

■ 閉鎖循環飼育だからこそできる高収益性への道

閉鎖循環式陸上養殖では、生産魚をいかにし

表2 瀬戸内海区水産研究所増養殖部閉鎖循環システムグループが連携している水産研究機関と閉鎖循環飼育システムを用いた実証事例

分野	水産試験研究機関等名称	対象魚種	効果・目的
種苗生産	香川県水産試験場栽培漁業センター	キジハタ	VNN防除
	香川県水産試験場栽培漁業センター	タケノコメバル	省エネルギー
	広島県総合技術研究所水産海洋技術センター	カサゴ、ウマヅラハギ	低塩分飼育による高生産性
	(一社)広島県栽培漁業協会	キジハタ	高生産性
	佐賀県玄海水産振興センター	カサゴ	低塩分飼育による高生産性
	青森県産業技術センター内水面水産研究所	サクラマス	高生産性
	山形県内水面水産試験場	サクラマス	高生産性
親魚養成	香川県水産試験場栽培漁業センター	キジハタ	VNN防除
	(公社)山口県栽培漁業公社内海生産部	トラフグ	省エネルギー
餌料培養	秋田県水産振興センター	ワムシ	安定培養・高生産性
陸上養殖	沖縄県栽培漁業センター	ヤイトハタ	高密度での高生産性
	鳥取県栽培漁業センター	キジハタ	高生産性
	愛媛県西条市	サツキマス	省エネルギー
	愛媛県八幡浜市	エゾアワビ	高生産性

て高価格で販売するか、生産コストカットをいかにするかが高収益化において極めて重要な戦略である。

高収益化のための戦略として考えられるのは、生産、経費、販売の3要素に分けて整理すると以下の流れになる。

■養殖生産魚の高付加価値化
　1) 高品質化
　2) 機能性食品化
　3) 安全・安心の認証　など

■生産経費の削減
　1) 安価なシステム開発(イニシャルコスト削減)
　2) ランニングコスト削減
　3) 人件費削減(飼育およびシステムのメンテナンスの軽減など)
　4) 効率的生産(高密度生産など)　など

■販売流通時の経費削減および高収益化
　1) 流通経費の削減
　2) 出口に近い流通経路確保
　3) 消費者ニーズへの即時対応
　4) 広告などでの認知　など

これらの高収益化の方向性の具体例について、次の項目から見ていこう。

■ 高収益化の具体例

類似商材の差別化(フランスの認証制度)

まず養殖魚自体の高付加価値化について、フランスの認証制度の事例を紹介する。

欧州では大型カレイ類のターボットのニーズが高く、陸上養殖が展開されている。閉鎖循環式養殖が主流のフランスや北欧には安価な掛け流し陸上養殖のターボットが輸入されるが、自国生産の閉鎖循環式養殖魚が経営難になったとき、国産・優良品質・閉鎖循環式であることから安全・安心の証であるフランス政府公認の「Label Rouge」の承認を受け(いわゆる赤ラベル)、閉鎖循環式養殖魚のターボットに貼られることでスペイン産の流水飼育の輸入魚よりも高価格で取引されている(図2)。

この制度は1965年に畜産品から開始され、現在は308品目もの承認を受けている。育成方法、産地、飼育者名、餌料種類、鮮度などの証明が義務付けられていることから、グルメで健康管理を重視するフランス人には絶好の制度であり、日本でも類似の制度ができつつある。

高密度養殖

生産コスト削減では、イニシャルコストの減

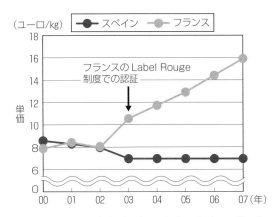

図2 フランス産およびスペイン産ターボット（Psetta maxima）のフランスでの価格推移
資料：FAO（2010）およびHüseyin SEVGİLİ, Goro NEZAKI（2010）を改変

価償却や循環ポンプの電気代といったランニングコスト削減のための効率生産が必要であり、最も分かりやすいのは、高密度養殖である。

同一の施設と機器による運用で、飼育密度が高くなれば高くなるほど生産コストが低下するのは自明の理であるが、果たしてどれほど飼育密度を上げることが可能だろうか。研究分野では、淡水魚のウナギやティラピア、アフリカナマズは100〜300 kg/kℓ以上の密度で養殖が可能であるという事例が報告されている。海産魚では電中研でのヒラメ、前述のターボットやオランダのワーヘニンゲン大学のカンパチで100 kg/kℓの密度で養殖した事例がある。

筆者らが共同研究を実施している沖縄県栽培漁業センターでは、筆者が設計した一体型のシステムを用いて熱帯性ハタ類のヤイトハタを190 kg/kℓ以上で陸上養殖しており、これが海産魚では最高水準と考えている。

また、連携している伊平屋村漁協には50 kℓ水槽24面を有するわが国最大規模の閉鎖循環式養殖システムが設置されている。そこでの商業養殖に向けて75〜100 kg/kℓの高密度養殖を目指した実証試験中であり、安定した経営を行っている。さらに2016年に林養魚場の様に高効率の閉鎖循環システムと清浄な地下海水を上手く活用したサーモンの100 kg/kℓを超える養殖密度の陸上養殖の展開が始まるなど、飼いやすく成長の早い海産魚種での効率的な育成が進展していることは期待したい。

流通面での地産地消

流通面では、これまで陸上養殖に新規参入し失敗した事例の関係者からの聞き取り調査により、以下のような要因が抽出された。

(1)当初の販売価格を実際の市場卸売価格よりも高値設定にしていたこと（最大の問題）、(2)良質な養殖魚に育成できず市場で低価格での値踏みがあったこと、(3)販路開拓をしないままに生産し、生産魚のだぶつきにより市場へ低価格で卸し、それが規定価格となってしまったこと、(4)養殖魚の価格がこの20〜30年間で大幅に下落し回復する兆しがないことなどが挙げられる。これらの要因により、これまでの陸上養殖は、商材となる養殖魚は生産できたとしても、その流通過程で低い評価や価格の下落、変動の影響により、立ちいかなくなった。基本的に販路を卸売市場に依存する形態だったことが、経営に負荷がかかった要因と考える。

そのため、地域特産の養殖産業として、スモールスケールの市場を地域限定にした事例として、ニーズがあるところに生産して供給する形態として、栃木県那珂川町の「温泉トラフグ」（第3章186頁）や新潟県妙高市の「妙高ゆきエビ」（第3章213頁）などのように、地元流通によるコストカットやレストランなどへの直販による中間経費削減などによって高収益化が得られるような個別の取り組みが必要となる。

高品質商材

主に、キャビア生産のためにチョウザメの養殖を実施する㈱フジキン（第3章136頁）や宮

崎県の事例では、チョウザメは卵をとるまでに8年という長い期間がかかるが、淡水性のため、清浄な地下水が豊富である地域では疾病にかかりにくく、高密度で飼いやすいことから、飼育初心者でも比較的容易に参入できる特色を持つ魚種である。長年の研究により事業化が進みつつあり、フジキンでは参入業者のニーズに合った対応をしながら、全国展開を進めている。国産キャビアは魅力的であり、輸出商材としての価値は高い。

また、成熟したメスはキャビア用に、オスについては食肉用として販売され、出荷前、著者らの開発した泡沫分離装置を用いた塩水処理と低濃度オゾン処理により、臭みを抜くなどの身質の向上を図り、レストランへの契約直売によるチョウザメの身の活用についても展開を図り、新たな局面を迎えている。

■ 国策としてのサポート

食料産業としての大規模な陸上養殖は、チリやノルウェーなどのタイセイヨウサケなどのサケマス類の大量生産事例がある。タイセイヨウサケの養殖では海面養殖が大部分を占めるが、種苗生産は閉鎖循環式で実施され、高密度生産による高効率性と計画生産が可能となっている。

そこで政策面としての課題をクローズアップするためにノルウェーを例にとると、同国は鉱業、石油、水産を国策の3本柱として挙げ、積極的な国の関与のもと、水産養殖企業の育成が行われ徹底した大規模化とコンピューターによる管理で人件費の削減が行われ、「魚養殖工場化」が進んだ。また低コストの餌料開発も行われ、なんといっても格安の配合飼料を武器にタイセイヨウサケの養殖振興が図られるとともに、養殖コンサルタント企業の育成により国内外にサケマス類の陸上養殖が展開していった。

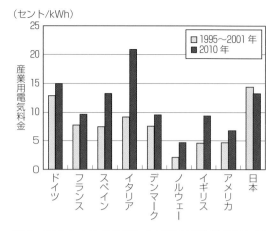

図3 電力自由化の前後における主要欧米各国と日本の産業用電気料金の比較

この展開のベースには豊富な河川水を用いた水力発電があり（全電力の96％を占める）、この格安の電気料金が陸上養殖の振興を支えている。また工業用の酸素も電力を用いて空気を分留処理し圧縮冷却により生成されるため、格安な酸素供給体制が敷かれている。その点、わが国の電気料金の高さは世界でも有数であり（**図3**）、産業用電気料金をノルウェーと比較すると日本は3～6倍高く、お隣の陸上養殖を推進している韓国と比べても2～3倍高い。閉鎖循環式陸上養殖のわが国の産業的普及においては、ランニングコストの多くを占める電気料金では大きなハンディキャップがある。

一方、陸上養殖の産業化が進むデンマークの電気料金は、家庭用電気では日本の1.5倍以上あり世界で最も高いレベルだが、産業用ではフランス並みで、日本より2分の1～3分の2程度安い。そのため、電力消費の多くを占める循環ポンプを省電化することのみならず、陸上養殖用の電気代そのものを国策として低減するなど、産業用電力料金の大幅削減などがない限り、この要因は埋まらない。しかし、わが国でも農業分野では農事電力が適用され、使用期間の限定はあるが通常の半額以下に適用されている事例もあることから、一考の余地はある。

日本の閉鎖循環式陸上養殖のポテンシャル

わが国の国内の魚消費の現状は、近年消費量が少なくなってきているのにもかかわらず相変わらず世界的には高水準である。そして、欧州で魚の消費量があるアイスランド、ポルトガル、ノルウェーと比較して、多種多様な魚種を食しているのが分かる（**表3**）。

このことは、欧米で実践され産業化している陸上養殖の対象魚種が限られていることを反映していると考える。数種類の魚しか重要視しない欧米の国民性と、地域性があり多様な魚種のニーズがあるわが国とは明らかに様相は異なる。多種多様な魚種の養殖のためには、各魚種別に対応可能な種苗生産技術が必須である。

わが国では50年前から栽培漁業が推進されたおかげで、世界に誇れる最高の種苗生産技術を有する技術者集団とその施設がある。全国で国営や各県の栽培漁業センターだけでも100機関以上あり、民間の種苗生産企業を含めると150程度の施設があり、それらに携わる技術者は現役だけでも2,000名を優に超えると考えている。対象としている魚種も80種程度あることから地域特産種の種苗は確保できる潜在能力はある。温暖化などにより各地域でニーズがある魚種が獲れなくなる現状を踏まえると、適正

表3 水産物消費量が多い欧州3カ国と日本の魚の消費量と魚種の多様性の比較

国	魚消費量（g/日・人）	世界順位（位）	全体の8割到達までの魚種数（種類）
アイスランド	242	2	6
ポルトガル	167	4	7
ノルウェー	139	10	7
日本	155	6	18

水温などの環境管理が得意な閉鎖循環式陸上養殖の活路があるのではないだろうか。筆者らが現在進行中の栽培漁業センターなどの水産研究機関への閉鎖循環飼育の技術移転による成果が認められ、現在、秋田県、福井県、愛媛県、鹿児島県、沖縄県などの栽培漁業センターに閉鎖循環システムを導入した施設が設計・新設されつつある。筆者はこれらの機関の施設設計のアドバイザーとして協力しているが、後々これらの閉鎖循環飼育施設と携わる技術者、研究者の存在は、わが国の今後の陸上養殖の進展に大きな意味を持ってくると考えている。

このように日本での陸上養殖の普及には課題が多くあるが、筆者らがつないだ種苗生産・親魚養成分野で実用化が進んだことは、一定の成立条件を備えてきたと考えている。今回紹介してきたことを踏まえ、閉鎖循環式陸上養殖分野の産学官一体となった取り組みを切に望む。

（山本 義久）

■参考文献

1) FAO (2014) The State of World Fisheries and Aquaculture 2012.
2) 山本義久 (2015) 水産増養殖での閉鎖循環飼育システムの展開、特集「水産増養殖における人工海水の利用」、日本海水学会誌、69 (4)、225～237頁。
3) 守村慎次 (1999) 負荷低減研究における国際情勢、水産養殖とゼロエミッション研究（日野明徳・丸山俊朗・黒倉寿編）、恒星社厚生閣、東京、32～40頁。
4) Hüseyin SEVGİLİ, Goro NEZAKI (2010) Turbot Culture in France and Spain, Report of Mediterranean fisheries research, Production and Training Institute, Flatfish Culture Project, Japan International Cooperation Agency, 39 pp.
5) 山本義久 (2013) 海産魚類の閉鎖循環式種苗生産システムの開発に関する研究、東京海洋大学海洋科学技術研究科博士論文、206頁。
6) 山本義久 (2014) 欧州における閉鎖循環式養殖の現状～商業生産編～、隔月連載閉鎖循環飼育の未来と可能性Ⅱ、アクアネット、190、46～50頁。
7) 日本エネルギー経済研究所 (2013) 諸外国における電力自由化等による電気料金の影響、平成24年度電源立地推進調整事業報告書、210頁。
8) 佐野雅昭 (2015) 日本人が知らない漁業の大問題、新潮新書、612、新潮社、東京、191頁。
9) 水産庁 (2013) 図で見る日本の水産、27頁。

時代は 超微細気泡に！
ナノバブル・ファインバブル

インライン型
超微細気泡発生装置
50A/PVC タイプ

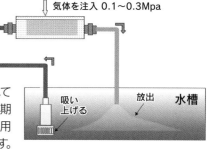

近年、多くの学会で超微細気泡（Fine Bubble）による様々な効果が報告されています。ファインバブルを養殖に用いれば水質を向上させ更に免疫力アップが期待できます。成長が早くなる効果は多くの方が実感されています。また、窒素を用いれば冷蔵・冷凍搬送する商品を酸化から守り鮮度を長持ちさせる事が出来ます。装置は右図のように簡単な構成です。目詰まりなく少ないエネルギーで様々な場所でご使用頂けます。

3つの特徴

1 省エネルギー
ガス溶解効率と省電力では世界最高レベル！世界初の電気を使わずに超微細気泡を供給する水車タイプも登場！

2 様々な液体に対応
真水、海水、汚水、他全て対応可能です。目詰まり無しでメンテナンスフリー！排水処理でも活躍中！

3 圧倒的泡量
他社製品と投入エネルギーあたりの超微細気泡の量の比較は桁違い！勿論、ナノバブル。

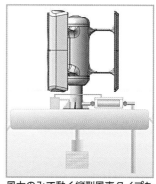
風力のみで動く縦型風車タイプもあります。お問い合せください。

商品ラインナップ

接続口径	UFB小型ユニット	AZ-FB-20A/S	AZ-FB-20A/L	AZ-FB-32A/S	AZ-FB-32A/L	AZ-FB-50A/S	AZ-FB-50A/L	AZ-FB-100A/S	AZ-FB-100A/L	AZ-FB-150A
処理水量	200L	5ton	10ton	15ton	25ton	50ton	100ton	400ton	600ton	1500ton

実 施 例

海老加工場の排水処理にて稼働中。BODを10分の1以下に下げる事が出来ました。もちろんランニングコストは、半分以下です。

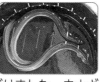

ウナギの養殖場で使われています。高密養殖で光熱費が飛躍的に下がりました。ウナギの成育も良く汚泥も減るなど、現場で評価いただいています。

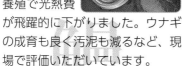

オゾンナノバブルで牡蠣の価値を上げる事が出来ます。牡蠣を元気にし風味の改善や洗浄で大きな効果を上げています。酸素とUVランプの組み合わせで業界最安値のシステムをご提供します。

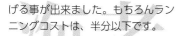

最先端技術
加温が必要な養殖向けに高効率IHヒーターとファインバブル発生装置を一緒にした画期的なシステムを開発中です。陸上養殖の更なる効率化と経済性を追求してよりよい商品を開発中です。

流通革命
ブレンドされたガスでファインバブルを用いれば、麻酔効果で活魚搬送に大活躍。装置がシンプルで小型なので手軽にナノバブルで魚の鮮度を保つ事が出来ます。大手魚卸で採用されています。

業界最安値
他のナノバブルとはここが違う！セラミックを使った弊社の方式は高出力のポンプは不要！鱗などの目詰まりもありません。メンテナンスも簡単で価格は業界最安値！

株式会社 安斉管鉄　mcs 事業部

〒230-0071 神奈川県横浜市鶴見区駒岡 3-1-16
PHONE 045-580-1882　FAX 045-580-1884
http://www.anzaimcs.com
mcs@anzaimcs.com

第3章

国内事例
〜事業化の現状とシステム設計〜

半循環　閉鎖循環

第3章　国内事例　～事業化の現状とシステム設計～
循環式システム導入のポイント
3-1

ここがポイント！

- ☑ 循環施設の建設では、①保温対策、②光環境、③防水対策、④停電対策なども重要
- ☑ システムは「平面構造」の方が日常作業がしやすい

■ 施設建設時に留意すべきポイント

　循環飼育施設を建設するには多くの留意点がある。ここでは見落としそうな循環式飼育特有の留意事項をいくつか列記した。

①保温対策

　循環飼育では特に重要で、コストをかけて飼育水を調温しても外気温の影響を強く受ける施設では維持コストが膨大となる。施設の気密性をいかに保てるかが生産経費を大きく左右する。

②光環境

　種苗生産を行う機関では特に重要である。屋内施設でも照度不足とならないようにするのはもちろん、急な点灯や消灯で飼育魚が狂奔し死亡につながる場合もあるので、特に仔稚魚の飼育の場合は照度が段階的に変更できるシステムを導入したいところである。近年、ホシガレイやマツカワ（ともにカレイの仲間）では緑色の光源で飼育することで高成長が得られるとの知見もあり、魚種に合わせた最適な光環境技術を導入できるのも室内飼育のメリットと言える。

③防水対策

　飼育では飼育水を適正な水温に調温するのが一般的である。しかし飼育水温と外気温の差が大きい季節は室内に霧がかかった状態になり、蒸発・結露によって水銀ランプや安定器が漏電することがある。システム建設時にはろ過水槽などに蓋を設置する構造にすることや水銀ランプなどは防水タイプを導入するようにしたい。

④停電対策

　循環飼育では安定した電力確保が重要であり、停電時でもブロワーなど最低限の酸素供給設備が稼働できるようなバックアップ電源（自家発電機の導入など）は確保しておきたい。

システムの設計はシンプルに

　われわれが提案する閉鎖循環システムは、飼育水槽、受け水槽、泡沫分離装置、生物ろ過装

置、通気装置（酸素通気も含む）、殺菌装置、循環に用いるポンプ類で構成され、欧米でよく導入されている脱気装置や脱窒装置、沈澱槽、脱リン装置、廃水処理システムなどは原則使用していない。

システムは本来、多くの装置が設置され高度化するほど徹底した水質管理が可能となるが、同時に投資コストが増え、複雑なシステム管理に翻弄されてしまう。少しの配置の工夫や給餌方法の改良で装置の数を削減できる場合があり、これらの工夫によってシステムをシンプルにすることがコンセプトである。例えば、ポンプ1つとっても、2台より1台の方が管理や設置コストは少なくなり、水位調整も容易となる。

日常作業がしやすい構造とは

システムは「平面構造」の方が作業性・機器管理の両面で優れている。屋島庁舎に2006年に整備された閉鎖循環飼育に特化した施設（閉鎖循環飼育棟）の実験用システムは、当時の技術を結集したものであった。設計は省スペースを強く意識した多層構造であるが、システムがコンパクトになる反面、バルブやポンプ類が狭い下層に設置されているため作業性が悪くなるというデメリットも顕在化した。特に、上層の洗浄作業時に生じる水が飛び散ることによって漏電や機械故障の原因となることもある。

さらに、フォークリフトが通行できるスペースがあれば、日常作業となるろ材や資材の搬出入が少人数で作業しやすくなる。ホイストクレーンなどを設置してろ材の搬出入を行ってもろ材の搬出入に便利であるが、屋内は通気性が悪いため、さびによる機器の消耗が激しい。

飼育上、必要な機器

飼育するに当たっては水質やシステムをモニタリングする機器も準備する必要がある。一般的な飼育にも用いる水温やpH、DOの測定機器に加えて、閉鎖度の高い飼育では蒸発による塩分変化の把握や飼育開始時の塩分調整を行う際に塩分計が必須となる。また、アンモニアなどの三態窒素や銅イオンの計測装置もそろえておきたい機器であるが、高額であるため最初は観賞魚用の安価なパックテストキットなども活用し、少しずつそろえていきたい。農業分野のように近隣の養殖企業が法人や組合をつくり、高額な機器は共同利用するのも経費削減方法の1つである。

■ 飼育工程に適したシステムの展開

循環飼育システムは魚種や飼育工程（親魚養成、餌料培養、種苗生産、養殖）毎にアレンジが必要であることは本書でも解説してきた。次項からは工程ごとのシステムの特徴と設計の留意点について解説していく。

余談であるが、循環システムは品種改良など育種で生産した受精卵や稚魚の管理にも導入される機会が近年多くなってきた。飼育水槽に閉鎖循環システムを組み込むことで遺伝資源の流出事故が起き得ないだけでなく、冬季の水温維持経費削減などにもつながる。循環システムの受け皿は意外と多く、今後導入も多分野で進んでいくものと期待している。

（森田 哲男）

■参考文献

1) Yamanome T., Mizusawa K., Hasegawa E., Takahashi A. (2009) Green light stimulates somatic growth in the barfin flounder Verasper moseri. J.Exp.Zool.311A, 73-79.

2) 清水大輔・大河内裕之（2014）光を利用したホシガレイの種苗生産技術、第3回北里大学海洋生命科学部・岩手県水産技術センター公開合同セミナー、10頁。

3) 今井 正・小金隆之・片山貴士・森田哲男・山本義久・千田直美・遠藤雅人・竹内俊郎（2012）低塩分を用いたトラフグの種苗生産における卵管理と仔魚の収容に適した塩分、水産増殖、60（2）、163〜167頁。

半循環 閉鎖循環

第3章 国内事例 ～事業化の現状とシステム設計～
親魚養成システムへの導入と特徴
3-2

ここがポイント！

☑ システムが単純で飼育密度も低いため、未経験者でも導入しやすい
☑ 調温経費の削減や疾病防除に効果的

親魚養成における循環システムの導入では、親魚養成時の調温経費や取水量の削減、疾病防除などに効果が期待できる。親魚養成では養殖と比較して飼育密度が低く、飼育魚による飼育水への負荷が小さいため、未経験者でも導入しやすいシステムと言える。

■ 半循環システム

半循環飼育は流水飼育と閉鎖循環システムを合わせた方式であり、毎日少量でも新水を入れることにより水質管理が容易となる。とりわけ前述したように親魚養成では飼育密度が低く飼育しやすいため、未経験者でも導入しやすい。

親魚養成に半循環システムを導入する目的の多くは飼育水を繰り返し利用することによる調温経費や取水削減効果にあり、本書でもマダイとトラフグの調温経費削減事例を紹介している（3-3、3-4）。一方、換水によって外部より用水を加えることから、病原菌などを飼育水に持ち込む恐れがあり、疾病防除の効果は十分に発揮できない。また、半循環飼育の主な導入地域は取水が可能な沿岸域や湧水地であるが、内陸域での導入は経費の観点から難しいと言える。

一般的に半循環飼育による親魚養成では、通気方法とその量は流水飼育と同様で良く、よほど高密度で飼育しない限り酸素発生装置などの設置も必須とならない。また泡沫分離装置も費用対効果を考えると設置していない場合が多い。システムの循環率は高いほど飼育水中の濁りが少なくなり硝化能力も向上するが、半循環システムでは換水により外部に飼育水が排出されるため、10～40回転/日もあれば十分である。換水量の微調整は、飼育開始後の飼育水の濁り具合とアンモニア態窒素の蓄積量（1 mg/ℓ以下が基準）で行うこととなる。

■ 閉鎖循環システム

閉鎖循環飼育は半循環飼育と比べ水質管理に

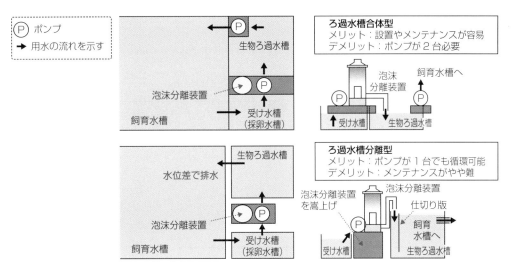

図1 親魚養成における一般的な閉鎖循環システムの模式図

気を配る。ただ、繰り返しとなるが親魚養成では飼育密度はおおむね3〜5 kg/kℓ程度で高密度飼育をしないため負荷も小さく、半循環飼育と同様に導入しやすい。原則換水を行わないことから半循環飼育で効果があった調温経費削減効果だけでなく疾病防除などの効果も期待でき（3-15参照）、内陸域での導入も可能である。

なお、親魚養成に限ったことではないが、閉鎖循環飼育での温度管理は水槽内に設置する熱交換器で行うのが一般的である。しかしエアコンなどで飼育室内の空調を行う方が加温コストと機器管理の両面で有効であるとの研究事例もあるため、導入の際はどちらの手法とするか比較検討してほしい。室内空調では複数の水温にコントロールできず、複数種を養殖する施設には適さないが、飼育水温と室温との差がなくなるため飼育水の蒸発も生じにくく、湿気や水滴による電気系統の漏電事故などが激減する。

閉鎖循環システムでは新水の補給がないため、受け水槽（採卵水槽）、泡沫分離装置、生物ろ過水槽を設置して水質浄化を行うことが多い。この際、泡沫分離装置は生物ろ過装置の水面より高い位置に設置した方が管理はしやすくなる（図1）。屋島庁舎では以前は洗浄しやすいように低い位置に配置していたが、親魚養成など飼育期間が長くなる場合は、配管内にバイオフィルムが付着して閉塞し、高い位置にある生物ろ過槽へ用水を十分に送水できなくなることがあった。ポンプの圧力を上げれば送水はできるが、泡沫排水の調整が難しくなるため、泡沫分離装置自体を高い位置に設置して落差を利用してスムーズに排水する方がトラブルは少ない。

自然採卵を行う魚種では、受け水槽は採卵水槽の役割も兼ねているので図1の上図にあるように飼育水槽と一体型で設置し、飼育水槽から用水ごと受精卵をオーバーフローさせる方が採卵しやすい。人工採卵を行う魚種では使い勝手は変わらない（**図1**の下図）。

生物ろ過水槽の大きさは飼育水温や飼育密度に左右されるが、飼育水槽の2.5〜3割程度を確保すれば大抵十分である。飼育水の濁りが生じず、アンモニアの蓄積もないようであれば、生物ろ過水槽の容積を小さくしても問題はなく、飼育水槽の1〜1.5割程度の生物ろ過水槽でも十分機能した事例もある。なお、閉鎖循環飼育であっても飼育密度が低いため、酸素発生装置などは必要ない。

（森田 哲男）

半循環　**閉鎖循環**

第3章　国内事例　～事業化の現状とシステム設計～
トラフグの親魚養成
3-3

ここがポイント！

☑ 早期採卵では加温経費が6割以上を占めるが、冬季の成熟期間に閉鎖循環システムを組み込んだ屋内水槽に移槽すれば加温経費の削減に努めることが可能

☑ 閉鎖循環飼育は流水飼育と比べ87.9%もの灯油使用料を削減可能

　㈱水産研究・教育機構瀬戸内海区水産研究所屋島庁舎では、トラフグの早期採卵を目的に冬季の飼育水温を1～2月より徐々に昇温し、17℃で約2カ月間水温を維持し成熟させ、人工採卵を行っている。そのため、加温に関わる灯油代はトラフグ親魚養成経費の実に6割以上を占めている（親フグ入手経費は除く）。

　そこで、冬季の成熟期間は閉鎖循環システムを組み込んだ屋内40kl水槽に移槽して加温経費の削減に努めている。これには閉鎖循環システムを導入できるスペースがなかったため、泡沫分離装置のみ水槽上のエプロンに設置し、受け水槽と生物ろ過水槽は屋外に設置している（**図1**）。2つの水槽は飼育水槽より低い位置にあるため、泡沫分離装置、生物ろ過水槽を経由した用水はいったん受け水槽に貯水され、受け水槽内で満水を検知すると水中ポンプが稼働して飼育水槽へ揚水される仕組みとなっている。

　生物ろ過水槽には50～100袋（1袋10ℓ）のろ材を入れており、これでアンモニアは蓄積しないことが分かっているが、ろ材が少なめの場合（50～80袋）は物理ろ過の機能が不十分で濁りが十分とれないため、1回転/日以下の新水補給を行っている。なお、トラフグは人工採卵であるため採卵水槽を設置していない。システムの製作経費は、泡沫分離装置などを購入したため、40kl水槽2面で約350万円であった。生物ろ過水槽などは使わなくなった水槽を再利用したため入手経費は必要なかったが、工夫次第で製作経費は大きく変わる。5年間の飼育事例では、閉鎖循環飼育であっても採卵量や卵質に影響がないことが分かっているが、飼育水の濁りは流水飼育と比べて高くなるため底掃除などは若干の苦労があると聞いている。

　本システムは当庁舎の山本義久グループ長が基本設計し、飼育の担当者である片山貴士主任研究員によって運用され日々改良の結果、現在の形となった。システムの一部は、屋外施設で

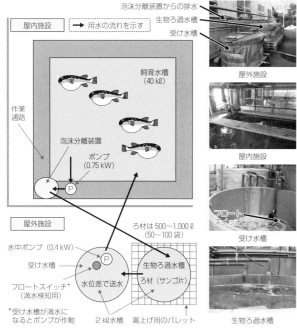

図1 トラフグ親魚養成における閉鎖循環システムの模式図（屋島庁舎）
イラスト（トラフグ）：藍原章子（(研)水産研究・教育機構）

表1 トラフグ親魚養成における流水・閉鎖循環飼育の結果概要

項目	流水飼育	閉鎖循環飼育
飼育水温（℃）	15.0 (10.5～17.0)	15.1 (10.5～17.7)
地先海水の水温（℃）	11.6 (9.6～14.7)	―
飼育室内の気温（℃）	15.0 (11.1～18.8)	
注水量（回転／日）	3	0
DO（mg／ℓ）	9.25 (8.61～9.89)	9.12 (8.58～9.93)
pH	8.08 (7.56～8.31)	7.78 (6.90～8.07)
アンモニア態窒素濃度（mg／ℓ）	0.008 (0～0.060)	0.004 (0～0.080)
硝酸態窒素濃度（mg／ℓ）	1.1 (0～3.1)	7.9 (0～16.9)
親魚1kg当たりの採卵量（万粒）	4.2	5.8
消費エネルギー（万kcal）	264	32
加温に要した灯油金額（円）	25,844	3,133

灯油金額は実験時の単価（70円／ℓ）で算出した。

あるため、これらの保温は加温コスト削減のためにも重要であり、システムは保温シートが幾重にも巻かれている。

設計当初は飼育水槽上部に透明保温シート（ふた）を設置していたが、2～3月の早期成熟に悪影響があったため現在は取り外している。養殖などでは水槽上部の保温シートは保温効果だけでなく、蒸発・結露による電気機器の漏電防止にとっても不可欠であるが、光環境が成熟に大きく影響する親魚養成では蓋を設置しない方が無難である。蛇足であるが、深海性のズワイガニやトヤマエビの親養成でも発泡スチロール製の蓋を設置して光を遮断していたが、成熟や産卵への影響は全くなかった。

さらに、閉鎖循環システム導入による加温経費（灯油代）の削減効果を把握するため、当庁舎の5kℓ水槽（システムまで入れた総水量は約8kℓ）を用いて、2009年2月17日～4月10日までの52日間実験を行った。飼育水温は17℃に達するまで毎日0.2℃ずつ昇温させている。その結果、流水飼育（3回転／日で換水）と閉鎖循環飼育の水質や採卵量に差はないものの、閉鎖循環飼育は流水飼育と比較して実に87.9％もの灯油使用料が削減できた（**表1**）。前述の40kℓ水槽2面に単純換算すると、毎年36万円の灯油代削減効果が得られることになる。

費用対効果は、システムに廃材を利用するかしないか、設置する地域の気温によって異なってくるものの、償還までにそれほどの年数は要しないことは灯油使用量から容易に想像できる。

（森田 哲男）

■参考文献

1) 山本義久（2013）閉鎖循環飼育の未来と可能性Ⅱ、アクアネット6月号、53～57頁。

2) 小金貴之・片山貴士・森田哲男・今井正・山本義久（2011）閉鎖循環システムを用いたトラフグ親魚養成での省エネルギー効果の検証、平成23年度日本水産学会春季大会講演要旨集、127頁。

半循環 閉鎖循環

第3章 国内事例 ～事業化の現状とシステム設計～

マダイの親魚養成

3-4

ここがポイント！

- ☑ 塩ビ製二重管による間歇ろ床方式を導入することで、硝化能力が浸漬ろ床方式の1.5～1.7倍になる（屋島庁舎比較）
- ☑ 親魚養成における半循環飼育では、複雑なシステムとならないため、投資効果は大きくなる（50 t規模では、ポンプ、ろ材、生物ろ過水槽など投資額は30万円程度）
- ☑ 燃料代の削減効果は、瀬戸内海のような温暖な地域でもちょうど1シーズンで償還する計算となる

換水率1回転/日以下で加温コストを削減したシステム

㈱水産研究・教育機構瀬戸内海区水産研究所屋島庁舎では、採卵を目的としたマダイの親魚養成を周年で行っている。低水温によるへい死を防止するため冬季は水温が10～12℃以下とならないよう、陸上水槽にて調温して飼育している。冬季の換水率は、水温低下によるマダイの代謝量減少によって夏季よりも少なくはなるが、それでも3回転/日程度は必要であり、飼育水槽が大きいこともあって加温コストは馬鹿にならない。

屋島庁舎では簡易な生物ろ過水槽を設置して換水率を1回転/日以下に削減できているので紹介しよう。

生物ろ過水槽の簡易化 間歇ろ床方式を活用

このシステムは、当時マダイ親魚養成の担当であった中野昌次主任研究員（現：西海区水産研究所長崎庁舎）の創意工夫によって設計されたシステムで、50 kℓの飼育水槽に対してろ材はわずか60袋前後（約600ℓ）と少なく、作業通路の余剰スペースを有効活用したコンパクトな設計であるのが特徴となっている（**図1**）。さらに、生物ろ過装置に供給するためのポンプは排水口から最も遠い位置から採水することで水質浄化効率を高めるよう工夫されている。少ないろ材で不足する硝化能力を少しでも補うため、ろ過方式は間歇ろ床方式を採用している（**図2**）。

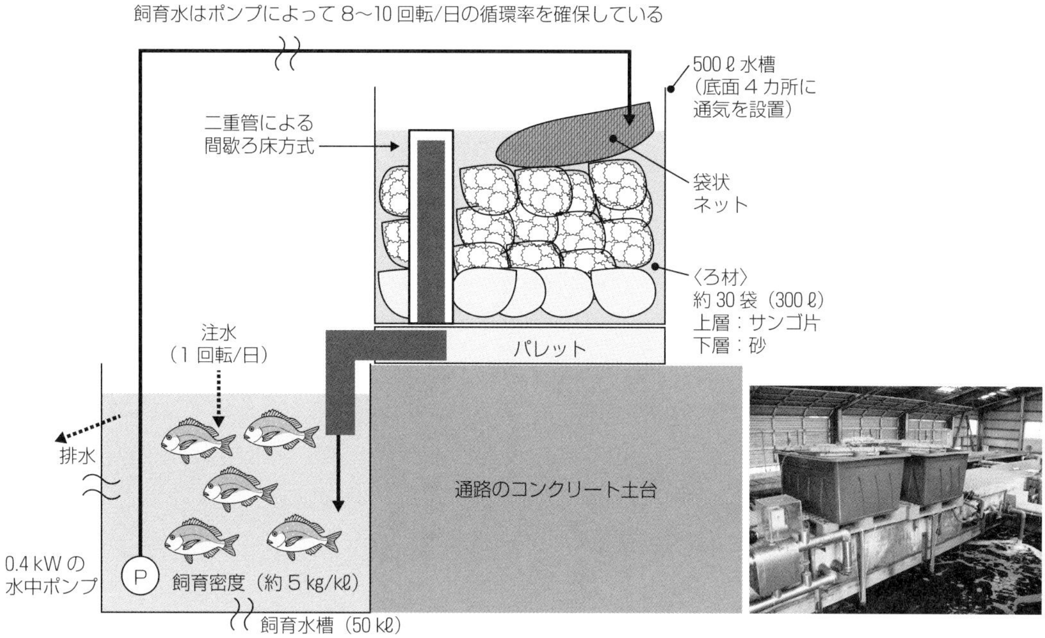

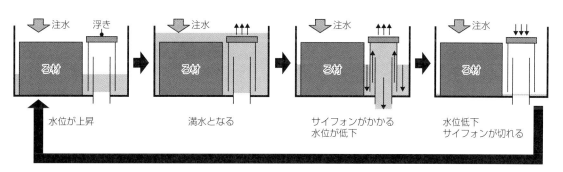

図1 マダイ養成で導入した半循環式システム（屋島庁舎）

模式図は、中野昌次主任研究員（西海区水産研究所長崎庁舎）の研究メモを改変。生物ろ過水槽は50t水槽に2基ずつ設置している。

イラスト（マダイ）：藍原章子（(研)水産研究・教育機構）

図2 塩ビ製二重管による間歇ろ床方式の仕組み

発明者：山本義久・安藤忠
発明の名称：「循環式の水の濾過装置」（特許第4670087）

イラストは一部改変。サイフォンの原理を用いるため電力などは必要とせず、酸素を効率的に取り込むことから、硝化能力が高くなる（浸漬ろ床方式の1.5～1.7倍：屋島庁舎比較）

　間歇ろ床方式は105頁で紹介していないろ過方式であるが、塩ビパイプの二重管を用いたサイフォンの原理で生物ろ過水槽内の水位が上下を繰り返す仕組みとなっており、干出時に空気中の酸素が効率的に取り込まれ、ろ材と用水の接触効率が高いことから、浸漬ろ床方式の1.5～1.7倍の硝化能力を有する[1,2]。

　その結果もあって、生物ろ過水槽が小さいにもかかわらず、養成期間中のアンモニアはおおむね0.1 mg/ℓ以下であった。

また、本方式の特徴として、ろ材表面の閉塞が生じにくいため泡沫分離装置がない場合でも生物ろ過水槽は閉塞しにくく、生物ろ過水槽の注水口に袋状ネットを設置して荒ゴミを取り除けば冬季飼育中にろ材を洗浄する必要はない。ろ材の量を増やせば換水率はさらに削減でき、逆に既存の飼育施設に十分なスペースが確保できずろ材が少なくなってしまう場合はアンモニアが1 mg/ℓ以下となるよう換水率を調整するなど現場の状況に合わせて柔軟に対応したい。

なお、マダイの半循環飼育は冬季の成熟期間のみとし、地先の海水温が上昇する産卵期は流水飼育に切り替えて採卵している。

■ 親魚養成の半循環飼育は投資効果が大きい

このシステム導入の厳密な費用対効果は算出していないが、ポンプ、ろ材、生物ろ過水槽の総額はすべて新たに購入した場合でも30万円程度である。冬季の地先水温にもよるが、燃料代の削減効果を考慮すると瀬戸内海のような温暖な地域でもちょうど1シーズンで償還する計算となることから、寒冷地では省コスト効果が絶大となる。このように、親魚養成における半循環飼育では複雑なシステムとならないため、投資効果は大きくなるのも特徴である。

(森田 哲男)

■参考文献

1) 山本義久・安藤 忠 (2010) 浄化の能力の優れた簡便な生物ろ過装置、独立行政法人水産総合研究センター特許・技術情報、23頁。

2) 山本義久・安藤 忠 (2009) 簡潔ろ過による硝化機能活性化生物ろ過装置の開発、第43回水環境学会年会講演集、256頁。

第3章 国内事例 ～事業化の現状とシステム設計～
キジハタの親魚養成

3-5

ここがポイント！

- ☑ 泡沫分離装置、電解殺菌処理海水を導入した閉鎖循環システムによる周年飼育で、親魚養成を行う
- ☑ 飼育水は、周年3～3.5回転／日で循環し、年2回銅イオンを用いた白点虫予防を行う際に全換水している
- ☑ 4年間の飼育で大きなトラブルも発生しておらず、養成親魚からVNN陽性反応はなく、疾病防除効果も得られた

香川県栽培漁業センターにおける、閉鎖循環システムを用いたキジハタの親魚養成（161頁では種苗生産についても解説）の事例を紹介する。

■ キジハタの種苗生産の開始

香川県栽培漁業センター（以下、当センター）は、1982年に県営センターとして開設され、基本施設や事業全体の管理は県が直接行い、種苗生産事業を（公財）香川県水産振興基金が受託して、同栽培種苗センターが実際の生産業務を行っている。

キジハタは、1995年から種苗生産事業の対象種となり、毎年度の実績はやや不安定ながらも、多い年には15万～20万尾の種苗を生産してきた。しかし、2002・2007・2008年に種苗生産過程でVNN（ウィルス性神経壊死症）の

発症があり、2007年には養成親魚でもVNN陽性反応が見られたため、これらすべてを処分することとなった。

この対策として、海水電解殺菌装置と閉鎖循環システムを活用することになり、2009年から稚魚飼育水槽に、2012年から親魚水槽に導入している。導入当初の詳細は、「キジハタの種苗生産」（161頁参照）で改めて紹介するので、ここでは、親魚水槽の利用状況を説明する。

■ 親魚管理の施設概要

当センターの親魚水槽は、開所時から設置されている循環ろ過設備を備えたコンクリート製円形水槽で、クロダイ、ヒラメ、キジハタなどの産卵用水槽として使用してきた。この一部を改良し、2012・2015年に各1面ずつ、泡沫分

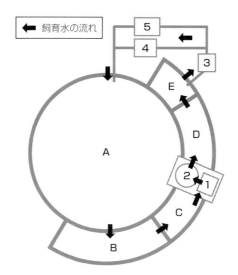

図1　親魚水槽の模式図
A：親魚水槽（径6m×深さ1.8m）　　B：採卵槽　　C：受け水槽　　D：ろ過水槽　　E：貯水槽
1：循環ポンプ（1.5kw）　　2：泡沫分離装置（㈲栄和商事製Ⅱ型）
3：循環ポンプ（1.5kw）　　4：加温用熱交換プレート　　5：海水冷却機

写真1　親魚水槽上面
奥側に泡沫分離装置があり、その右側に受け水槽・採卵槽、左側にろ過水槽・貯水槽

離装置と循環ポンプの追加、ろ過水槽のろ材入れ替えなどを行うことで新たな循環システムを構成し、飼育水には電解殺菌処理海水を用いて、完全な閉鎖環境下で親魚の周年飼育を行うことにした。

水槽の概要を**図1、写真1**に示す。親魚水槽の容量は50kℓ、採卵槽から貯水槽部分の合計容量が約15kℓで、これが2面ある。飼育水の流れを図に示しているが、加温・冷却時のみ、貯水槽から加温用熱交換プレート又は海水冷却機を経由して、親魚水槽へ送られる（冬季は11～12℃を維持するよう加温し、夏季は循環装置の熱や日射の影響で上昇しやすいため、自然水温を目安に冷却している。）。

ろ過水槽の容量は約4kℓで、ろ材の層が約3分の2を占めるが、2012年分はサンゴ砂、2015年分はセラミック素材を使用している。

■ 親魚の選定と管理

親魚は県内産の天然魚由来で、これまでは魚体重0.2～1.5kgのものを85～148尾（総魚体重

表1　親魚尾数と採卵結果

項目		年度	2013		2014		2015	
親魚	雌雄別		雌	雄	雌	雄	雌	雄
	尾数（尾）		54	31	70	58	71	77 → 53
	合計		85		128		148 → 124	
採卵結果	採卵期間		5／22～7／9		6／11～8／12		6／13～8／18	
	期間中水温（℃）		22.1～27.8		19.8～28.7		20.2～28.6	
	総採卵数（万粒）		2,541		4,327		1,494	
	浮上卵数（万粒）		1,124		2,017		471	
	沈下卵数（万粒）		1,417		2,310		1,023	
	浮上卵率（％）		44.2		46.6		31.5	
	平均ふ化率（％）		92.2		71.6		85.0	
	備考		冷却なし		冷却あり 親魚追加のみ		冷却あり 親魚入れ替えあり 途中で雄24尾を間引き	

40～100 kg）／水槽の範囲で飼育している。キジハタは性転換を行うため、毎年度の産卵期前に全個体の雌雄を確認し、雌雄比の調整（雌の比率を6割程度）を行うとともに、生殖腔液を採取してPCR法によるVNNウィルス検査を行い、陰性のものだけを再収容している。さらに、親魚の追加または入れ替えの際も、同時期に天然魚を購入し、10分間の淡水浴とウィルス検査を行って、安全が確認できたものだけを収容している。なお、保有する親魚すべてにピットタグを装着して個体識別できるようにしており、購入年度や性転換魚の確認に利用している。

飼育水は、すべて電解殺菌処理海水を用いて、周年3～3.5回転／日で循環し、年2回銅イオンを用いた白点虫予防を行う際に全換水を行うほか、残餌処理のための底掃除などで排出された水量（1～2kℓ／週）を補給している。

親魚の餌料は、ウィルス持ち込みのリスクを抑制するとともに水汚れを少なくするため、魚類系のものを避け、冷凍エビ及び栄養剤を添加した冷凍イカ（いずれも解凍して給餌）を使用し、週2回（産卵期は週3回）の頻度で、総魚体重の3～4％程度を給餌している。

■ 採卵結果の循環施設の効果

2013～2015年の採卵結果を**表1**に示した。現状では、新たな飼育環境下の試験飼育的要素もあり、計画的・安定的な受精卵の確保に至っていないが、養成親魚からVNN陽性反応は認められておらず、最大の目的である疾病防除の成果は得られている。

また、これまで4年間の飼育では、飼育水の着色やアンモニア・亜硝酸・硝酸の過度の蓄積もほとんど見られず、年間の海水使用量は少なく経過している。泡沫分離装置の洗浄は年2回の全換水時のみで、ろ材の入れ替えも行っていない。

閉鎖循環システムにおける、ろ過水槽や泡沫分離装置への負荷量は、魚種、収容密度、飼育水温、餌料の種類および量などで異なるが、当センターの飼育環境には余裕があると思われるので、1つの参考事例としていただきたい。

（坂本 久）

半循環　閉鎖循環

第3章　国内事例　～事業化の現状とシステム設計～
チョウザメの親魚管理と養殖ビジネス
3-6

ここがポイント！

☑ チョウザメは北海道から鹿児島までの40数社で養殖され、新規参入も増加している
☑ 淡水魚、無投薬、温調不要などの特徴があり、循環施設でのリスクが少ない
☑ 収益性改善の選択肢として、硝酸態窒素を用いたアクアポニックスにも利用しやすい

　㈱フジキンライフサイエンス研究所（閉鎖循環式陸上養殖施設）は、2015年10月からTBSテレビ系列　新連続ドラマ「下町ロケット」の撮影に協力した、ロケット関連バルブも手掛ける万博記念 つくば先端事業所内にある。

　養殖場所の水利条件が悪かったことから、特殊バルブ機器メーカーとして当社が有するながれ（流体）制御技術のノウハウと技術を応用して、民間初の閉鎖循環ろ過方式を採用した。万博記念つくば先端事業所にチョウザメ養殖プラントを1989年に建設し、今日に至っている。

　今までの28年間にわたって大きな事故を起こすことなく設備の運転を続けているものの、その中では設備の「過信」によるへい死、設備設計時の勘違いなどさまざまな試行錯誤を繰り返してきた。

　ここでは、循環式システムの説明ではなく、実務的な内容について述べる。

■ 循環養殖に適したチョウザメの特性

　循環式養殖設備の基本構成は、①飼育水槽、②循環ポンプ、③物理・生物ろ過水槽、④紫外線などの殺菌装置、⑤温度調節装置、⑥水質測定機器に大別される。これらの機器のうち、最もコストのかかる装置は⑤の温度調節装置である。養殖対象魚の適正飼育水温を知り、一定温度で管理することは、安定した飼育計画・管理を実現し、ろ過細菌の安定増殖を維持することにつながるからである。

　しかしながら、チョウザメについてはこの装置を設置する優先順位は低くてもかまわない。というのもチョウザメは、一般的な養殖対象魚種よりも生存可能水温帯は0～33℃（自社調べ）と広く、冬場や夏場においても加温冷却を施す必要がないためである。

　また循環養殖を行う際、地下水（湧水）など

写真 1 フジキンライフサイエンス研究所（左）と下町ロケットの撮影風景（右）
当社は精密ながれ（流体）制御機器メーカーの新規事業として、チョウザメ養殖事業に参入した。

写真 2 親魚育成水槽（左）と濾過槽上部（右）
28 年間大きな事故なく運転をつづけている、閉鎖循環式システムである。飼育槽は、240 t で、そのほかろ過水槽は 60 t となっている。

写真 3 チョウザメの親魚（ベステル種）
ベステル（*Huso huso* × *Acipenser ruthenus*）は、オオチョウザメとコチョウザメの交雑種。1958 年に旧ソ連が開発したベルーガの卵質をそのままに、コチョウザメの性成熟の早さを兼ね備えたハイブリッドである。

を少量でも確保できる場所にて行うことが望ましいとされていることから、猛暑日が続く昨今においても、外部からの補給水があれば、その水温によって致死温度を回避することができる。

この水温適応能力から、日本国内では北海道から鹿児島までのべ40数社で養殖され、毎年チョウザメ養殖事業参入者は増加している。そして各地で肉料理、キャビアなどが地元特産化、町おこし商材の1つとして活用されるようになっている。

また、チョウザメは細菌性疾病に強い性質を持っており、養殖工程で抗生物質を投与する機会がない。

一般的に循環式養殖設備においては、防疫管理をしていても万が一養殖魚に疾病が発生した場合、循環水に薬剤投与したくても、ろ過に関係するバクテリアにダメージを与えてしまう恐れがあり、また投与した薬剤を完全排出するのに時間がかかるなどの課題があるが、チョウザメはその心配は無用である。

■ 親魚育成

当施設では、種苗生産を行う親魚の育成に閉鎖循環施設を採用している。循環式養殖設備はイニシャルコストおよび電気代、メンテナンス費用などのランニングコストがかかるというデメリットはあるものの、①自然環境からの病原菌侵入を防御できる点、②天災被害などのリスクから回避できる点、③飼育環境、特に水質を人為的にコントロールできる点などが、網生簀養殖やかけ流し養殖にはできない大きなメリットになる。

水質の急変は魚に大きなストレスを与え、良質卵をつくるための栄養を十分摂ることができなくなるなど、卵成熟のタイミングに少なからず影響を及ぼす。毎日、水質の定時定点観測を行い、水質変化の「兆候」を早期発見し対処することが魚の健康維持につながる。これが、よい魚を「創る」親魚育成の基本だと考える。

■ チョウザメは性成熟が遅いので選抜育種が難しい

チョウザメは兄弟間の成長格差が激しいという欠点がある。この問題を解消するために、マダイなどで行われている選抜育種の技術をチョウザメでも採用したいが、雌の性成熟までが8年以上と長いため、世代交代に時間がかかり、着手することは難しい。

そこでチョウザメでは、雄親魚と雌親魚との「組み合わせ」で良い種苗をつくり出す手法をとっている。

多くの種苗生産対象魚種は親魚を群で管理し、多くの雌親魚から採卵を行う。一方、チョウザメの場合は雌親魚の体格が大きく、抱卵数は1尾当たり数十万粒もあるので種苗生産に使う雌親魚は数尾で十分である。そこで私たちは、親魚にマイクロチップを埋め込み、個体管理を行って過去の採卵履歴をデータベース化し、最良の雄、雌親魚のペアの絞り込みを行い、成長がよく、奇形が少なく、よく太りそうな稚魚の生産を実施している。

養殖用稚魚を出荷する前には何度も選別作業を繰り返し、できる限り成長速度のそろった稚魚同士で飼育、出荷するようにしている。

■ 新魚種を市場に送り出すこと

養殖事業を始めようとする場合、ほとんどの人は養殖生産をするための地理環境、設備などのハード面、養殖技術などのソフト面を最も重要視する傾向がある。これは、新規事業参入の場合、「何をやろうか」が検討のスタートであるがゆえにほかならない。しかし、養殖をビジネスとして考える場合、市場が求めているもの

用語解説

飼育密度の計算について

チョウザメ稚魚を導入し、1年間飼育するために必要な水槽はどのように算出すればよいかについて一例を示す。

特殊なろ過システムを用いず、一般的な循環ろ過設備にて飼育する場合を想定し、限界飼育密度（これ以上の密度になると成長阻害、水質悪化を起こす恐れのある密度）を30 kg/tとする。

平均体重10 gの稚魚1,000尾を導入する場合、稚魚の総魚体重は10 g×1,000尾＝10 kgとなる。よって計算上では、導入時に333 ℓの水槽があれば1,000尾の魚を入れることができる。

しかし、チョウザメの稚魚は急速に成長し、1年後には平均体重400 g（水温17℃の場合）に成長する。すると総魚体重は400 g×1,000尾＝400 kgとなり、1年後には約14 t分の水槽が必要になる。1年間の稚魚生残率が70％で飼育できたとしても、約10 t分の水槽がなくてはならない。

稚魚を1年間飼育するための水槽を用意する場合には、後者の「1年後」を想定した容量の水槽が必要である。生残率を上げるためには魚体サイズをそろえて細やかに管理しなくてはならないが、そのためには選別・分養が欠かせない。よって最低でも3水槽（成長の早い大きな稚魚用・平均サイズの稚魚用、成長の遅い小さい稚魚用）を用意することが重要となる。

すなわち、1,000尾の稚魚を導入するには、4〜5 tクラスの水槽を3つ用意する必要がある。

を、自分の能力の範囲でつくり、お客様に喜んでいただいたうえで利益もつくりだしていくことが主眼であることを考えねばならない。市場を想定し、そこに提供できる事業規模を検討し、その規模にあった養殖場所、設備を計算して事業を開始すること（マーケット・イン）が本来の姿である。

陸上養殖において事業計画を立てる場合、その飼育密度はろ過能力に制限される。市場調査を行い、養殖しようとする魚の販路、おおまかな出荷目標が決定したら、その魚に適した飼育密度から計算して必要な飼育池の容積、ろ過水槽の容積を決定する。

ここで陥りやすい計算上の勘違いは、飼育密度の計算対象となる魚が出荷時点の体重ではなく、飼育途中の魚の体重で計算してしまうことである。稚魚育成時の水槽選定の場合、種苗導入時の魚の数や体重を見積時に情報として入手するので、その数字で稚魚池の大きさを決定してしまうケースがある。稚魚は成長が早いので、すぐに密度上限を超えて、水質バランスを崩して一気に全滅ということも少なくない。

また、販売が順調になってきたときにも注意が必要である。「今まで適正に管理飼育をしてきたおかげで魚も良い肥満度で成長し、肉質も十分に仕上がっていたのに、注文が増え、飼育量を増やす必要が出てきた一方で、まだ設備投資できるほどの利益が確保できていない」という場合、今までシステムが安定していたことからといって設備はそのままに、飼育数だけ増やしてしまうことがあるが、これは絶対にやってはいけない。夏場に水温が上昇したとき、急に飼育水の溶存酸素濃度が低下して酸欠を起こしたり、過密飼育により水質が悪化したり、低酸素濃度状態の飼育水にさらされた魚が成長阻害を起こしたりして、計画通り出荷できなくなる可能性がある。

循環養殖を行う際は、飼育密度上限を把握しておくこと、飼育している魚の数と重量を定期的に測定して把握しておくことが、品質維持、

写真4 当社で実施しているアクアポニックスの試験
（飼育水槽8t規模）

アンモニアの生物ろ過によって蓄積する硝酸態窒素を植物の栄養源に用いる「アクアポニックス」にも利用しやすいと考えられる。写真は試験の様子で、栽培種として、レタス、チンゲン菜、小松菜、トマト、ピーマン、空心菜などを実施。加温などをせず、そのままの水温で成育させれば、季節に合わせた野菜を数カ月単位で収穫することができる。

事業継続に必要であり、事業成長のための設備投資予測を立てる上でも重要になる。

■ 循環ろ過システムだからできること

先述のチョウザメ養殖工程では、稚魚から養殖を始めた場合、養殖開始から3年目までは得るべき収入源はない。雌雄判別後、雄の販売は始まるものの、満足できるほどのキャッシュフローを生み出すまでには雌からキャビアを生産できるようにするか雌雄関係なくすべての魚を食肉目的で流通させなければならなくなる。

これはチョウザメ養殖のデメリットである。しかしながら、チョウザメという魚種の特性を考えると、「淡水魚」、「無投薬」、「温調不要」であること、循環式養殖設備が生み出し蓄積する「硝酸態窒素」を利用し、水耕栽培と閉鎖循環養殖を組み合わせたアクアポニックスが有効な手段ではないかと考える。

閉鎖循環ろ過は、水質を制御するという考えより「水質をできる限り自然に合わせるためのもの」と考えて管理し、対策することがシステムの長期安定につながると考えている。

アクアポニックスは、魚が出した窒素、リン系排泄物を硝化細菌などが分解し、最終生成物の亜硝酸態窒素などを植物に吸収させようとするものである。チョウザメは淡水魚で、飼育水温帯が広いのでアクアポニックスを行う植物を選ばない。

しかし、どんな手段でもシステムを持続的に安定させるためには窒素などの負荷をかける側、浄化する側双方のバランスが重要で、それを円滑に進めるためのさまざまなファクター（溶存ガス・ミネラル）についても考える必要がある。物質循環をよく考えて、循環ろ過について理解を深め、永く養殖事業ができるように研究を進めている。

（平岡　潔）

半循環　閉鎖循環

第3章　国内事例　〜事業化の現状とシステム設計〜

種苗生産システムの特徴とポイント

3-7

ここがポイント！

- ☑ 飼育環境のわずかな変化でも生残や成長に影響する「種苗期」にこそ循環飼育を導入すべき
- ☑ 種苗生産では、飼育の安定化や疾病防除に大きなメリットがある

種苗生産での循環飼育導入は飼育の安定化・疾病防除にメリット

養殖分野のようには注目されてこなかった種苗生産であるが、循環飼育導入による効果は大きい。今まで種苗生産における研究事例が少なく、種苗生産で導入が進まなかった理由として、循環飼育の技術開発に携わってきた研究者の多くが飼育の専門家でなかったことから、飼育の難しい種苗生産では研究を進めることができなかったこともある。生体防御が十分でなく、飼育環境のわずかな変化でも生残や成長に影響する「種苗期」にこそ導入すべき手法と考えている。

そこで、種苗生産技術の専門家である㈱水産研究・教育機構では、瀬戸内海区水産研究所屋島庁舎を中心として2000年度より閉鎖循環式種苗生産の技術開発を開始しており、マダイやトラフグ、キジハタ、ガザミなど幅広い魚種で閉鎖循環式による種苗生産が有効であることを示してきた。閉鎖循環式種苗生産は、養殖のように産業面での華やかさには欠けるが、飼育の安定化や疾病防除において大きなメリットがあることも分かってきた。本項では、屋島庁舎もしくは共同研究などで得られた飼育事例を示しながら、導入のメリットやシステム設計の留意点などを紹介する。

■ 種苗生産用システムのポイント

重要性が増す泡沫分離装置

種苗生産における飼育期間は魚種によって多少前後するものの、大半は30〜50日間程度であること、単位収容量（一定の水量に対して飼育魚の重量）が低いことから、閉鎖循環式の種苗生産であっても飼育期間中に硝酸や二酸化炭素が大量に蓄積することはない。そのため、養殖でしばしば用いている脱窒装置や脱気装置、

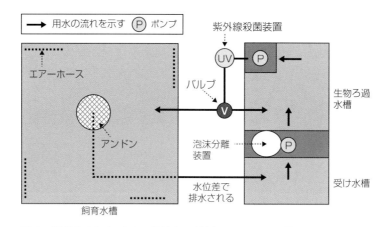

図1 種苗生産における一般的な閉鎖循環システムの模式図
模式図では、受け水槽などは飼育水槽と分離しているが、一体化しても問題ない。

沈澱槽などの設置の必要はなく、一般的にはシンプルなシステムとなる（**図1**）。

ろ材の量は、水温や対象魚種、ろ材の材質や熟成度合いによって大きく変わるため、基準値の判断が難しい。安全な数値として飼育水槽の2.5～3割程度と答えているが、実際にはこれよりはるかに少ない量のろ材でも十分機能している事例はあり、飼育現場で適正な量を見つけていくしかない。

システム内の機器のうち種苗生産において特に重要性が増すのは、泡沫分離装置である。養殖などでシステム内に生じたゴミは大きな有機物が中心であり、泡沫分離装置はその特性から本来の能力を発揮できないこともある。しかし、種苗生産では有機物の主流がナンノクロロプシス（2～5 μm）やクロレラ（2～10 μm）、そして細菌などの微生物であり、泡沫分離装置が中核の装置となる。そのため、泡沫分離装置の日々の管理や調整は養殖などとは比べ物にならないほど重要で、これらを怠ればシステムの運用に大きく影響してしまうことになる。

泡沫分離装置の管理（洗浄）については88～89頁（2-6）を参照していただきたいが、加えて、種苗生産では日々変化する飼育環境に対応できるよう泡沫の微調整を1日数回実施してきめ細かい廃水管理を行いたい。

袋状ネットはひと工夫で作業性が向上

種苗生産における受け水槽には、飼育している仔稚魚からのふんや残餌のほかに給餌した生物餌料が大量に流入し、そのままスルーすれば、微細な懸濁物だけに生物ろ過水槽に蓄積してろ材閉塞の原因となってしまう。よく「泡沫分離装置を通過した用水が生物ろ過水槽に流入するため問題ない」と言う方もいるが、泡沫分離装置を一度通過しただけでは懸濁物を取り除くことはできず何度も処理を行うことで処理が完了するため、どうしても生物ろ過水槽に懸濁物も流入してしまうことになる。

そのため、受け水槽への入り口にはゴミ取り用の袋状ネットを設置する。養殖では固形状の有機物をトラップする沈澱槽もしばしば設置されるが、種苗生産過程で発生する有機物は懸濁物が主であることから、沈澱による有機物除去効果は小さく、袋状ネットの方が効果は大きい。このネットは養殖などで使う粗目のネットではなく、ワムシなどが捕捉できる細かいプランクトンネットを設置することとなる。

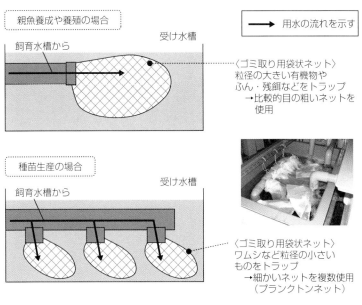

図2　種苗生産における受け水槽の物理ろ過方法

しかし、目の細かいプランクトンネットでは目詰まりもすぐに起きてしまい、頻繁な洗浄が必要であるとともに、パンパンに膨れた大きなネットを洗浄時に持ち上げることは難しい。そこで、種苗生産では飼育水槽からの排水口を増やして小さめのネットを複数取り付け、ネットの一部分への目詰まりを防止しながら、作業性も得られるよう工夫されている（図2）。

また、養殖などでは作業量も考慮し、目詰まりを確認しながら1日1回程度のネット洗浄としているが、種苗生産ではトラップするゴミも小さく分解されやすいこと、目詰まりが大きいことから朝夕2回の洗浄が基本となっている。

■ 飼育方法は流水式と変わらない

閉鎖循環式種苗生産における親魚養成や養殖の循環飼育との大きな違いは、飼育水槽内の循環率である。養殖などでは飼育水中の残餌やふんを効率良く回収するため、飼育水槽内の循環率をできるだけ高くして受け水槽の袋状ネットで素早く回収することが重要であると述べてきた。しかし、仔稚魚の飼育である種苗生産では循環率を上げると飼育水槽内で強い水流が生じ、仔稚魚が舞い上がってしまうこと、飼育水槽内の餌料生物が受け水槽へ流出してしまうことから、循環率はその魚種が流水式飼育で設定している一般的な換水率の基準をそのまま採用している（図3）。

種苗生産では飼育している仔稚魚からの有機物負荷は小さいため、飼育水槽内の循環率が低くても飼育水が大きく懸濁することはない。また、養殖の場合のようにろ材にアルカリを溶出する素材を用いればpHが7以下となるようなことはなく（完全止水期間は除く）、流水式よりせいぜい0.1～0.3低くなる程度である。生物ろ過水槽内の循環率も適正処理すればアンモニアの蓄積もほとんど生じず、非解離アンモニアに換算するとpHの関係から流水飼育より低くなることさえある。

ただ、循環率の低い飼育水槽のアンモニア態窒素を低く維持するためには、飼育水に蓄積するアンモニアを生物ろ過水槽内で確実に硝化させてから飼育水槽へ戻すことが重要となる。飼

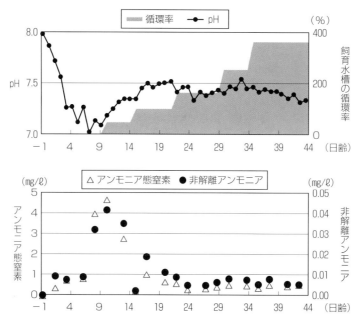

図3 閉鎖循環飼育における主要環境の推移（キジハタ種苗生産）

育水槽へ戻ってくる用水の全アンモニア態窒素が0.3〜0.4 mg/ℓ以下であれば、飼育水槽内の非解離アンモニアも注意を要するとされる0.05 mg/ℓを大きく上回ることもないため、生物ろ過水槽内の設計（ろ材の量や循環率）は合格点と考えて良い。飼育水槽内のエアホースの配管や通気量、生物餌料の給餌量や給餌間隔も基本的には流水飼育に準じほとんど同一であるため、流水式飼育の飼育経験があれば閉鎖循環式飼育への移行は意外とスムーズに進んでいく。

低塩分飼育と合わせてメリット増大

魚種によっては、一般的な海水よりも低塩分で飼育することで高成長が得られることは古くから経験的に知られていた。筆者も完全止水飼育で行うヒラメの「ほっとけ飼育」に関する技術開発を8年間携わっていたことがあり、低塩分飼育を密かに行い高成長が得られることを実感していた1人である。

低塩分飼育と魚類の成長や生残に関する研究は、東京大学の金子豊二教授や広島県立総合技術研究所水産海洋技術センター（以下、広島県水産海洋技術センター）の御堂岡あにせ主任研究員がパイオニアである。金子教授は低塩分飼育技術を栃木県那珂川町の「温泉トラフグ」養殖に展開して高成長のトラフグ養殖を実現してきた。（186頁〜：3-13参照）。一方、御堂岡主任研究員はさまざまな水産重要種の適正塩分や低塩分が有効な期間など、飼育現場に直結する多くの研究を行い、オニオコゼやキジハタ、カサゴなどの種苗生産に反映してきた。

多くの海水魚における体液の塩分濃度は海水の3分の1程度であることが知られている。これらの海水魚では浸透圧によって大量の水分が体内より放出され、不足する水分は飲水行動により海水中の塩類とともに魚体内に取り込まれる。そのため、魚体内に過剰に塩類が蓄積さ

種苗生産システムの特徴とポイント　145

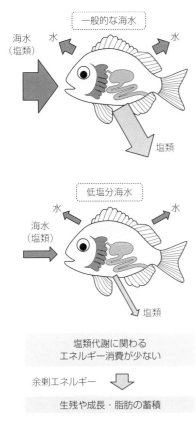

図4　海水魚における塩分環境による浸透圧調節イメージ

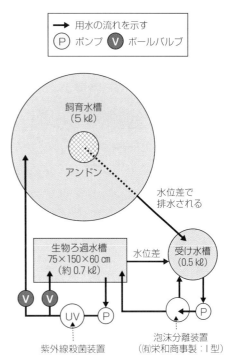

図5　広島県立総合技術研究所水産海洋技術センターに設置されたシステムの模式図

れ、能動輸送によって鰓から体外に排出している（浸透圧調節）。塩類の排出には大量の体内エネルギーを消費しているため、海水魚を体液に近い低塩分海水で飼育することにより、塩類排出に関わるエネルギー消費が節約され、余剰となったエネルギーが成長や生残に有効に働く可能性がある（図4）。

このように、養殖への活用が期待される低塩分飼育であるが、一般的な流水式飼育では低塩分の浸透海水や温泉水が得られる特殊な地域でのみ適応可能な飼育方法であり、低塩分環境を維持するのに莫大な経費を要するため、現実的ではなかった。しかし、閉鎖循環式の種苗生産技術が開発されたことにより、低塩分飼育技術は飛躍的な展開をもたらした。

■ 低塩分飼育はさまざまな魚種に展開

広島県水産海洋技術センターが開発した低塩分飼育と屋島庁舎が開発した閉鎖循環式種苗生産技術の共同研究という形で連携し、両技術を用いた飼育手法が多くの魚種に適応可能であることが分かってきた。広島県水産海洋技術センターに設置した閉鎖循環システム（図5）を用いた実験では、カサゴは3分の2もしくは2分の1の低塩分飼育を行うことで生残・成長がいずれも向上することが証明された（図6）。

一方でキジハタでは、生残は低塩分飼育で有効であるものの、成長は4分の1の低塩分飼育では低下するとの結果を得ており、魚種によっ

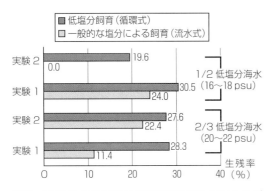

図6 低塩分条件における飼育方式によるカサゴ生残率の比較

広島県水産海洋技術センターに設置された閉鎖循環システムを用いたカサゴの飼育実験によって、カサゴは3分の2（20〜22 psu）もしくは2分の1（16〜18 psu）の低塩分飼育を行うことで、生残・成長がいずれも向上することが証明された。

資料：御堂岡（2011）より作成

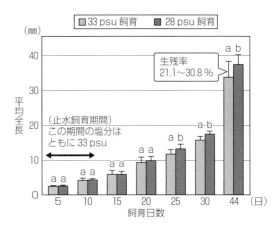

図7 異なる塩分で種苗生産したキジハタにおける成長の推移（閉鎖循環式飼育）

アルファベットの違いは、チューキー・クレーマー検定による有意差（$p<0.05$）を示す。

写真1 閉鎖循環式種苗生産で飼育したキジハタ飼育水槽の水面の様子

「ほっとけ飼育」に類似した飼育手法となるハタ類種苗生産では、水面が泡だらけになることが多いが、飼育には問題がない。

て低塩分の有効性は異なることも分かってきた。また、カサゴに近いオニオコゼではふ化直後は低塩分海水（4分の1）が生残を減少させるとの研究事例もあり、近縁種であっても適正な塩分は異なるといった興味深い事例も出てきている。

キジハタについては筆者らも飼育実験を実施しており、卵収容時は全海水とし、浮上へい死

が少なくなる日齢10より28 psuの低塩分海水に5日間かけてゆっくり移行させることで、成長の向上が認められた（**図7**）。

一方、生残については顕著な傾向は認められなかったが、閉鎖循環飼育を導入することで、今までキジハタ種苗生産における合格点が10〜15％であった生残率が20％以上で高位安定するようになり、閉鎖循環式種苗生産による生産の安定性は証明された。広島県水産海洋技術センターは異なる結果が生じた理由として、発育ステージにより適正な塩分が異なっていると報告している。今後、詳細な検証が必要であろうが、いずれの事例でも低塩分にする効果はあるものと考えている。

予断であるが、ハタ類のように飼育初期は止水飼育を行う魚種では飼育水槽の水面はワムシの増殖に伴って泡が大量に発生する（**写真1**）。流水式飼育では注水開始とともに解消していくが、閉鎖循環飼育ではいつまでも一見汚れた水槽のようになるが、飼育には全く問題はない。

また、ハタ類の閉鎖循環式種苗生産でも、流水式飼育と同じように飼育初期より貝化石などを散布し日齢30前後までは底掃除を行ってい

ない。その後適時底掃除を行い減水分は補水しているが、この過程で底面に蓄積した浮上凝集有機物（以下、フロック）が浮き上がり、朝、飼育現場に脚を運ぶと、飼育水槽の水面はフロックだらけとなることもある（**写真2**）。当初はわれわれも困惑したが、閉鎖循環式種苗生産の一部の飼育手法に見られる特有な現象であることが分かってきた。フロックに仔稚魚が巻き込まれてしまうことはあるものの、フロックの浮上が仔稚魚死亡の大きな原因になることはないようである。

（森田 哲男）

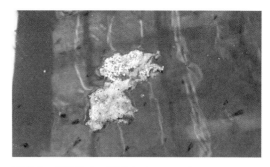

写真2　種苗生産で見られるフロック
種苗生産の後期には、しばしば写真のようなフロックが浮遊する。直径 10 cm 以上のものが浮遊してくることもあるが、これにより大量斃死した事例は聞いていない。
撮影協力：香川県水産振興基金

■参考文献

1) 鴨志田正晃・山崎英樹・山本義久（2006）閉鎖循環システムを用いたマダイの種苗生産、栽培技研、33（2）、67〜76頁。
2) 金子豊二（2014）魚の浸透圧調節とその応用、アクアネット5月号、22〜25頁。
3) 御堂岡あにせ（2012）低塩分飼育法による種苗生産技術の開発、アクアネット7月号、42〜45頁。
4) 御堂岡あにせ（2011）「閉鎖循環飼育システム」を活用した低塩分海水によるカサゴ種苗生産、平成23年度栽培漁業技術研修会テキスト集。
5) 御堂岡あにせ（2013）「閉鎖循環システムを活用した低塩分海水によるカサゴ種苗生産、豊かな海、30、18〜20頁。
6) 森田哲男（2011）「閉鎖循環システム」を用いた海産魚類の種苗生産への適応、平成23年度栽培漁業技術研修会テキスト集。
7) 山本義久・鴨志田正晃・竹内俊郎（2013）マダイの閉鎖循環式種苗生産における適正循環率の検討、Eco-Engineering、25、49〜58頁。

半循環　**閉鎖循環**

第3章　国内事例　～事業化の現状とシステム設計～
トラフグの種苗生産
3-8

ここがポイント！

☑ 20℃の流水飼育での電力量を100%とした場合、閉鎖循環によって17～23℃に維持した場合、加温コストは35.5～75.3%削減される

☑ 豊富な地下水がなくても好影響のある飼育水の低塩分化の維持を低コストで実現できる

本項では、トラフグの卵管理、種苗生産、中間育成までの飼育技術と閉鎖循環の導入事例をもとに、その効果および留意点を解説する。

■ 卵管理

126頁（3-2）でも触れているように、養成した親魚が排卵・排精可能と判断されたら、搾出法により採卵し、乾導法によって人工授精する。5分間静置後、海水を何回か入れ替えて精子を洗い流す。受精直後の卵は柔らかいため、卵が硬化するまで数時間静置する。受精率を調べる場合、受精卵は不透明であるため観察しづらいが、水温17℃では受精5時間30分後に8細胞期となるので[1]、この付近のタイミングで分割しているかどうかで確認できる。発生が進行した後は、黒色胞が出現し、卵が黒っぽく着色したかどうかの発生率で判断する。

受精卵は沈性粘着卵であり[1]、卵管理には注意が必要である。トラフグの卵はガラスには極めて付着しやすいが、ポリエチレン製などの製品には付着しにくい[2]。また、卵を0.05%タンニン酸海水に10秒浸漬することや[3]、陶土（25 g/ℓ以上）を溶いた海水に卵を浸漬し、5分間機械撹拌してあらかじめ陶土の粒子を卵に付着させることで[4]、粘着性をなくす方法もある。

受精卵は漏斗型のふ化水槽（**図1A**）に収容して流水・強通気下で、あるいはハッチングジャー（**図1B**）に収容して流水下で卵を撹拌させながら管理する。ポリカーボネイト製水槽では卵が壁面に付着するので、卵を剥がす作業が必要となる。ふ化水槽内で卵が十分に撹拌されず、一箇所に密集した状態が続くと卵は水生菌に覆われて、ふ化率が低下する。卵収容量は、漏斗型水槽では1.0～1.3 kg/kℓ、20ℓハッチングジャーでは最大1 kgである。換水率はそ

図1　トラフグ卵の管理水槽
A：漏斗型水槽（500ℓアルテミアふ化水槽）、B：ハッチングジャー（容量20ℓ）

それぞれ20～25回転／日および約200回転／日であるが、大量にふ化し始めるとアンモニア濃度が急激に上昇するので[5]、ふ化が始まったら換水率を上げる。

卵管理は水温17～20℃で行う。卵が黒く色づくとふ化が近い。ふ化が始まるのは、17℃では7日後、20℃では5日後からである。ふ化は数日かかるので、大半の卵がふ化するまでには17℃では9日、20℃では7日かかる。早期採卵では卵管理水温よりも地先水温の方が低いので、海水を別の水槽に貯め、そこで加温した海水をふ化水槽に注水する。

ハッチングジャーを用いた卵管理では、**図2**に示したような生物ろ過水槽を組み込んだ閉鎖循環式の卵管理が可能である。この方式であれば加温した水をろ過して再利用することにより流水式よりも加温経費が約80％削減できる[5]。ふ化仔魚はふ化水槽から飼育水槽に直接収容するか、いったん別の水槽に収容し、死卵を取り除いて、尾数を確認してから収容する。

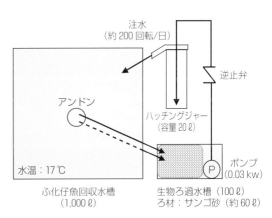

図2　トラフグの閉鎖循環式卵管理の模式図
ふ化仔魚回収水槽から生物ろ過水槽への送水は、仔魚が流失しないようにアンドンを取り付け、既設の排水口があれば水位差を利用するか、ない場合にはサイフォンで行う。また、停電などによるポンプ停止時にサイフォンによって、ハッチングジャーから生物ろ過水槽へ卵が流れ出る恐れがあるため、逆止弁を取り付けた方が良い。

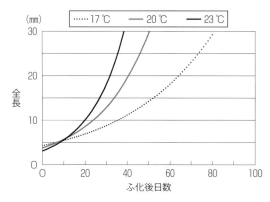

図3 異なる水温条件下でのトラフグの初期成長
（全長30 mmまで飼育）

日数（T）と大きさ（L）の関係は、17℃：L＝4.279 e$^{0.024T}$、
20℃：L＝3.773 e$^{0.041T}$、23℃：L＝3.089 e$^{0.059T}$ で示される。

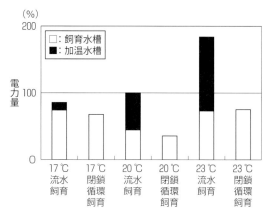

図4 500 ℓ 水槽を用いたトラフグのふ化から全長
30 mmまでの飼育において、3つの水温条件維
持に使用した電力量

加温は流水飼育では飼育水槽と注水する海水の水温を
事前に調製する加温水槽で行い、閉鎖循環飼育では飼
育水槽でのみ行った。冷却はどちらの飼育方法も飼育
水槽でのみ行った。
※図は、20℃流水飼育を100％として示している。

■ 種苗生産

　ふ化仔魚の全長は2.6～2.9 mmで、ふ化後約1週間で卵黄を吸収し尽くす。ふ化仔魚の収容は5,000～2万尾/kℓの密度で行う。種苗生産は第126頁（3-2）で示した閉鎖循環システムで行うことができる。ふ化7～10日後から水槽の換水を開始し、成長に伴って換水率を徐々に高くする。排水口から魚が流失しないように取り付けるアンドンのネットの目合いは、魚の成長とともに大きくする。

　収容時の水温は卵管理水温と同じとし、徐々に水温を上昇させる。飼育は水温15～25℃で可能であるが、通常は20℃付近で飼育が行われる。ふ化から飼育を開始して全長30 mmに到達に要する日数は、17℃では82日、20℃では50日、23℃では39日である（**図3**）。15℃での飼育は雄の比率を上げることが報告されているが[6]、飼育日数は長期化する。全長約30 mmに到達するまで3月下旬から17℃、20℃、23℃で流水飼育および閉鎖循環飼育を行った場合に水温維持に使用した電力量を**図4**に示した。飼育水槽の水温維持に必要な電力量は流水飼育と閉鎖循環飼育で大きく違わないが、流水飼育では注水する海水を事前に加温する水槽で使用した電力量が上乗せされ、水温が高いほどそれは大きくなる。

　20℃の流水飼育での電力量を100％とした場合、閉鎖循環飼育を行うと17～23℃の範囲ではいずれも消費電力は35.5～75.3％に抑えられる。流水飼育の水温は地先の海水温に、閉鎖循環飼育のそれは気温に影響を受けるが、設定水温よりも低くなる時期のみ加温し、その後は自然水温とすれば、加温に要する経費は削減されることになる。

　飼育水の塩分を通常の海水よりも低くして飼育することは、トラフグの成長や生残に好影響を与えることが多く報告されている[7-10]。流水飼育において塩分を下げることは、豊富な地下水を利用できる場合を除いて水道水を利用することになるため現実的とは言えないが、閉鎖循環飼育では一度塩分を下げてしまえば、それ以

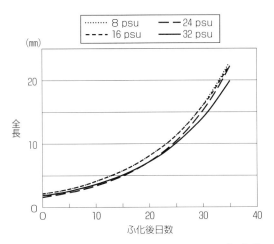

図5 異なる塩分の海水条件下でのトラフグの初期成長（35日間の飼育）

日数（T）と大きさ（L）の関係は、8 psu：$L=1.966\,e^{0.069T}$、16 psu：$L=1.995\,e^{0.068T}$、24 psu：$L=1.543\,e^{0.075T}$、32 psu：$L=1.769\,e^{0.068T}$ で示される。

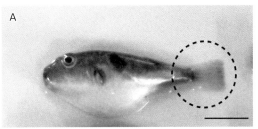
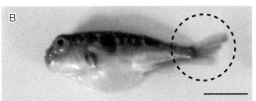
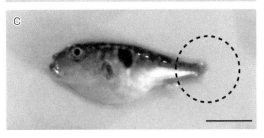

図6 種苗生産されたトラフグ稚魚
A：尾鰭が完全な状態、B：尾鰭が一部欠損した状態、C：尾鰭がほとんどない状態。
＊スケールバーは10 mmを示している。

降は蒸発分を補うために少量の淡水を使った微調整で済む利点がある。

トラフグをふ化から35日間、海水（塩分32 psu）で閉鎖循環飼育を行った実験では全長19.1 mmに到達するが、8、16、24 psuに希釈した海水を使用すると21.3〜22.0 mmに達し、塩分を下げた海水中での成長が良い（**図5**）。これは量産飼育でも同様の結果が示されている[11]。

生物ろ過水槽の硝化細菌の働きは塩分を下げても問題ないが、泡沫分離装置を使用する場合、8 psu海水では微細な気泡が作られにくくなり、懸濁物の除去能力が低下するので注意が必要である[9]。

また、人工海水を使用する場合、トラフグ仔稚魚では、海水中の主要成分11種のうち、Na、K、Ca、Mg、Sr、B、Brの7種が飼育水に含まれていることが必要とされるので[12,13]、成分を省略しすぎた人工海水は使用できない。さらに、主要元素のみの人工海水を希釈して低塩分にして使用すると、魚体のCa含量が減少し、欠乏症が発生する可能性もあるので注意が必要とされる[13]。

ふ化してからの餌料系列としては、ふ化3日後よりシオミズツボワムシを20個体/ml以上の密度を維持するように給餌する。ワムシの給餌期間中は、ワムシの飢餓防止のため飼育水にナンノクロロプシスや淡水クロレラなどの植物プランクトンを入れる。16日後からはワムシに加えて、高度不飽和脂肪酸を強化したアルテミア幼生、23日後からは市販配合飼料を給餌する。飼育水温が高い場合や成長が良い場合には、早めにアルテミアや配合飼料の給餌を開始する。配合飼料の給餌開始後は、毎日1回底掃除を行うことが望ましい。

飼育する際の注意点として、飼育初期にフグ特有の膨らむ習性が始まる。この習性を獲得した当初は、刺激により膨らむと、元に戻らず、浮いたままになることがあるので、ネットで

掬ったりするなどの刺激は避ける。

また、成長すると噛み合いが始まる。噛み合いがひどい場合には直接の死因となるほか、後述する滑走細菌症やビブリオ病が発症しやすくなる。噛み合いにより尾鰭が欠損しても（**図6**）、ある程度は再生するが、鰭条がゆがんだり、一部が欠けたままであったりして、不完全な状態となる[14]。

噛み合い対策としては、飼育密度を低く抑えること[15,16]、水槽を過度に明るく照らさないこと、水流をつけて一定方向に遊泳させること、水質の悪化に留意し餌飼料を十分に与えることである。

飼育密度は全長10〜20 mmでは4,000〜6,000尾/kℓ、20〜30 mmでは2,000〜3,000尾/kℓ以下が適当とされる[17]。低密度で収容し飼育した場合には、中間育成での取り揚げまで一貫飼育ができるが、高密度で収容した場合には途中で生残数を見ながら分槽する必要がある。

■ 中間育成

全長20〜30 mmで取り揚げられた種苗は、中間育成される。飼育密度は噛み合いを避けるため低くする。全長30〜50 mmでは600尾/kℓ、50〜70 mmでは100〜300尾/kℓが適当とされる[15,16]。全長30〜70 mmの個体は、水温20℃では1日に1 mm成長する。

中間育成で使用される餌料は、配合飼料、MP、生餌のイカ、イカナゴやアミなどである。多回給餌と低照度に加えて[16]、全長50 mm程度から歯切りを行うと、直接の死亡や尾鰭の欠損が減少する。また、個体の大小差も噛み合いの一因となるので、選別して大きさを一定にする。

■ 疾病

本種の疾病には、細菌性、ウイルス性および寄生虫性がある。細菌性疾病では滑走細菌症、ビブリオ病、連鎖球菌症、ウイルス性疾病ではウイルス性神経壊死症、口白症、マダイイリドウイルス病、寄生虫性疾病ではアミルウージニウム症、吸虫性旋回病、ギロダクチルス症、シュードカリグス症、トリコジナ症、ネオベネデニア症、粘液胞子虫性やせ病、白点病、ヘテロボツリウム症などが知られている。

種苗生産においては、細菌性疾病では滑走細菌症とビブリオ病、寄生虫性疾病では白点病、ギロダクチルス症、シュードカリグス症、アミルウージニウム症が発症する。

2016年1月31日現在、フグ目魚類で使用が承認されている水産用医薬品の有効成分は、細菌性疾病のビブリオ病に対しては塩酸オキシテトラサイクリン、寄生虫性疾病のヘテロボツリウム症に対しては過酸化水素水およびフェバンテル、ネオベネデニア症に対しては過酸化水素水、シュードカリグス症に対しては過酸化水素水およびピルビン酸メチルである[18]。ギロダクチルス症やネオベネデニア症では淡水浴に駆虫効果がある。

また、栄養的な疾病として、品質が低下し油焼けした冷凍魚を給餌すると脂肪織黄斑症の原因となることが知られている[19]。種苗生産においても古くなった配合飼料の給餌は栄養的な疾病の原因となるので、品質の低下したエサは与えない。

トラフグが疾病に罹ったとしても、現在、使用できる治療薬は少ないことから、噛み合いの防止や適切な給餌などで疾病を予防することが大切である。

（今井　正）

■参考文献

1) 藤田矢郎・上野雅正（1956）トラフグの卵発生と仔魚前期、九州大學農學部學藝雜誌、15巻4号、519〜524頁。

2) 今井 正・吉浦康寿・榮 健次・片山貴士・山本義久（2012）ラップとポリエチレン製ピペットの使用によるトラフグ卵の実験器具への付着防止、水産増殖、60巻4号、511〜513頁。

3) 宮木廉夫・中田 久・渡邉孝裕・水田浩二・君塚康生・吉田範秋・多部田修（1998）タンニン酸処理によって粘着性を除去したトラフグ卵のふ化について、水産増殖、46巻1号、97〜100頁。

4) 斎藤和敬（2015）種苗生産技術の高度化に関する研究（トラフグ種苗生産）、平成23年度秋田県農林水産技術センター水産振興センター事業報告書、202〜204頁。

5) 今井 正・片山貴士・森田哲男・今井 智・森岡泰三・吉浦康寿・山本義久・遠藤雅人・竹内俊郎（2015）閉鎖循環システムを用いたトラフグの卵管理、水産増殖、63巻4号、381〜387頁。

6) 服部亘宏・宮下 盛・澤田好史（2012）トラフグ雄の優占生産、フグ研究とトラフグ生産技術の最前線（長島裕二・村田 修・渡部終五編）、恒星社厚生閣、57〜68頁。

7) 韓 慶男・荘 恒源・松井誠一・古市政幸・北島 力（1995）トラフグ幼稚魚の成長、生残、および飼料効率に及ぼす飼育水塩分の影響、日本水産学会誌、61巻1号、21〜26頁。

8) 神谷直明・辻ヶ堂諦（1995）トラフグ幼稚魚に対する塩分の影響、栽培漁業技術開発研究、23巻2号、113〜115頁。

9) 今井 正・荒井大介・森田哲男・小金隆之・山本義久・千田直美・遠藤雅人・竹内俊郎（2010）閉鎖循環式種苗生産におけるトラフグの成長、生残および飼育水の浄化に及ぼす低塩分の影響、水産増殖、58巻3号、373〜380頁。

10) 多賀 真・山下 洋（2011）トラフグ仔稚魚の成長における低塩分の有効性とその要因、水産増殖、59巻2号、225〜233頁。

11) 片山貴士・森田哲男・今井 正・山本義久（2013）閉鎖循環システムを用いた低塩分条件下でのトラフグ量産飼育、水産技術、5巻2号、165〜169頁。

12) NISHIDA T. and Y. ISHIBASHI (2011) Effects of seawater elements on growth, survival rate, and whole-body mineral concentration of the ocellate puffer *Takifugu rubripes* larvae and juveniles, Aquaculture Science, Vol. 59, No. 1, 59-64.

13) 石橋泰典（2015）海産魚の種苗生産における人工海水の利用と海水に含まれる各種元素の要求性、日本海水学会誌、69巻4号、255〜261頁。

14) 天野千絵（1996）外海域における放流トラフグについて、さいばい、79号、33〜45頁。

15) 韓 慶男・松井誠一・古市政幸・北島 力（1994）トラフグ幼稚仔の収容密度が成長、生残率および尾鰭欠損率に及ぼす影響、水産増殖、42巻4号、507〜514頁。

16) 畑中宏之（1997）トラフグ稚魚の成長と尾鰭の形状に及ぼす飼育水槽の色、照度および飼育密度の影響、日本水産学会誌、63巻5号、734〜738頁。

17) 岩本明雄・藤本 宏（1997）種苗生産技術の現状、トラフグの漁業と資源管理（多部田修編）、恒星社厚生閣、97〜109頁。

18) 消費・安全局 畜水産安全管理課（2016）水産用医薬品の使用について第29報、農林水産省、1〜30頁。

19) 塩満捷夫（1989）脂肪織黄斑症、魚病図鑑（畑井喜司雄・小川和夫・広瀬一美編）、緑書房、79頁。

半循環 閉鎖循環

第3章 国内事例 ～事業化の現状とシステム設計～

マダイの種苗生産

3-9

ここがポイント！

- ☑ 閉鎖循環式種苗生産での適正な循環率に関する比較試験において、最も生残率が高く安定したのは循環率3回転以上/日
- ☑ 従来の流水飼育の生残密度の3～4倍に当たる、おおむね2万尾/kℓの高密度種苗生産が可能
- ☑ 簡易取水ポンプを利用するシステムでは閉鎖循環しいくシステム導入に当たってのコストを勘案しても、費用対効果は十分にある

　㈱水産研究・教育機構　瀬戸内海区水産研究所屋島庁舎（以下、屋島庁舎）では、これまでに養殖分野と比較すると体系的な研究がほとんど行われてこなかった海産魚類の閉鎖循環式種苗生産の研究を2000年から開始した。まずは、これまでに種苗生産量産技術が確立され、養殖用種苗として多くの民間機関で種苗生産しているマダイを対象とし、閉鎖循環式種苗生産技術の構築を行った。

　日間換水率16％の条件で全長9mmサイズまでの閉鎖循環式種苗生産を試行し（Tomoda et al. 2005）、鴨志田ら（2006）は日間換水率1％程度で全長30mmまでの種苗生産が可能であり、その生残率は高いことから、種苗生産段階での閉鎖循環飼育の有効性を明らかにした。続けて筆者が本研究を継続し、さまざまな条件でマダイ種苗生産事例を蓄積した。

　また、日間換水率を1％/日まで抑えた種苗生産ができ、その後、更なる低減の可能性を得たことにより、外部リスクを回避するためのゼロエミッション化の足がかりとなった。さらに、生物ろ過装置の機能向上についての各種の検討も実施し、装置内の処理水の循環率の向上が硝化能力を向上させる効果を示し（Yamamoto et al. 2005）、システムの高度化についても検討した。

■ システムの開発と特徴

　屋島庁舎において、筆者が最初に構築した閉鎖循環飼育システムは、すべて市販品の装置および資材を用いた組み合わせ、製作は自ら実施したものである。その構成は、受け水槽は0.5 kℓポリエチレンタンク（袋状ネットによるろ過

実施)、KA式泡沫分離装置（現：㈱プレスカ）、FRP製生物ろ過水槽（アース㈱）、外照式紫外線殺菌装置（㈱千代田工販）、0.2 kw自吸式ポンプ2台（泡沫分離装置用、循環用）、ろ材（サンゴ砂＋セラミック）である。ろ材は飼育水の5%程度収容した。これらを塩ビ管とホースで接続し、飼育水槽と生物ろ過水槽には通気を施した（**図1**）。基本的に生物ろ過水槽から紫外線殺菌装置を経た分岐点で、飼育水槽に戻る経路のバルブ調整で飼育系全体の循環率を調整した。

また、泡沫分離装置用のポンプは、受け水槽から泡沫分離処理を経て、生物ろ過処理に流入する経路に接続するが、その大半は受け水槽に戻り、その系統で泡沫分離処理が反復行われることになる。生物ろ過処理も同様で、下方流の浸漬式生物処理した水を循環ポンプで一部飼育水槽に戻し、その大半は生物ろ過水槽に戻す構造をとっている。そのため、泡沫分離系と生物ろ過系の中でそれぞれ循環が起こる流れである（**図2**）。

本方式により、懸濁物除去と硝化能力の向上を図ることができる上、システムのコンパクト化にも通じる。

一方、種苗生産段階で発生する有機物は**図3**に示すように、クロレラ、ワムシ、アルテミア、配合飼料、仔稚魚の糞尿、微生物フロックなどであり、それぞれサイズは小さいことから、循環する際の最初の物理処理である袋状ネットろ過（目合い50μ）から多くの有機懸濁物が通過する。そのため、50μ以下の小型の有機懸濁物の除去が種苗生産では重要となる。

そのため、本システムの基軸となる装置は泡沫分離装置であり、種苗生産時に循環する場合に起こる循環水へ流入する小型の有機懸濁物の効率的除去を可能とする。このシステムを用いて、後述する課題において閉鎖循環式種苗生産を実施した。

図1 筆者が開発したプロトタイプの閉鎖循環式種苗生産システム（市販製品の組み合わせ）の概要

①受け水槽、②ネットろ過、③泡沫分離装置、④生物ろ過装置、⑤調整水槽、⑥紫外線殺菌装置、そのほかに循環ポンプ2台

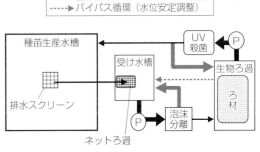

図2 開発した普及型の閉鎖循環式種苗生産システムの概要と循環経路図

閉鎖循環式種苗生産と流水飼育・止水飼育との比較

閉鎖循環飼育の有効性を検証するために、比較する飼育方法以外は同一の飼育条件で流水飼育と止水飼育と閉鎖循環飼育の水質および成長、生残を比較した。約40日の種苗生産を行った結果、止水飼育では全アンモニア濃度は日齢35で50 mg/ℓを超え、水質悪化による大量へい死が起こった。また、流水飼育、閉鎖循環飼育ともアンモニア濃度は1 mg/ℓ以下でおおむね推移し、成長生残も同等であった。

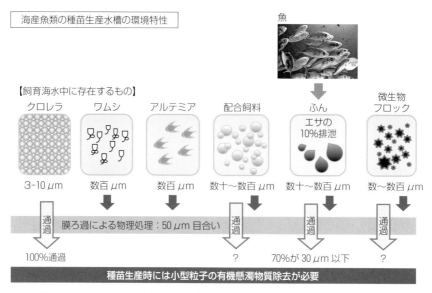

図3 海産魚類の種苗生産水槽内に存在するものの懸濁物としての特性

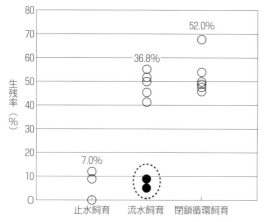

図4 マダイ種苗生産の生残率における止水飼育と流水飼育と閉鎖循環飼育の比較

図は、屋島庁舎の2004〜2006年実施事例を示している。

一方、試験の反復を行った際、低気圧の暴風雨の影響で地先海面からの取水が汚濁し、その影響により、流水飼育の生残が低下したいわゆる"失敗事例"が発生した。しかし、同時に実施していた閉鎖循環飼育は新水の添加がほとんどないことから、汚濁水の影響はなく、生残率も高かった（**図4**）。そのため、平均生残率は閉鎖循環飼育の方が安定して高くなる結果となっ

た。これらのことは、閉鎖循環飼育の外部リスク回避（悪天候による取水の問題）の一事例である。

■ 適正循環率

種苗生産段階では、流水飼育の場合でも飼育初期は止水条件を維持し、換水はしない、その後徐々に換水を開始するが、大量の換水は、遊泳力の乏しい仔魚期には大きな負担となる。しかし閉鎖循環式種苗生産では、低循環率は十分な水の浄化が損なわれる可能性があり、飼育水の水質が安定し、種苗生産の成績が安定できる循環率の設定が必要となる。

一方、適正循環率については生産成績のみならずシステムの循環ポンプのスペックの最適化を図るためには重要な課題である。種苗生産ではおおむね飼育初期は止水条件で、その後数日おきに徐々に換水率を増加させ、最終の取り上げ時点での日間換水率は3回転／日程度で設定している。今回の試験設定も同様であり、止水条件で10日間、その後5日おきに0.5〜1回転

/日ずつ上昇させる設定で、以下に示す循環率は最終の取り上げ時のものである。

今回、閉鎖循環式種苗生産での適正な循環率を把握するため、止水飼育（循環率0回転）、と一日の循環率を0.5回転、1回転、2回転、3回転、6回転に設定した条件で、比較試験した結果、循環率が3回転以上で生残率は高く安定した（図5）。止水や1回転以下の循環率ではアンモニアの蓄積や濁度の増加により、水質は悪化した。一方、この生残率とシステム循環率の関係は、Tomoda et al.（2005）、鴨志田ら（2006）の結果と比較しても相違ないことから、マダイの閉鎖循環式種苗生産における適正な循環率は一日3回転以上であることが分かった。一方、収容密度や飼育水温など条件が異なれば、適正循環率は併せて変動する可能性はあるが、本基準を目安に水質を考慮しながらの調整が必要である。

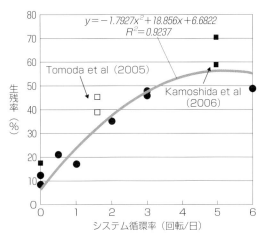

図5　マダイ閉鎖循環式種苗生産における生残率とシステム循環率の関係

■ 高密度種苗生産

閉鎖循環飼育システムを用いた高生産性を検証するために、マダイの種苗生産での高密度飼育の可能性について検証した。瀬戸水研屋島での平均的なマダイの種苗生産については日齢40の全長25mm前後では、生残率は約50%で、生産密度は概ね5,000〜7,000尾/kℓある。今回の設定はふ化仔魚の収容密度を増加させ、通常の設定との比較を行った。

その結果、通常の設定では飼育密度は7,160尾/kℓ、7,810尾/kℓで、高密度試験区では飼育密度は2万200尾/kℓ、1万9,800尾/kℓとおおむね2万尾/kℓの高密度種苗生産が可能であることが示された（表1）。通常設定の生残率は44.5％、48.1％に達し、高密度区ではそれよりも生残率は7〜10ポイント低下した。

しかし、実際に4kℓ水槽で約8万の稚魚が生産できたことは、極めて効率的であり高い生産性が得られたな生産事例と考えられる。この

ように2万尾/kℓの高密度飼育が可能であることは、従来の流水飼育の生残密度の3〜4倍あり、1回の生産で3〜4回分の生産尾数が確保できることから、人件費や加温費などの節減ができ、種苗コスト面でも省コスト化できる。

■ 人工海水の利用

閉鎖循環飼育に人工海水を利用することは、疾病のリスクを極めて低減できる方法であり、新水をほとんど添加しなくても水質が良好に維持可能な閉鎖循環システムで運用すればコスト面でも成り立つ技術となる。本技術は、疾病履歴が無い種苗を安定的に生産可能となる方式であり、種苗由来の疾病のリスクが高まっている昨今では、今後その普及が期待される。

そこで、市販の人工海水とろ過海水を飼育用水に用いて、その比較を行った結果、全長25mmの稚魚までの種苗生産で、成長も生残もほとんど同様であり（表2）、疾病防除も考慮すると、種苗生産段階での人工海水の利用の有効性は高いと考えられる。

一方、人工海水の利用では、市販の人工海水粉末は、海水濃度で1kℓ当たり5,000円以上す

表1 マダイ閉鎖循環式種苗生産における高密度種苗生産の可能性

回次	試験区分	試験開始収容時		試験終了時					
		仔魚尾数(尾)	収容密度(尾/kℓ)	飼育日数(日)	平均全長	±SD	生産尾数(尾)	生残率(%)	生産密度(尾/kℓ)
1	通常密度区	64,400	16,100	45	25.4	3.7	28,640	44.5	7,160
1	高密度区	214,500	53,625	45	24.1	4.0	80,830	37.7	20,208
2	通常密度区	65,000	16,250	42	24.8	3.2	31,250	48.1	7,813
2	高密度区	205,500	51,375	42	23.5	4.6	79,210	38.5	19,803

表2 マダイ閉鎖循環式種苗生産の飼育用水における人工海水とろ過海水の比較

試験区	収容			取り揚げ							
	飼育水槽(kℓ)	尾数(尾)	密度(尾/kℓ)	日齢	全長(mm)	±SD	(平均全長)	尾数(尾)	密度(尾/kℓ)	生残率(%)	(平均生残率)
ろ過海水区−1	4.0	58,640	14,660	40	29.3	3.5	29.5	29,310	7,328	50.0	49.7
ろ過海水区−2	4.0	60,930	15,233	40	29.7	3.6		30,080	7,520	49.4	
人工海水区−1	4.0	61,010	15,253	40	29.9	3.4	29.5	28,050	7,013	46.0	49.5
人工海水区−2	4.0	56,160	14,040	40	29.1	3.9		29,940	7,485	53.3	

ることから、規模の程度にもよるが、人工海水の費用の削減が必要となる。最もシンプルである方法は、低塩分条件での種苗生産である。マダイに限らずトラフグやオニオコゼ、キジハタなどの仔稚魚期は低塩分条件の方が生残率や成長が良いことから、閉鎖循環式種苗生産では魚種の適正に合わせた低塩分条件設定によるコスト削減も考えられ、成長、生残のみならず、良好な環境条件が反映する良好な発育による健苗育成の効果も期待できる。

■ **種苗生産コストの比較**

コスト試算する上で、掛け流し流水飼育と閉鎖循環飼育では、種苗生産にかかる費用は異なる。そこで、筆者が開発した普及型の閉鎖循環システムを基本に、一般的なマダイ種苗生産に用いる水槽規模として50 kℓ水槽1面でのマダイ種苗生産事例として試算したので、導入の可能性についての検討材料として考えていただきたい。

まず、閉鎖循環飼育の負の要因は、各装置やシステムとしての設置にかかる費用としてのイニシャルコストがかかり、循環ポンプや紫外線殺菌などの稼働にかかる電気代などのランニングコストも必要になる。さらに人工海水で飼育する場合は人工海水の購入費用も上乗せされる。

一方、閉鎖循環飼育の正の要因は、上記に示したように高密度飼育による高生産性や外部リスク回避による安定生産の効果による効率化による効果や、適正水温に維持する経費は掛け流しの流水飼育と比較すると8〜9割削減可能であることから、省エネルギー効果による効率性である。

今回、屋島庁舎の既存の情報を基に①掛け流しの流水飼育と②閉鎖循環飼育1（既存取水施設利用）と③閉鎖循環飼育2（簡易取水ポンプ利用）の3条件で、種苗生産コストについて比較した。その結果、人件費や餌料費、資材費などの共通経費は6.33円/尾であり、それ以外に掛け流しの流水飼育では温度調整にかかる加温コストが2.89円/尾、大規模な取水施設費が

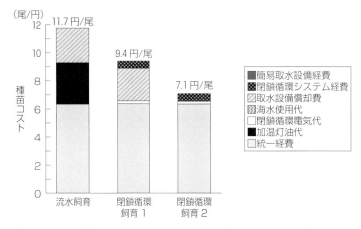

図6 マダイ種苗生産における流水飼育と閉鎖循環飼育の種苗コストの比較

2.44円/尾かかり、合計で11.7円/尾であった。

一方、閉鎖循環飼育1ではイニシャルのシステム導入費用が0.57円/尾、大規模取水設備費が2.37円/尾（使用水量が少ないため流水区よりも安価）などがあり、合計で9.4円/尾であった。さらに閉鎖循環飼育2ではイニシャルのシステム導入費用の0.57円/尾ほかで、合計7.1円/尾であった（**図6**）。

今回のシミュレーションでは養殖用種苗を生産している企業が実施している生産時期を仮定して加温が必要な時期での設定であったことから加温経費が大きな費用となったが、加温が必要でない時期においては、それを差し引いた費用と閉鎖循環飼育1および2を比較すると、1ではやや割高になるが2では2割程度低コスト化できる。一方、閉鎖循環飼育の有効性である外部リスク回避効果による生産尾数の増加などを考慮すると、更なるコスト削減効果が考えられる。

今回の結果により、現状で流水飼育している機関でも、新たにシステム設置の費用が必要となるが、閉鎖循環飼育システムの導入コストを投資しても費用対効果は十分に向上することが示されたと考えている。

■ 民間の事例（半循環式種苗生産）

㈱ヨンキュウ蒲江種苗センター（大分県）のマダイ種苗生産において、取水量が潤沢に取れない問題から閉鎖循環システムが導入されているが、その副次効果として冬季の種苗生産時に大幅な省エネ効果が得られており、以下に紹介されている。

田嶋（2008）は、マダイ種苗生産において、半循環システムを用いた省エネ対策が前述の民間の種苗生産機関で実施されている事例をもとに、省エネ効果を試算している。それによると、2.2 kw ドラムフィルター1台、1.5 kw のKA式泡沫分離装置4台、生物ろ過水槽2台、紫外線殺菌装置（50 t/台処理）2台、各種循環ポンプ（0.75～5.5 kw）9台の大規模なシステムを用いて、48％の循環＋52％の新水注水で種苗生産を実施している。

2～3月の冬季の事例では、地先水温が14～16℃台で推移し、飼育水温が20～21℃設定、平均気温が4～16℃で推移した事例において、蒸発や配管放熱などを加味しない条件での試算では、掛け流しの流水飼育と比較すると約27％削減の省エネが試算される。飼育水量規模

が大きいため、1回の生産で44 kℓのA重油代が節約され、本システム導入により約480万円の回収ができ、年間では800万円の節約になると試算されている。数千万円の大規模なシステム投資ではあるが、省エネによる回収金額は大きく、償却は長期には渡らないことが推察され、半循環であろうと大きな省エネにつながると考えられた。

このように、マダイの閉鎖循環式種苗生産による有効性の検証事例を紹介し、閉鎖循環式種苗生産システムは種苗生産技術を持つ技術者が運用すれば効率的であり、安定して高い生産性が上がることが示された。また、実際に民間企業での閉鎖循環式種苗生産の応用事例がでてきていることや、屋島庁舎の事例を筆者が試算した結果とほぼ近似することから、閉鎖循環式種苗生産での省コスト化の可能性は高い。これらの事象から今後、わが国の種苗生産機関への技術普及が期待される。

（山本 義久）

■参考文献

1) 山本義久（2011）閉鎖循環飼育の「システム」の在り方、閉鎖循環飼育の未来と可能性第2回、アクアネット、5、44-47。

2) 山本義久・鴨志田正晃・竹内俊郎（2013）マダイの閉鎖循環式種苗生産システムの適正循環率の検討、*Eco-Engineering*、25（2）。

3) 山本義久（2008）マダイを対象とした閉鎖循環飼育-II 人工海水の利用、栽培漁業センター技報 7号、23-28。

4) Tomoda, T., Fushimi H. and Kurokura H. (2005) performance of a closed recirculation system for larviculture of red sea bream, *Pagrus major*, *Fisheries Science*, 71, 1179-1181.

5) 鴨志田正晃・山崎英樹・山本義久（2006）閉鎖循環システムを用いたマダイの種苗生産、栽培技研、33（2）、67-76。

6) 山本義久（2013）海産魚類の閉鎖循環式種苗生産システムの開発に関する研究、東京海洋大学海洋科学技術研究科博士論文、206。

7) 山本義久（2015）水産増殖での閉鎖循環システムの展開、特集「水産増養殖における人工海水の利用」日本海水学会誌69（4）225-237。

8) 田嶋猛（2008）陸上増養殖施設における省エネ対策、アクアネット、9、30、36。

閉鎖循環

第3章 国内事例 〜事業化の現状とシステム設計〜
キジハタの種苗生産
3-10

ここがポイント！

- ☑ 既存の種苗生産施設に海水電解殺菌装置（必要最小限規格）を設置することで、投資コストを抑制しつつウイルス感染の防除・低減を実現
- ☑ 閉鎖循環システムを導入後VNNの発症は見られず、安定して稚魚10万尾を生産

133頁（3-4）では「キジハタの親魚養成」を解説しているが、ここでは香川県栽培漁業センター（以下、当センター）におけるキジハタの種苗生産の概要を紹介する。

■ VNNの課題解決のため循環施設を導入

1995年から種苗生産事業の対象となったキジハタについては、1996年に全長25mmの生産サイズで約20万尾、2006年に生産サイズ50mmで約15万尾など、生産技術は着実に向上してきた。しかし、2002年に最初のVNN発症が見られ、その後、使用海水の経路に紫外線殺菌装置に加えて精密ろ過フィルターの設置、飼育施設・用具の塩素殺菌、水槽間での使用器具の使いまわし禁止、飼育棟入口での長靴や手足の消毒など、疾病対策を強化したにも関わらず、2007・2008年に再びVNNが発症した。

この感染経路は明確でないが、他機関から導入した受精卵を使用した飼育でも発症があったこと、近隣で生産されている民間業者のハタ類でもVNN発症事例が見られたことなどから、周辺海域の汚染が考えられた。

そこで、�独水産総合研究センター（現、㈱水産研究・教育機構）瀬戸内海区水産研究所屋島庁舎閉鎖循環システムグループの山本義久グループ長からの提案・指導を受けて、2009年に海水電解殺菌装置と閉鎖循環システム2基を導入し、共同研究としての試験生産を行った。これは、使用する海水の殺菌を徹底し、飼育環境を外部から遮断することによってウィルス感染を防除しようとするもので、初年度の結果を受けて2010年に2基の閉鎖循環システムを追加整備した。

システムの導入に当たっては、なるべく既存の施設を活用することや、海水電解殺菌装置を

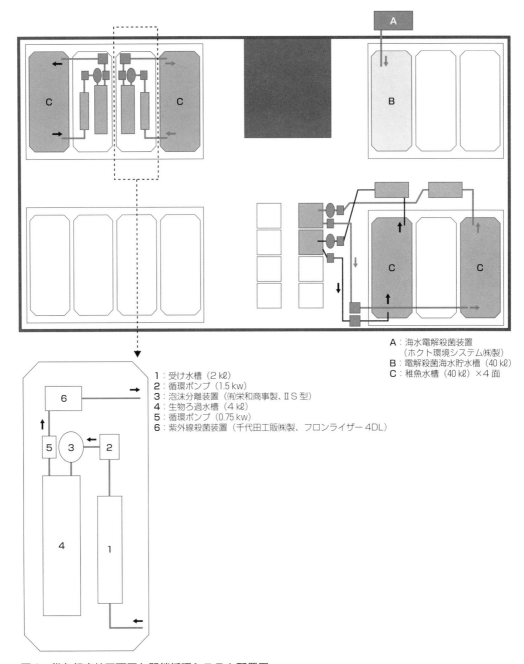

図1 稚魚飼育棟平面図と閉鎖循環システム配置図

A：海水電解殺菌装置
　　（ホクト環境システム㈱製）
B：電解殺菌海水貯水槽（40 kℓ）
C：稚魚水槽（40 kℓ）×4面

1：受け水槽（2 kℓ）
2：循環ポンプ（1.5 kw）
3：泡沫分離装置（㈲栄和商事製、ⅡS型）
4：生物ろ過水槽（4 kℓ）
5：循環ポンプ（0.75 kw）
6：紫外線殺菌装置（千代田工販㈱製、フロンライザー4DL）

必要最小限の規格とすることで、投資コストの抑制を図った。

■ 稚魚飼育施設の概要とコスト

図1に稚魚飼育棟の概要を示した。閉鎖循環システムの構成自体は標準的なもので、稚魚水槽（容量40 kℓ）に、受け水槽（2 kℓ）、泡沫分離装置、生物ろ過水槽（4又は5 kℓ）、循環ポンプ（2台）、紫外線殺菌装置を組み合わせている（**写真1**）。

屋内スペースの関係で、設置年によって各装

写真1 閉鎖循環システム一式
当センターの受け水槽（写真右下部分）は、細長く浅い水槽を使用しており、ワムシやアルテミアを回収するための袋状ネットの取り扱いが容易となっている。

写真2 海水電解殺菌装置
左から制御盤、塩素発生装置、反応槽、塩素除去槽、貯水槽。

表1 キジハタの種苗生産概要

項目		内容
生産計画	サイズ	全長50又は60mm
	尾数	10万〜12万尾
飼育方法	飼育水槽	40kℓ水槽×4面（閉鎖循環方式）
	卵収容（目標）	受精卵80万〜1000万粒/水槽（ふ化仔魚で50万〜80万尾/水槽）
	生残率（目標）	10〜15%（ふ化仔魚から50〜70日齢まで）
	飼育水	○電解殺菌処理海水 　0〜5日：止水 　6〜40日：0.5〜5回転/日の循環 　41日以降：上記循環＋30〜50%換水
	餌料	○シオミズツボワムシ（Sワムシ）：1〜30日 ○アルテミア幼生：13〜40日 ○配合飼料：14日以降
	その他	○貝化石の添加（水質浄化用）：5日以降 ○酸素通気：DO 6mg/ℓを目安に開始 ○稚魚の選別：50日齢以降、随時

　置の配置は異なるが、2010年整備の水槽は、図に示したように、隣接の空き水槽を活用することで、コンパクトに収まっている。全4基のシステムのうち、受け水槽全部と生物ろ過水槽2基は、既存のFRP水槽を改良したもので、システム1基辺りの平均整備費用は、350〜400万円程度であった。

　海水電解殺菌装置は約840万円で、処理能力は5kℓ/hと大きくないが、稚魚飼育用に1面（40kℓ）、親魚用に1面（50kℓ）、空き水槽を貯水槽として利用して、ここから水中ポンプで各水槽に送水することで、短時間で水量を必要とする場合に対応している（**写真2**）。

　通常年の生産方法を**表1**に示した。飼育水は、すべて電解殺菌処理海水を使用し、当初の5日程度は止水で、その後、仔魚の成長に伴い0.5回転/日から5回転/日まで循環率を上げる。飼育40日目以降になると、負荷量が大きくなり飼育水の着色や硝酸態窒素の蓄積が見られるので、最大30〜50%/日の換水を行う。

このほか、底掃除などで減水した飼育水の補給、ワムシ・アルテミアの培養や洗浄、親魚飼育でも電解殺菌処理海水を使用することから、計画的に利用することが必要であるが、当面必要な水量は確保できている。

システムの各装置の役割は、本書のそのほかの章でも詳細に解説されているので省略するが、当センターの受け水槽は、細長く浅い水槽を使用しており、ワムシやアルテミアを回収するための袋状ネットの取り扱いがしやすくなっていることを追記しておく。

■ VNNの克服

2002年以降の種苗生産尾数の推移を図2に示した。閉鎖循環システムを導入した2009年以降、VNNの発症は見られておらず（2009年に1水槽の稚魚でVNN擬似陽性反応が見られたが、その後のnested-PCR検査で陰性であることが確認された）、ほぼ安定して10万尾を超える稚魚を生産できている。2015年は、受精卵の確保が十分行えず、生産結果に他機関から中間種苗を導入したものを含むが、これについても疾病は発生してない。

■ 循環システムの管理のコツと可能性

以上、当センターでは、海水電解殺菌装置と閉鎖循環システムを導入し、従来から実施している作業面での防疫体制についても継続実施することにより、VNN疾病防除の体制が構築されたと判断している。

なお、余談ではあるが、当センターの閉鎖循

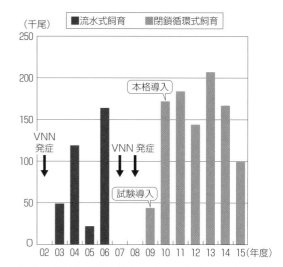

図2 香川県栽培漁業センターにおけるキジハタ種苗生産尾数の推移（2002～2015年度）

環システムは、冬季に他魚種でも使用しており、それぞれの生産終了時や生産開始前には、設備や用具のすべてを洗浄して塩素殺菌するほか、1カ月以上前から生物ろ過水槽の準備を行うなどの作業にも手間をかけている。また、現場担当者からは、生産に余裕を持った施設能力を要望する声もある。

事業レベルの生産では、設備にかかる投資費用や人件費を含むランニングコストを抑制すると同時に、安定生産を図ることも求められ、どの部分に重点を置くかは、各機関の環境条件によって判断は異なると思われる。

当センターでは、既存施設を用いた疾病対策を優先しており、すべての面で効率化が図られているとは断言できないが、これから新たにシステム導入を検討する方の参考になれば幸いである。

（坂本　久）

閉鎖循環

第3章　国内事例　～事業化の現状とシステム設計～
カサゴの種苗生産

3-11

ここがポイント！

- ☑ カサゴ種苗は生産期が冬期ゆえに加温コストが課題だったため、閉鎖循環による低コスト化を図る
- ☑ 閉鎖循環式にしたことによって加温コストは約80％削減された

　佐賀県玄海水産振興センター（以下、当センター）では、2001年度よりカサゴの種苗生産技術開発を開始し、2008年度からは毎年20万尾程度を生産している。本種の種苗生産の基本的技術は確立しており、安定的な生産を継続しているが、カサゴの生産期が冬期であることによる飼育水の加温コスト削減が課題の一つとなっていた。

　その課題解決策として、閉鎖循環システムの導入を検討し、水産総合研究センター瀬戸内海区水産研究所の閉鎖循環システムグループ（現：(研)水産研究・教育機構 瀬戸内海区水産研究所屋島庁舎）の協力を受け、2013～2015年度の3年間で実証試験を行った。本報告では、その取組内容や結果の概要について述べる。

■ カサゴ種苗生産の概要

　カサゴの種苗生産方法は、本種が卵胎生で、卵ではなく仔魚を産出するために、産仔を仔稚魚飼育水槽内で実施すること以外は、一般的な海産魚の種苗生産とほぼ同様の方法である。また、閉鎖循環システムによる種苗生産は、飼育水を循環させて再利用すること以外、例えば飼育密度、餌料系列などについては、通常の流水飼育（掛け流し飼育）と基本的に変わらない。

　従って、以下は閉鎖循環システムに関連する主立った内容のみを記述している。当センターにおけるカサゴ種苗生産の詳細については、江口・岡山[1]を参照されたい。

■ 閉鎖循環システムの概要

　飼育システムの概要を図1に示す。飼育システムは飼育水槽、受け水槽、泡沫分離装置、生物ろ過水槽、紫外線殺菌装置、循環ポンプ（2台）から成る。初期費用削減のため、当センターの既存の施設を極力利用する形で飼育シス

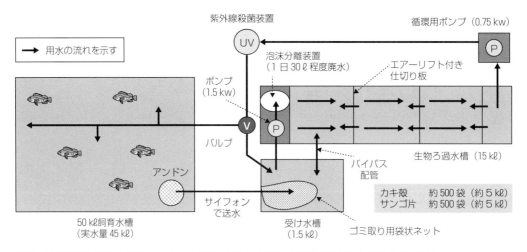

図1 佐賀県玄海水産振興センターに設置されたカサゴ種苗生産用システムの模式図

テム構築した。飼育システムの内容について、主要な設備、装置ごとに以下に示す。

飼育水槽（図2-1）

既存の50㎥角形コンクリート水槽を使用した。通常の掛け流し式飼育での使用方法と大きく異なる点はないが、閉鎖循環型飼育システムでは水の循環や水位調整にサイフォンの原理を多用するため、水槽内の水位を通常時（40 kℓ）よりも高く設定している（45 kℓ）。

受け水槽（図2-2、3）

受け水槽は、飼育水槽と生物ろ過水槽間での水位変動の緩衝を主な目的として設置する。その用途から、できるだけ容量が大きく、底面積が広いものが望ましいが、設置スペースとの兼ね合いから、1.5㎥角形FRP水槽としている。水槽は既存のものを加工して側面に立ち上がりパイプを設置し、そこで排水を受ける二重パイプ式とすることで、サイフォンがかかりやすく、日々の作業が容易な構造とした。

飼育水槽からの排水の受け口に有機物除去を目的とした袋状ネットを設置している。ネットの大きさは長さ1m×幅0.6m程度の袋状のものを使用し、目合いは、ワムシ給餌時期が目合い80 μm、それ以降は200目（112 μm）、100目（225 μm）と適宜粗くし、生物餌料の給餌が終了した時点で撤去する。換水率の上昇に伴い目詰まりがひどくなるので、洗浄回数を増やすなどによって対応する必要がある。

泡沫分離装置（図2-4）

泡沫分離装置は水産総合研究センター（当時）と㈲栄和商事で共同開発されたもの（泡沫分離装置Ⅱ型　特許第4670087号）を使用し、受け水槽から泡沫分離装置への水の吸い込みには1.5 kwの自吸式マグネットポンプを使用している。有機物を含んだ汚水は泡沫分離装置の上部からオーバーフローして排出されるが、その排水を100ℓパンライト水槽で受け、その量はおおむね30ℓ/日程度となるように装置内の水位を調整した。

生物ろ過水槽（図2-5）

生物ろ過水槽も飼育水槽同様、既存のコンクリート水槽（15 kℓ）を使用した。ろ過水槽（ろ材）の容量の基準は、その条件（ろ材の種類や大きさ、水温、pH、ろ過水槽内での循環率など）により異なるため一概に示せないが、山本[2)]を参考に飼育水量の2割以上を基準とし、

図2 佐賀県玄海水産振興センターに設置されたシステムの概観写真

約10 m³とした。

ろ材は1〜2 cm程度のサンゴ石5 m³（約5 t）、1 cm角程度のカキ殻5 m³（約5 t）を使用している。ろ材には様々な種類があるが、山本[2]を参考に、サンゴ石は比較的高価であるものの、ろ過能力が高く、pH緩衝作用があり、カキ殻は比較的安価で、ろ過能力が高いことを理由に選定した。

限られたスペース、ろ材で硝化能力を高めるためには、ろ材と循環水の接触率を上げることが重要となる。そのために、ろ材をできるだけ隙間なく配置し、塩ビ板でろ過水槽内を仕切り、また、エアリフトで通常と逆方向へ水を戻す循環を創出するなど、循環水がなるべくろ材と接触しながら流れるような工夫をしている。

生物ろ過水槽から飼育水槽への水の循環（紫外線殺菌装置を経由）には0.75 kwの自吸式マグネットポンプを使用し、その途中に受け水槽への分岐（戻し）を設置し、飼育水槽への流入量は、受け水槽へ戻す量の調節で行った。

生物ろ過水槽の上部に保温を目的としたポリウレタン製のふたを設置した。

紫外線殺菌装置

飼育水の殺菌を目的として、加温期間中に想定される最大の換水率6回転/日すなわち10 t/h程度の処理能力（大腸菌指標）があるものとした（SW-2、フナテック㈱製）。

閉鎖循環システムの導入結果と加温コストのシミュレーション

1年目に実施した飼育実験では33.7万尾の産仔魚を収容し57日間の飼育を行った結果、閉鎖循環式と流水式との間に成長差はなく、双方とも良好な飼育成績であった。生残率については分槽を繰り返しているため正確な数値は算出できていないが、毎日のへい死数から推定すると、閉鎖循環式は流水式より高く推移した。また、2年目以降、広島県[3]の例を参考に50%海水での低塩分飼育も実施したが、特に問題もなく、順調な飼育成績を残している[4]。

飼育期間中の水質推移のうち、アンモニア態窒素濃度は、飼育初期の換水率が低い時期に相対的に高くなったものの、おおむね0.3 mg/ℓ

以下で推移し、流水式よりも低い濃度で推移した。pHは、流水式に比べやや低く推移し、7.8～8程度で推移したが、飼育に問題が生じる値ではなかった。塩分は、掛け流し区に比べ高めで推移した（34～36 psu程度）。これは、飼育システムからの蒸発による影響であり、適宜生物ろ過水槽内へ淡水の補給を行った。

前述の通り、飼育水を循環して再利用する点以外では、通常の流水飼育とほとんど同じであり、異なる点は、飼育水の循環率（通常の流水飼育でいう換水率）を高めても加温コストは変わらないので、通常の流水飼育よりも高めに設定できること（生物餌料の流出は考慮する必要がある）、蒸発分や底掃除による排出分で水量が変化するため、適宜淡水で追加する必要があること程度であった。

2013年度生産における閉鎖循環式と流水式の加温に要した熱量の比較を行うと、閉鎖循環式では注水温と飼育水温の差はほとんどなく、加温に要した熱量の大半は空気中に逸散した熱量分であると考えられ、加温コストは流水式から約80％削減（金額にして約87万円）と推定された[5]。飼育システムを構築する際の初期費用は、泡沫分離装置の約160万円、ろ材の約80万円、紫外線殺菌装置の約80万円、そのほかの飼育設一式に約30万円の約350万円であり、加温コスト削減分から計算すれば、4～5年で償還することとなる。

水質の推移からは、現在の生物ろ過水槽の規模で、2つの飼育水槽をまかなうことが可能と推測されるため、疾病のまん延などのリスクを考慮しつつ、将来的な導入を検討している。その場合さらに償還期間を短くすることが可能となると考えられる。

■ システムの改良やその他魚種への応用

閉鎖循環システムの導入は、佐賀県の「職員提案型事業」という、既存の予算枠にとらわれず、職員個人がやってみたいと思っていることを支援する提案型事業に応募したことがきっかけであった。実際にシステムを導入する前段階で、まず水産総合研究センター瀬戸内海区水産研究所（現：㈱水産研究・教育機構 瀬戸内海区研究所）森田 哲男氏に相談し、瀬戸内海区屋島庁舎に視察に行った。

そこで高低差を利用した循環システムを目の当たりにし、当センターの高低差がほとんどない既存の水槽でできるのかという不安が増したことを覚えている。その後、森田氏を中心にご指導・ご助言いただきながら、何とか当センターにあったものを活かして、現在のシステムを構築することができた。実際にシステムを稼働させてみると、システムに不具合が生じることはなく安定しており、飼育成績も良好で、目的であった加温コスト削減効果も予想以上のものであり、今では本システムを導入して本当によかったと感じている。

今後、システム自体の改良やほかの魚種への応用など、本システムのさらなる活用を続けていきたい。

（江口　勝久）

■参考文献

1) 江口勝久・岡山英史（2014）カサゴの種苗生産技術の現状と課題、佐賀県玄海水産振興センター研究報告第7号、65～79頁。
2) 山本義久（2011）閉鎖循環飼育の未来と可能性第5回、アクアネット、69～73頁。
3) 御堂岡あにせ（2013）「閉鎖循環システムを活用した低塩分海水によるカサゴ種苗生産、豊かな海、30、18～20頁。
4) 重久剛佑・東　一輝（2014）閉鎖循環型飼育システム導入試験、平成26年度佐賀県玄海水産振興センター事業報告書、75～77頁。
5) 江口勝久・岡山英史（2013）閉鎖循環型飼育システム導入試験、平成25年度佐賀県玄海水産振興センター事業報告書、78～87頁。

閉鎖循環

第3章 国内事例 ～事業化の現状とシステム設計～

餌料培養システムの構成と循環式連続培養の実力

3-12

ここがポイント！

- ☑ 生物ろ過水槽内の循環率を100～200回転／日以上確保可能なポンプを選定するのがコツ
- ☑ 安定収穫するためには、日間増殖率や培養状況を見て培養密度を一定量に維持させることが鍵

　シオミズツボワムシ *Brachionus plicatilis spp. complex*（以下、ワムシ）は海産魚介類の重要な初期餌料である。近年、「質の良いワムシの安定供給が種苗生産成績の鍵となっている」といった研究報告もあることから、閉鎖循環システムを導入した安定培養も活用方法の1つと考えられる。システムは単純であることから、コスト低減にもつながる。

　ワムシの培養方法は、主に注水を行わず止水で培養し、増殖後に全量収穫する「植え継ぎ培養法（バッチ培養）」と、培養水の一部を間引いて培養水ごとワムシを収穫し、間引きした海水を補完する「間引き培養法」があり（**図1**）、それぞれ長所・短所がある（**表1**）。さらに、近年、ワムシの餌料として品質の安定した濃縮淡水クロレラの導入が進んだことで、間引き培養を改良した「流水式の連続培養法」（以下、流水式連続培養）が開発され、培養の安定性・効率性やワムシの質が大幅に改善されてきた。

　しかし、流水式連続培養では、新しい海水を地先から取水し、毎日注水するため海水に有害物質や病原性生物が混入した場合、培養水槽にこれらが侵入するリスクがあり、培養の不安定要素となることがある。また、従来の植え継ぎ培養法などと同様、ワムシ収穫時に発生する大量の廃水が環境汚染源になるなどの問題も抱えていた。

　この廃水を循環して再利用できれば、有害物質などの侵入リスクの低減や集約的な廃水処理ができるだけでなく、複数の株種を培養しているような機関では、収穫時の廃水（廃水にもワムシが混入している）が地先海域に流出し、異なる株種のワムシを海水とともに揚水してしまうことで生じやすい株種間のコンタミネーション（異品種混入）も軽減できる。また、海水（人工海水を含む）の入手が困難であり、海水の入手に経費がかかってしまう内陸域、大きな加温経費のかかる寒冷地での導入では経費削減

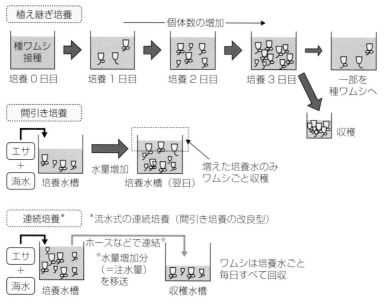

図1 主なワムシ培養方法

表1 各培養手法による主な特徴

培養方式		培養水の使用量		培養スペース	培養システム	培養期間	混入の危険性		廃水量	加温経費	培養の安定性	ワムシの質
		海水	水道水				病原菌	有害物質				
植え継ぎ		多い	多い	狭い*	単純*	短い	高い	高い	多い	多い	△	△
間引き	一般的な間引き	多い	多い	狭い*	単純*	長い*	高い	高い	多い	多い	△	△
	流水式連続培養	多い	多い	やや広い	やや複雑	長い*	高い	高い	多い	多い	○*	○*
	循環式連続培養	少ない*	少ない*	広い	複雑	長い*	低い*	低い*	少ない*	少ない*	◎*	○*

表は一般的な特徴を示したもので、例外もある。また、培養手法で大きな違いのないものは示していない。
＊で示した部分は、それぞれの培養手法の長所と筆者が考える項目を示している。

効果も期待できる（**表1**）。

本書では、閉鎖循環式システムを用いたワムシの連続培養（以下、循環式連続培養）の事例を紹介する。なお、本研究は㈱水産研究・教育機構日本海区水産研究所、秋田県水産振興センターとの共同研究で実施したものである。

■ **循環式連続培養のシステム設計**

われわれが実験用に設計したシステムは、1.0 kℓのアルテミアふ化水槽を培養水槽と収穫水槽とし、ワムシを収穫するための1.5 kℓの受け水槽（ビニール製組み立て水槽）、泡沫分離装置（ボルケーノ VL-3D：オーシャンアース㈱）、生物ろ過水槽、循環ポンプ2基（定格電力 0.2 kw/台）で構成されている。

模式図を**図2**に示したので、配置についてはこちらを参照していただきたい。

システムの総水量は約 2.9 kℓで、培養水には人工海水粉末（商品名：テトラマリン）を水道水で溶解して用いている。培養水槽には、後述する泡沫分離装置と生物ろ過水槽で水質浄化処理された培養水が連続的に注水されており、培養水槽内の立ち上がり排水口からオーバーフローしたワムシを含む同量の培養水が収穫水槽へ移送され、「受け水槽」と呼んでいるワムシ

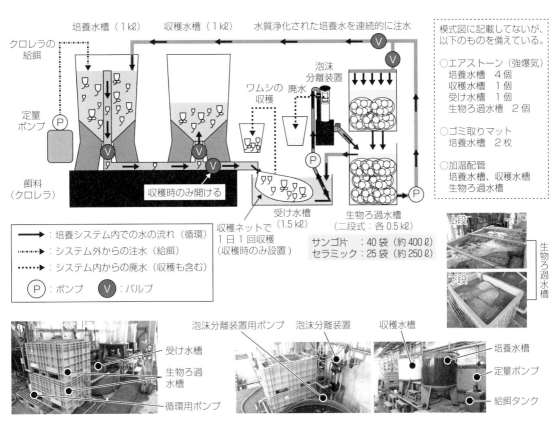

図2 閉鎖循環式S型ワムシ連続培養の模式図と風景写真

収穫用の水槽内で毎日収穫作業を行う。収穫後は、受け水槽や生物ろ過水槽のアンモニア態窒素濃度は一時的に増加するが、生物ろ過水槽内でアンモニア態窒素の硝化が行われるため、収穫から2～6時間後にはほぼ0となり、短期間でアンモニア態窒素は低減する（**図3**）。

ここで重要なのはポンプの選定で、生物ろ過水槽内の硝化機能を効率化し、その水質浄化能力を最大限引き出すためには、生物ろ過水槽内の1日当たりの循環率を100～200回転以上確保できるポンプを選定してほしい。研究当初はわれわれも循環率を50回転以下にして試行錯誤した事例があったが、満足のいく硝化ができ

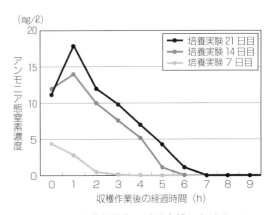

図3 ワムシ収穫作業後の受け水槽におけるアンモニア態窒素の推移

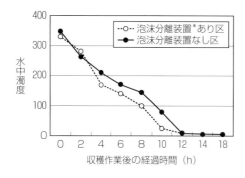

図4　ワムシ収穫作業後の受け水槽の水中濁度
写真は、泡沫分離装置あり区におけるワムシ収穫作業後の受け水槽（①0時間後、②12時間後）
＊ボルケーノ VL-3D（オーシャンアース㈱製）

ず、培養不調に陥った事例がある。

なお、ろ材は実験用システムではサンゴ片約400ℓとセラミック約250ℓを用いた2槽の構造となっているが、実験事例を重ねたところ、硝化能力の高いカキ殻が400ℓ前後もあれば若干の硝化能力の低下はあるものの培養には全く問題なく、ろ過水槽も1槽で済む。

むしろ生物ろ過水槽内の水温の方が重要である。生物ろ過水槽内の水温が低いと硝化能力が低下するため、水温は20℃以上（25℃前後が理想）となるよう場合によっては加温装置を組み込むことが望ましい。

ワムシ収穫作業後の懸濁物は泡沫分離装置と前述の生物ろ過水槽内のろ材に捕捉され、収穫後10時間程度で懸濁物は低減し、受け水槽などの濁度も低減し透明度が見た目にも回復する（**図4**）。さらに、培養水槽にはゴミとり用マット（製品名：サランロック®OM-150、製造元：東洋クッション㈱）を2枚入れ毎日取り出して洗浄するとともに、培養水面に生じた泡も金魚タモで毎日除去するようにしている。

我々のこれまでの調査では、システム内の窒素排出量で見ると、泡沫分離装置：生物ろ過水槽：培養水槽水面の泡除去：ゴミとり用マット洗浄＝1：2：3：4の割合であり、培養水槽での泡除去やマット洗浄がシステム内の懸濁物除去に大きな役割を果たしているため、有機物の除去には培養水槽の日々の管理も重要であるということが分かっている。

簡素型システムでも培養可能

培養実験を繰り返す中、実際の導入に際しては泡沫分離装置を取り除いたシステム（以下、簡素型システム）を用いても十分培養できることも分かってきた。

泡沫分離装置は一般的に懸濁物除去に有効であるため、実験用システムでは導入したが、上述した通りワムシ培養では生物ろ過水槽の方が懸濁物を効率的に捕捉することが分かってきた。泡沫分離装置を導入しなくても水中の濃度回復速度はあまり差がないことは**図4**からも明らかであり、1カ月以上の長期培養でなければ生物ろ過水槽だけで懸濁物除去効果は十分にあり、培養水の透明度や培養成績もあまり変わらない。費用対効果も含めて導入を検討したい。

ただし、長期の培養において泡沫分離装置がない場合は大量の懸濁物が生物ろ過水槽内に蓄積されるため、生物ろ過水槽での有機物の蓄積（いわゆる目詰まり）は泡沫分離装置を設置した場合と比べて約1.6倍となる。そのため、ろ材の定期的な洗浄が必須となる。25日間の培養実験ではろ材洗浄の必要性はなく目詰まりにより通水が滞るほどにはならなかったが、長期培養や泡沫分離装置を保有している場合は積極的に導入したい。

循環式連続培養の実力

循環式連続培養の導入において培養担当者の不安は、従来の流水式連続培養と比較して同等

表2 水温、塩分による日間増殖率

水温 (℃)	塩分 (psu)	日間増殖率 (%)	
		S型ワムシ	L型ワムシ
20	20	69	77
	26	60	58
	32	43	43
25	20	171	131
	26	99	78
	32	56	55
30	20	324	167
	26	266	111
	32	198	70

小磯（2000）より作成。S型ワムシは岡山株、L型ワムシは近大株であり、日間増殖率は株種によって多少異なる。日間増殖率から算出した注水量の目安は表4を参照。

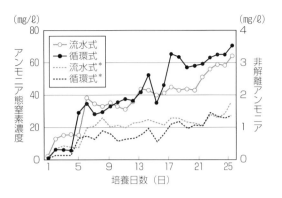

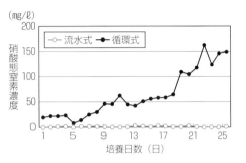

図5 流水式と循環式連続培養における培養水槽のアンモニア態および硝酸態窒素濃度の推移

図中の＊は非解離アンモニアを示す。

の培養能力が得られるかであろう。

われわれはS型ワムシ八重山株（平均背甲長185 μm）を用いた25日間の培養実験を2例ずつ図2の実験用システムを用いて行い、水質や収穫量を比較した。実験には人工海水を用いて塩分25 psu（約80%海水）、水温25℃に調節し、ワムシ約15億個体と濃縮淡水クロレラ（クロレラ工業㈱、生クロレラV12：100億細胞/ml）3ℓを入れて培養を開始した。

培養2日目からは、濃縮淡水クロレラを毎日5ℓ、水道水20ℓで希釈して定量ポンプにより連続給餌した。また、この培養条件でのS型ワムシにおける既知の日間増殖率（**表2**）に基づき、毎日650ℓ注水した。注水は、バルブ調整により24時間連続注水とした。ここで流水式では新しい希釈海水であるが、循環式では泡沫分離装置と生物ろ過水槽で浄化された用水を再利用して用いた。増加した用水はワムシごと培養水槽の立ち上がり排水口からオーバーフローさせ、同量を収穫水槽へ移槽した。収穫水槽に溜まったワムシは計数した後、受け水槽で収穫した（流水式ではそのまま廃棄）。

実験期間中の培養水槽における平均pHは、流水式が7.7〜7.8、循環式が7.6と循環式では硝化作用によりやや低下したが、DOや濁度に差は生じなかった。また、アンモニア態窒素濃度は双方とも培養経過に伴い徐々に増加したが両者に大きな差はなく、循環式連続培養では生物ろ過水槽内で硝化が速やかに進行していたことが分かる（**図5**）。

アンモニアによる毒性は、別に実施した実験により、毒性の強い非解離アンモニアであってもS型ワムシで約37 mg/ℓ、L型ワムシで約22 mg/ℓ以下では生残に影響を及ぼさないことが分かっており、循環式・流水式連続培養ともアンモニア態窒素の蓄積は問題となるレベルには至らなかった。なお、亜硝酸・硝酸態窒素はS型・L型ワムシとも1,000 mg/ℓに達しても生残に影響ないことが分かっている。

実験期間のワムシ総収穫数は流水式では380〜397億個体（16.5〜17.2億個体/日）であったのに対し、循環式連続培養では391〜

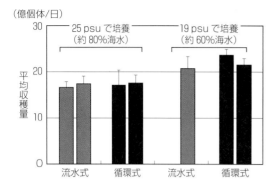

図6 流水式と循環式連続培養における収穫量の比較
グラフ上のバーは培養実験中（25日間）の変動（誤差）を示している。19 psuによる流水式連続培養での実施例は1例のみ。

402億個体（17.0〜17.5億個体／日）とほぼ同程度の収穫量が得られた。循環式連続培養の廃水量は収穫したワムシを含めても800 ℓ（1日当たりの平均は約32 ℓ）で、流水式連続培養の約20分の1に削減できる。

なお、別途実施した19 psu（約60％海水）の実験でも2つの培養方法による収穫量の差はほとんど見られなかった（**図6**）。

流水式と循環式連続培養のコスト

25日間の流水式と循環式連続培養の結果から、イニシャルコスト（システム製作経費）とランニングコスト（培養経費）を算出した（**表3**）。なお、循環式連続培養は海水の入手に経費がかかる内陸域、もしくは沿岸域では、疾病防除対策を目的とした導入を想定している事例としたため、本試算では人工海水を用いることを前提に算出し、流水式連続培養についても人工海水でコスト算出した。また、培養適水温まで加温するのに必要な燃料代は、立地する地域による差が大きいため含めていない。

その結果、循環式連続培養のイニシャルコストは50.6万円ほど高くなるが、ランニングコストは7.9万円程度安くなった。ただし、泡沫分離装置を組み込まず、生物ろ過を小さくした

表3　システムコストの試算
【イニシャルコスト（システム製作経費）】

単位：1,000円

項目	流水式	循環式A	循環式B[*1]
培養・収穫水槽	326	326	326
収穫水槽	16	56	56
泡沫分離装置	—	137	—
生物ろ過装置	—	340	85
給餌装置	116	116	116
注水関連資材	80	48	48
消耗品	17	38	37
人件費[*2]	2	3	3
合計	556	1,062	671

加温施設やブロア施設、土地代などの固定資産、備品類および加温経費（燃料代）は含めていない。
[*1]：ろ材をカキ殻に変更した上、ろ材の量を65→40袋に削減、泡沫分離装置を除いて試算した。
[*2]：ろ材の設置・熟成、人工海水調合作業の経費。

【ランニングコスト（培養経費）】

単位：1,000円

項目	流水式	循環式A	循環式B[*1]
エサ（クロレラ）代	74	74	74
水道代	4	1	1
人工海水粉末代	102	23	21
電気代	—	3	1
人件費[*3]	27	27	27
合計	207	128	124

[*3]：培養中、培養後の水槽などの洗浄や日常の管理に関わる経費。

簡素型システムを導入した場合はイニシャルコストは10万円程度の増加で済むため（**表3**）、病原体などの侵入リスクが少なく安定した培養ができることを思えば、導入価値はより大きくなると思われる。

また、今回のコスト算出から除外した燃料代は寒冷地ほど削減できることから、寒冷地では多少イニシャルコストの増加があっても導入メリットは大きく、現在、複数の公的機関などで試験導入を実施している。

システムはさまざまな条件で対応

循環式連続培養においても流水式と同様に、

表4 培養条件による培養結果の概要

【水温ごとの収穫数（塩分25 psu、クロレラV12を毎日5ℓ給餌、実験期間21日）】

培養水温(℃)	実験数	平均培養個体数 （億個体／日）	注水量 （ℓ／日）	アンモニア態窒素の 最高値（mg／ℓ）	平均収穫個体数 （億個体／日）
20	2	24±2	600	72.5	15
25	2	24±3	650	65.5	17±1
30	2	23±2	950	69.0	22

【塩分ごとの収穫数（水温25℃、クロレラV12を毎日5ℓ給餌、実験期間25日）】

培養塩分 (psu)	実験数	平均培養個体数 （億個体／日）	注水量 （ℓ／日）	アンモニア態窒素の 最高値（mg／ℓ）	平均収穫個体数 （億個体／日）
3	2	21	550	145.0	11
7	2	22±1	600	98.0	14
13	2	24	850	65.0	23
19	2	24	850	56.0	22±2
25	2	24	700	70.5	17
32	2	22	550	85.0	14

【クロレラ給餌量ごとの収穫数（塩分27 psu、水温27℃、実験期間30日）】

V12給餌量 （ℓ）	実験数	平均培養個体数 （億個体／日）	注水量 （ℓ／日）	アンモニア態窒素の 最高値（mg／ℓ）	平均収穫個体数 （億個体／日）
5	2	25±1	700	39.5	20
7	3	34±2	720	86.0	29
9	1	46	720	66.5	39

平均個体数は1ロット（21～30日）の実験の平均をさらに平均値化したもので、ロット間の平均誤差が1億個体以上ある場合は±で表記した。注水量は水質浄化した用水の注水量を示している。32 psuを全海水（100％海水）とした。クロレラ給餌量ごとの実験については、日本海区水産研究所で実施した（手塚ら、2011）。

培養水の水温、塩分、給餌量などの培養条件を変更することで収穫量を決定することができる。しかも塩分などは循環式ゆえ、毎日水道水と海水の注水量の案分に頭を悩ませることもなく、培養期間中は微調整だけで十分である。

S型ワムシ八重山株を用いた具体的な培養結果は表4に示したが、クロレラ給餌量を9ℓにすると1日当たり39億個体収穫することも可能であり、高密度培養にも十分対応できる。塩分や水温により生物ろ過水槽内での硝化能力は多少変わるが（図7）、培養水槽内のアンモニア態窒素はワムシにとって全く問題となる値とはならない。

なお、流水式連続培養を含めたすべての連続培養で言えることだが、継続して安定収穫していくためのコツは、日間増殖率や培養状況を見て培養水槽での培養密度をほぼ同程度に維持させ増殖したワムシだけ収穫し続けることである。

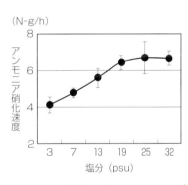

図7 異なる塩分によるシステムの硝化能力

■ 角型水槽でも培養は可能

ここまでは実験用に製作したシステムでの実験結果を中心に述べてきたが、何も円錐形のアルテミアふ化水槽を用いなければ培養できないわけではない。図8に屋島庁舎にある角型水槽を用いた事例を示したが、角型水槽でも同様の収穫量が得られている（図9）。この事例では水

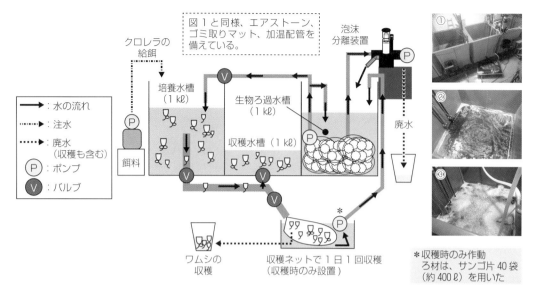

図8 角形水槽を用いた閉鎖循環式ワムシ連続培養の模式図と風景写真
図中の写真は、①システム全景、②培養水槽、③生物ろ過水槽を示している。

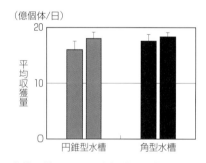

図9 水槽形状による平均収穫量の比較
グラフ上のバーは培養実験中の（21日間）の変動（誤差）を示している。円錐型水槽は、アルテミアふ化水槽を用いた。

槽間に余裕がなく、ワムシの収穫作業を行う受け水槽を設置する適当なスペースが得られなかったため、通路に小さな受け水槽を設置して収穫作業中は水中ポンプを手動で稼働させて、抜き取った培養水を生物ろ過水槽に汲み上げるように改良している。

このようにそれぞれの飼育現場にある水槽を組み合わせて、それぞれの循環式連続培養に挑戦していただきたい。

■ L型ワムシも培養は可能

筆者らは同様のシステムを用いてL型ワムシ（小浜株）の培養実験も実施しており、流水式と同量の収穫量が得られることを確かめている。ただ、L型ワムシでは流水式、循環式を問わず、種の増殖特性から培養密度は低くなるため、単位収穫量は少なくなってしまう。このことから、大量のL型ワムシが必要な機関においては、システムのスケールアップが必要である。

図10にわれわれと秋田県水産振興センターの共同研究で実施した大型水槽におけるL型ワムシの循環式連続培養の模式図と写真を示した。このシステムは秋田県水産振興センターの斎藤和敬主任研究員が既存のL型ワムシ培養水槽を改良したものである。

既存施設の水槽配置から培養水槽に隣接した水槽がなかったため、収穫は培養水槽の一定水量（約1.5 kℓ）をポンプで毎日抜き取り、受け水槽の上に設置した収穫台で収穫し、排水はそのまま受け水槽に落とし込む工夫をしており、

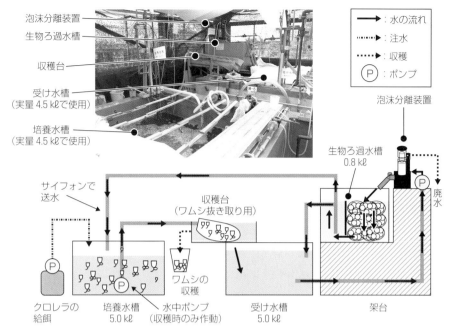

図10 閉鎖循環式L型ワムシ連続培養の模式図と風景写真（秋田県水産振興センター）

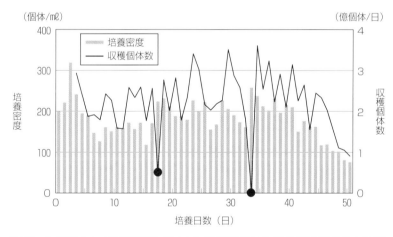

図11 L型ワムシの閉鎖循環式ワムシ連続培養における培養個体数と収穫個体数の推移

培養13日目までは淡水クロレラ（G生クロレラV12：100億細胞/mℓ）を2.0ℓ、13日目以降は毎日2.5ℓ給餌した。
※図中の黒丸部分は、サイフォン切れ事故による収穫減。

資料：秋田県水産振興センター

間引き培養法に似ている。水質浄化された培養水は1日かけて培養水槽に戻る仕組みとなっており、この時ポンプを使わずサイフォンの原理を使っているため、ポンプ購入費や電気代がかからないようになっている。このサイフォンが培養期間中に切れてしまい2回ほど収穫できないことはあったが、50日間の長期にわたり安定した培養ができている（**図11**）。

この事例では寒冷地での培養であったため、加温用の燃料代は流水式連続培養の84％削減

効果が得られており、同センターのように年間5,000億個体ものワムシを生産する機関では、燃料代の差額は1年間で64.7万円と試算され、その削減効果の高さが示された事例である。循環式連続培養で加わる電気代を含めても流水式連続培養の半分程度までランニングコストは削減できると試算されている。

従来の流水式連続培養では培養不調が何度か発生したが、並行して実験している循環式連続培養ではこれまで培養不調が発生した事例はなく総じて安定培養が可能であった。培養経費の効果も絶大であったが、安定培養も大きなメリットであると実感している。

ワムシの循環式連続培養については日本海区水産研究所宮津庁舎が実施しているワムシに関する研修事業でも取り扱っている（公益機関、漁協関係者などのみ）。循環式連続培養だけでなくワムシ培養全般について技術習得できるため、ぜひ活用していただきたい。

（森田 哲男）

■参考文献

1) 友田努・小磯雅彦・陳昭能・竹内俊郎（2006）増殖ステージが異なるワムシを摂餌したヒラメ仔魚の発育と形態異常の出現、日水試、72、725～733頁。

2) 日野明徳（1998）ワムシ連続培養装置、アクアネット、8月号、45～48頁。

3) 小磯雅彦（2007）平成23年度栽培漁業技術研究会テキスト集―省力化・省エネ化・低コスト化に役立つ増養殖技術―、安定的かつ効率的なワムシ大量培養のための培養管理技術、2～5頁。

4) 森田哲男（2014）循環式培養システムを用いたワムシの培養、緑書房　よくわかる種苗生産と育種、78～81頁。

5) 森田哲男・小磯雅彦・今井正・手塚信弘・山本義久（2013）循環式培養システムを用いたシオミズツボワムシの連続培養、水産技術、6 (1)、45～55頁。

6) 葭矢翔太（2012）閉鎖循環式システムを用いたシオミズツボワムシの連続培養における窒素およびリン収支に関する研究、東京海洋大学修士論文。

7) 小磯雅彦（2000）4培養環境、海産ワムシ類の培養ガイドブック、栽培漁業技術シリーズNo.6、社団法人日本栽培漁業協会、12～16頁。

8) 森田哲男（2016）閉鎖循環システムによるワムシ連続培養、豊かな海No38、51～52頁。

9) 今井正・森田哲男・山本義久・手塚信弘・小磯雅彦（2012）シオミズツボワムシの生残に及ぼす非解離アンモニア、亜硝酸、硝酸の影響、平成25年度水産学会春季大会講演要旨集、188頁。

10) 手塚信弘・小磯雅彦・榮健次・森田哲男・山本義久（2011）閉鎖循環式連続培養によるシオミズツボワムシの培養、平成23年度水産学会中部支部大会講演要旨集、4頁。

11) 森田哲男・小磯雅彦・手塚信弘・今井正・山本義久（2012）閉鎖循環式によるS型ワムシの培養Ⅱ～塩分条件の検討～、平成25年度水産学会春季大会講演要旨集、129頁。

12) 森田哲男・小磯雅彦・手塚信弘・今井正・山本義久（2012）閉鎖循環式によるS型ワムシの培養Ⅲ～水温条件の検討～、平成25年度水産学会秋季大会講演要旨集、129頁。

13) 斎藤和敬・森田哲男（2014）種苗生産技術の高度化に関する研究：閉鎖循環式ワムシ連続培養システムを用いたL型ワムシ培養技術に関する研究、平成25年度秋田水産振興センター業務報告書、264～267頁。

14) 斎藤和敬・森田哲男（2015）種苗生産技術の高度化に関する研究：閉鎖循環式ワムシ連続培養システムを用いたL型ワムシ培養技術に関する研究、平成26年度秋田水産振興センター業務報告書、256～259頁。

半循環　閉鎖循環

第3章　国内事例　～事業化の現状とシステム設計～
養殖への導入事例と注意点の再整理

3-13

ここがポイント！

☑ 閉鎖式陸上養殖において重要な点は、①濁りの解消、②pHと硝酸、③酸素の確保
☑ 種苗サイズ以降も、閉鎖循環式では低塩分飼育の導入により高成長や高生残を実現可能

　一般的に閉鎖循環式陸上養殖は、飼育期間が長く飼育密度も高いため、システム内の懸濁物堆積に加えてpHの低下や硝酸の蓄積などが生じ、飼育は難しくなると考えて良い。また、飼育で生じるふんの処理や環境維持をシステム内ですべて行うため、水質浄化に関する装置が多くなり、どうしてもイニシャルコストが大きくなってしまう。

　その一方で、海面や河川から隔離された状態で飼育できるため、病原体や有害物質の飼育水槽への侵入防除に優れ、生産管理が容易であるのが特徴であり、立地条件の制約が少ないことも大きな利点の1つである。

　ここでは循環式陸上養殖に関する注意点の再整理および導入事例を紹介するが、循環式陸上養殖にも閉鎖循環と半循環の2通りの飼育方式があり、これらのシステム構造や導入による効果は大きく異なるので、別物と考えた方が良い。

■ 閉鎖循環式陸上養殖の特徴とシステム構造

　我々が構築しているシステムは、飼育水槽、受け水槽、泡沫分離装置、生物ろ過装置、通気装置（酸素通気も含む）、紫外線殺菌装置および循環に用いるポンプ類で構成され、沈澱槽や脱窒装置は設置していない（図1）。紫外線などの殺菌装置は導入した方が良く、一般的には物理ろ過、生物ろ過処理後に配置するのが効果的であるが、施設面の都合で困難な場合は図で示した配置にこだわる必要はない。ただし、システム内を循環する用水のすべてが循環過程で必ず一度は通過するように殺菌装置を配置する。

　図1の事例では飼育水槽を角型水槽で示しているが、円形でも問題なく、現場にある水槽をうまく使うのが基本である。もちろん飼育水槽と生物ろ過水槽が一体化したシステムでも問題はないが、養殖では飼育水槽内の用水の循環率

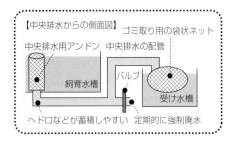

図1　養殖における閉鎖循環システムの模式図

が極めて大きくなるため、円形水槽で一定方向に水を高循環すると、水槽内は洗濯機のような渦を生じてしまう。そのため、水流を緩和させるためには通気などによる工夫が必要である。

また、水流が大きすぎる場合、養殖魚が遊泳にエネルギーを費やしてしまうため、筆者は飼育水槽内の水流はできるだけ通気の配置などで抑えて飼育するよう心がけている。これは、育成期間の大半は増重させる条件を整え、魚種や消費者ニーズによって出荷直前に水流や塩分を上げて身質調整を行う方法である。なお、「水流による活発な遊泳行動で身質が良くなる」との考え方もあるため、畜産分野と同様にさまざまな方法があり、あくまでも筆者が考えている方法と考えていただければありがたい。

続いて、閉鎖式陸上養殖の特徴と注意点を再整理して順に説明していく。

(1) 濁りの解消

陸上養殖の水質管理における最大の問題点は、給餌やふんなどを由来とした有機物による飼育水中の濁り（水中濁度）の増加であろう。養殖では経営上の問題から高密度で飼育されるため、給餌による有機物負荷は種苗生産よりもはるかに大きい。この水中濁度の増加が給餌量を制限させ、想定している成長が得られない主因となっている。

有機物を速やかにシステム系外に排出する方法として、①底掃除、②被膜除去装置の設置、③膜処理、④凝集剤の添加、⑤システムの定期的な洗浄、⑥飼育水槽内の循環率確保、⑦泡沫分離装置や砂ろ過装置の設置、⑧沈澱槽の設置などが考えられる。また、有機物を拡散させない手法としてエサの改良が養殖では重要になってくる。しかし、欧米ではふんが懸濁しにくい配合飼料の開発などが進んでいるものの、国内では発展途上の研究であり、今後の進展を期待するところである。

有機物の除去方法については、第2章（77頁〜：2-6）に掲載しているため参照していただくとし、ここでは養殖で特に注意が必要な⑥〜⑧について補足したい。

飼育水槽内の循環率確保

飼育水槽内の循環率の確保は、養殖で最も重

要な懸濁物除去方法と考えている。

循環率の基準は魚種や飼育密度にもよるが、30〜40回転／日程度を確保し、受け水槽に設置したゴミ取り用の袋状ネットでふんや残餌を回収し、1日に1回洗浄することで有機物をシステム系外に速やかに排出している。飼育水槽からの排水は、屋島庁舎では中央部に設置したアンドンと水槽側面に設置したオーバーフロー孔の2通りで行っており、前者では主に沈澱しやすい大きな固形物、後者では主に浮遊している有機物を回収している。

中央部からの排水については、設置した方が良いが、既存のコンクリート水槽などでは物理的に難しい場合もあり、その場合は給餌後の底掃除をていねいにするなど臨機応変に対応する。なお、飼育期間が長くなると中央部排水の配管内部にバイオフィルムやヘドロ状のものが蓄積して排水を妨げる原因となるため、蓄積したヘドロなどを強制廃水できるバルブを設置した方が良い（図1）。

泡沫分離装置の設置

泡沫分離装置はより小さい懸濁物を除去するのに用いられるが、養殖においては装置の特性から種苗生産時のような効果は十分に期待できない。ただ、設置することで濁りはある程度軽減されるため、屋島庁舎では酸素供給や脱気などの効果も兼ねて設置している。処理後の用水は受け水槽に戻す場合もあるが、泡沫分離装置の架台ごと嵩上げして生物ろ過水槽に排水する方がシステム内の循環率は確保できる。

養殖ではシステム内の有機物負荷が大きくなるため、泡沫分離装置内は短期間にバイオフィルムが付着しやすくなる。そのため、泡沫排水の出口は目詰まりの状況を見ながら1週間に数回洗浄することもある。また、ベンチュリー管を用いている泡沫分離装置は、その箇所にバイオフィルムが目詰まりすることもあるため、装置を分解して洗浄することも多い。なお、半循環飼育では原則設置していない。

沈澱槽の設置

沈澱槽は装置内をゆっくりと回転流をつけながら通過させることにより、比較的大きな固形物を自重で沈澱させる仕組みとなっている。回転流よりも固形物の沈降速度が各段に大きい場合は有効であり、ポンプなどの動力も不要なことから設置経費や維持経費を低く抑えることができるのが魅力である。

一方で、水量や時間に対する処理効率が低いため、設置する場合は設置面積を広く確保する必要がある。広い設置面積を確保できた場合は沈澱槽を経由して固形物をある程度取り除いたのち、受け水槽へ送水するのが最も効果的である。しかし、小さな沈澱槽の場合は図1のように受け水槽に流入する一部を沈澱槽経由とする。

飼育水が黄色に着色

なお、前述した濁りとは性質は異なるが、閉鎖循環飼育では長期間飼育していると飼育水が黄色く着色してくる。初めて飼育する場合は驚くが、これはエサに含まれる色素成分などに由来する難分解性のフミン酸などが飼育水に蓄積したものである。こうした難分解性を含めた有機物が硝化能力や飼育魚の成長などへ影響するといった研究事例もあるが、筆者は後述するpHや硝酸のように生残や成長への影響を感じたことはない。むしろ、魚体への着臭の影響の方が気になり、この分野における知見の収集を期待している。また、貝類などの無脊椎動物では魚類よりも影響がある可能性はある。

■ (2) pHと硝酸の問題

養殖対象種の至適pHは魚種によって異なるものの、閉鎖循環式養殖では高密度で長期間飼

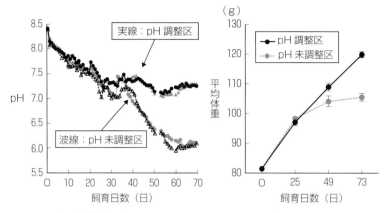

図2 キジハタ養殖における異なるpHによる成長の推移

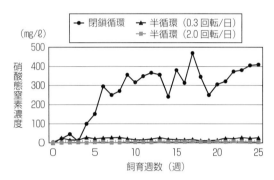

図3 キジハタ養殖における飼育方法ごとのシステム内の硝酸態窒素の推移

飼育水温は25℃、飼育開始時の単位収容密度は36〜41 kg/kℓであった。

育されるため、呼吸による二酸化炭素の増加や硝化によるアルカリの消費によってpHは低下し、6.5以下となることも珍しくない。pH適応が大きいとされる魚類であっても、極端なpH低下は飼育魚のストレスを増大させ成長や生残に影響する。我々が実施したキジハタ飼育実験においてもpH6.5以下となると成長の停滞が見られている（**図2**）。本実験はpH調整の有無により成長を比較したもので、pH調整区ではろ材にpHの低下を抑制できるサンゴ片、pH未調整区では親水性セラミックを用いただけで、飼育手法やシステムは全く同一である。このように、pHが異なるだけで成長に大きく影響する。

また、pHは魚体への影響だけでなく、硝化活性の低下、アンモニアをはじめとしたさまざまな物質の化学平衡や金属類の毒性にも影響してくる。なお、飼育期間の短い種苗生産や飼育密度の低い親魚養成ではpHの低下はあるものの、魚類飼育に大きな影響は生じない場合がほとんどである。

硝酸態窒素はアンモニア態窒素の硝化によってシステム内に蓄積される（**図3**）。これは閉鎖循環式のみで、半循環式では問題とならない。硝酸の毒性については、ヒラメで500 mg/ℓ以上で成長阻害が生じると報告されているが、筆者の経験では100 mg/ℓ以上になると少しずつ摂餌量が落ちてくるようである。これらの適応範囲は飼育条件によって違うものの、pHや硝酸が部分換水や水槽替えの目安になる。筆者が実験しているハタ類の養殖ではpH6.5、硝酸100〜200 mg/ℓを部分換水の目安としており、pH6.0以下、硝酸500 mg/ℓ以上になると摂餌量の低下に加え、硝化能力の低下が生じる場合もあり、わずか数日で1〜2mg/ℓであったアンモニア態窒素が10 mg/ℓ近くまで上昇したこともある。

硝酸耐性は貝類や甲殻類などの無脊椎動物では魚類よりも著しく低くなるとの研究事例もあるため、特に細心の注意を払う必要がある。

換水の実施・脱窒装置の設置

　pHと硝酸の問題は閉鎖循環式養殖特有の問題と言ってよい。これらの解決には換水が最も有効であるが、換水の増加は海水の入手や調温に関わる経費も大きくなるため、できるだけ換水は抑えたいというのが現場の本音である。

　硝酸は脱窒装置を設置することである程度解消でき、装置は各種メーカーから販売されている。しかし、装置が高額で養殖経費を圧迫するのが問題点であり、導入経費と換水に関わる経費のどちらが有利かというと比較が難しい。今後、安価な脱窒装置が開発されれば導入することによって換水する頻度は大幅に少なくなると期待される。脱窒は一般的には嫌気性条件下（酸素の極めて少ない条件下）で進むことから、システム系内のごく一部の用水を脱窒装置内に引き込んで嫌気状態を維持して処理後システムに戻すことが多い。脱窒反応では有機物が不可欠であり、生分解性プラスチックなどを炭素源として注入する手法などが開発されている。

生物ろ過水槽

　pHは苛性ソーダなどのアルカリ性溶剤を入れることで上昇させることはできる。例えばハタ類養殖では、定量ポンプを用いて7％の$NaHCO_3$を加えてpHを調整した事例があり、アルカリ性溶剤を使う場合はある程度希釈したものを定量滴下することが多い。しかし、注入する分量の調整やタイミングが難しく、pHが高くなりすぎると非解離アンモニアが増加して毒性が高まる。残念ながら、現状では換水が最も簡便で有効な手段である。

　しかし、ろ材にサンゴ片やカキ殻などカルシウム分を多く含む素材を使うだけでpHの低下速度はずいぶん抑えることができる。図2に示した実験も、これらのろ材を用いただけで特別な溶剤は注入していない。このような素材のろ材比率を高めることである程度のpHの低下抑制効果は得られる。多くの場合は、このようなろ材を用いてもpHの低下速度が減速するだけであるため、ろ材をすべてカキ殻などにしても問題ないが、状況を見ながら魚種やシステムに適したろ材の混合比を把握する必要がある。

　ろ材の量は第2章（48～69頁、73頁）で詳しく解説したが、およそ飼育水槽の3～4割程度が目安で、水温や循環方法、飼育密度で適正量を見つけていくしかない。

　また厳密に言うとろ材は容量でなく、表面積が重要になってくる。硝化細菌は生物ろ過水槽内に均一に分布しているわけではなく、表層に集中的に分布している。河合らが実施した実験によると、表層から5cm深くなるだけで硝化細菌の量は1割以下になっているとされる。そのため、設置用地が安価に確保できるのであれば表面積が大きい水槽が良い。ろ材についても水槽に直接入れて敷き詰めるのではなく、小分けにして適度な間隙をつくり出すことで表面積を大きくする方が、硝化能力は大きくなり、ろ材の搬出や洗浄は容易となる。

　なお、種苗生産などでは飼育期間中にろ材の洗浄を行わないが、養殖では目詰まりが生じたら定期的に洗浄する。その際、すべてのろ材を洗浄すると硝化能力が低下するため、複数回に分けて洗浄し、閉塞しやすい生物ろ過水槽の最上部にはサランロック®などのマット類を入れ定期的に洗浄することによってろ材の目詰まりを少しでも防止したい。

■ (3) 酸素の確保

　養殖では単位数量当たりの飼育魚体重量が格段に高いため、酸素の消費量が多くなる。そのため、空気通気に加えて液体酸素などによる酸素通気は不可欠である。詳細は第2章（92頁～：2-7）を参照してほしいが、ここでは養殖における空気通気の注意点を追記する。

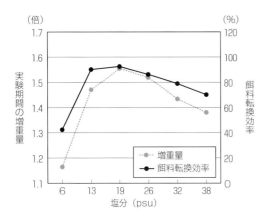

図4 キジハタ幼魚における塩分による成長および餌料転換効率（N=2）
平均体重22～23gの幼魚を32日間飼育した。

欧米では液体酸素のみで飼育されることはよくあるが、日本では酸素の価格が高く、輸送制限のある離島などは液体酸素のみでの飼育は難しい。また国内のように規模の小さい施設では酸素の割高感がさらに大きくなる。そのため空気通気を行いながら、酸素供給も併用することが多い。

前述の通り、空気通気は設置場所によって水流を制御することも可能で設置位置も重要である。陸上養殖を行っている現場を回っていると、受け水槽への排水口や中央の排水口に設置した通気が、せっかく排水口近くに流れついた有機物を拡散させ、受け水槽へ移送する弊害となっていることもよく見受けられる。設置位置の確認はマメに行ってほしい。ちょっとした調整だけで飼育水槽の濁度が解消することは多い。

なお、エアストーンは有機物によって目詰まりを起こしやすいため、固定せず可動式にして定期的に洗浄した方が良い。また、限度はあるものの、通気量は多いほど酸素の溶け込み効率が高くなるが、通気が強すぎるとふんや残餌が破砕、懸濁してしまい濁度が増加する原因になる。それぞれのエアストーンからの通気量は適正量に調整し、DOが不足する場合は通気箇所を増やして分散させながら通気量を調整するようにしたい。

■ 閉鎖循環式では低塩分飼育の積極的な導入で副次的効果も

用水の交換がほとんどないため有効となる飼育手法の1つが低塩分海水を用いた飼育である。低塩分が高成長や高生残に有効であることは41頁（1-4）で紹介しているが、種苗期以降も有効性が持続する魚種は多い。わずかに塩分を含む温泉を活用した温泉トラフグや、岡山理科大学が開発した好適環境水で高成長が得られるのも低塩分だからこその結果である。筆者が実験したキジハタ飼育でも19～26psuの低塩分海水（一般的な塩分は32～33psu）では高成長と高い餌料転換効率を得られることが分かっている（**図4**）。

海水の入手が難しい内陸域では、低塩分飼育の導入によって飼育に用いる海水や人工海水粉末の量も大幅に削減されるため、生産経費削減に効果的であるという副次的効果も大きい。

■ 半循環式陸上養殖の特徴

半循環飼育は換水を併用することで、閉鎖循環で見られるpHや硝酸の問題が解決し（図3）、システムも簡素化されるため、海水や淡水の入手が容易な臨海域などでは現実的な飼育手法と言ってよい。ただし、閉鎖循環で得られる有害物質や病原体防除の効果は得られにくく、水温制御に関わる経費も注水量の増加に比例して大きくなる（**図5**）。

半循環システムは、飼育水槽、受け水槽、生物ろ過装置、通気装置（酸素通気も含む）、および循環に用いるポンプ類で構成されるのが基本である（**図6**）。泡沫分離装置は費用対効果を考慮すると必須とは言えないが、設置すれば飼育水槽の濁度解消になる。ただし、半循環システムでは多少の排水を伴うことから砂ろ過などの物理ろ過装置を設置して定期的に行う逆洗水

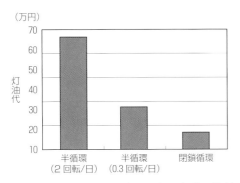

図5 半循環と閉鎖循環飼育での加温経費の比較
5kℓ水槽（システム総水量8kℓ）を用いて、水温25℃で1年間飼育した加温用灯油代（当時金額90円/ℓ）を示した。

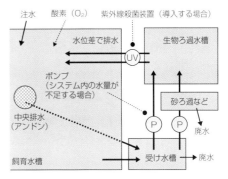

図6 養殖における一般的な半循環システムの模式図
砂ろ過装置や泡沫分離装置の設置は必須ではないが、導入により濁度は低下する。ろ材は多いほど良いが、飼育水層の1～2割程度が現実的となっている。

を廃水する方が懸濁物除去効率や設置経費の面から有利になる場合もある。もちろん、設置スペースが確保できれば沈澱槽は有効であるが、半循環飼育では脱窒装置までは必要ない。

半循環であっても流水式と比べると換水率は低く、排水だけではシステム内のアンモニアの除去は間に合わないため、生物ろ過水槽による硝化や懸濁物除去は不可欠である。ろ材の量は閉鎖循環システムより若干少ない飼育水槽の2～3割が理想的であるが、設置経費を考慮すると飼育水槽の1～2割程度が現実的である。砂ろ過などの物理ろ過装置を併用すると生物ろ過水槽内での有機物負荷量はさらに軽減され、ろ材の量はより少なくなる。ろ材の素材選定については閉鎖循環飼育に準ずると考えてよい。なお、「半循環飼育でもシステム内のアンモニア態窒素が0にならない」という質問をよく受けるが、比較的換水している半循環飼育であってもアンモニアは0.2～1、硝酸は1～10 mg/ℓ程度は常にシステム内に存在するのが普通である。飼育水槽は閉鎖循環システムと同様に角型、円形どちらでもよく、飼育水槽と生物ろ過水槽が一体化したシステムでも問題はない。

（森田 哲男）

■参考文献

1) Straus, E.A. and Lambetrti, G.A (2000) Regulation of nitrification in aquatic sediments by organic carbon, Lmnology and Oceanography 45 (8), 1854～1859.
2) 湊文社（2015）、FRDジャパンのアワビ工場 脱窒、海水電解処理も行う閉鎖循環システム、アクアネット12月号、38～39頁。
3) 河合章・吉田陽一・木俣正夫（1965）循環濾過式飼育水槽の微生物化学的研究―Ⅱ、濾過砂の硝酸化成作用について、日水誌31、65～71頁。
4) 小泉嘉一（2013）、第3章第2節アワビの陸上養殖に向けた取り組み、陸上養殖 事業化・流通に向けた販売戦略・管理技術・飼育実例、情報機構、178～183頁。
5) 辻洋一・小泉嘉一（2011）完全閉鎖循環式陸上養殖の水処理技術～ビジネスベースに乗せるためのポイント～第1回なぜ脱窒技術が陸上養殖水処理に普及しないのか？、養殖3月号、52～55頁。
6) 辻洋一・小泉嘉一（2011）完全閉鎖循環式陸上養殖の水処理技術～ビジネスベースに乗せるためのポイント～第2回養殖現場における脱窒の実践的技術とシステムの設計、養殖4月号、46～50頁。
7) 辻洋一・小泉嘉一（2011）完全閉鎖循環式陸上養殖の水処理技術～ビジネスベースに乗せるためのポイント～第3回無換水陸上養殖を実現するための難分解性有機物処理とコスト評価、養殖5月号、54～59頁。
8) 辻洋一・小泉嘉一（2011）完全閉鎖循環式陸上養殖の水処理技術～ビジネスベースに乗せるためのポイント～第4回陸上養殖を成功させるための水質検査と海面養殖との比較、養殖6月号、52～57頁。
9) 森田哲男（2014）キジハタの循環式陸上養殖事業化への可能性、養殖ビジネス12月号、14～16頁。

半循環　**閉鎖循環**

第3章　国内事例　～事業化の現状とシステム設計～

トラフグ養殖
～温泉水と温泉熱の利用～

3-14

ここがポイント！

☑ ナトリウム・カリウムなどの濃度が海水濃度の4分の1程度の温泉を飼育水に使用したところ、飼育魚の成長速度に優位性が認められた

☑ 魚類の浸透圧調整機能を利用し、出荷前の作業でトラフグの筋肉中の旨み（アミノ酸）が調整可能となる「味上げ」工程を確立

☑ フランチャイズ事業で、全国の塩化物泉10箇所で温泉トラフグ養殖事業が展開

　近年、地球規模での環境変化による水産資源の減少、枯渇につながる乱獲、稚魚肥育養殖などについて議論が高まっており、安全安心な食料を確保するためには環境変化に左右されない栽培漁業がますます重要となっている。こうした問題意識の下、㈱夢創造（以下、当社）は、海のない栃木県山間部において海水の代替となる温泉水「低塩分環境水」と「温泉熱」の活用により、閉鎖型の陸上循環養殖施設を用いて日本で初めてトラフグの一貫生産システムの開発に成功した。

■ 開発の背景

　栃木県の那珂川町は、中山間地域独特の少子高齢化による人口減少による過疎化が地域の課題である。その対策として、①地域産業資源の利活用による特産品の開発と遊休農地の利活用、②農商工連携、産学官連携による差別化、高度化および隣接市町との協調事業、③6次産業の推進による労働の場の提供などを行うことで交流人口の増加、若年層の労働人口の拡充が図れるものと考えている。

　以上のことを踏まえ那珂川町における地域資源のリサーチを実施した結果、地元那珂川町から湧出する温泉が塩化物泉であること、その源泉に含まれるナトリウム、カリウムなどの濃度が海水濃度の4分の1程度であることが見い出された。さらに、海水の4分の1程度の塩分濃度は生理食塩水に類似しており、海水魚および淡水魚の飼育環境の範囲内であることが確認された。

　これらのことより、テストプラントを設置して、塩分濃度を3条件（0.9％人工海水、0.9％

温泉水および3.5％人工海水）に設定してトラフグの飼育試験を1年間実施した。結果は、人工海水3.5％に対して、0.9％温泉水および人工海水での飼育魚の成長速度に顕著な優位性が認められ学術的に裏付けるため、学術論文を検索した結果、東京大学大学院魚族生理学教室の金子豊二教授の論文がヒットした。早速、金子教授にお会いして飼育試験の結果を話したところ、試験結果に対して納得いくご説明をいただき、さらに、今後の事業への協力を得られることとなった。

一方、地元関係者および県関係者50名による企画「温泉とらふぐと海産とらふぐ食べ比べ」を開催した。試食会では、トラフグを食べ慣れた食通の方から「身が柔らかい」、「味が薄い」などのマイナス意見を頂戴し、トラフグの商品価値を上げるための課題として対応を迫られた。

商品価値の向上のための産学官連携プロポーザル

試食会での課題解決に向け、金子教授の全面的支援により温泉トラフグの「味上げ」の研究を金子教授の研究室で修士論文のテーマに取り上げていただき、「味上げ試験事業」が始動した。そのおかげで、筋肉の旨み成分を増加させる味上げの科学的メカニズムが解明され、この理論を養殖作業工程に落とし込み、「味」の課題を克服した。

満を持して、第2回目の試食会を100名規模で開催したところ、味も、食感も好評価をいただき大盛況であった。ここに念願の「温泉とらふぐ」が完成し、商業的初出荷となった。

生産規模および推移

2015年10月付トラフグ養殖生産規模およびこれまでの生産規模の推移は、年間2万5,000

表1 日常管理水質基準

		単位　mg/ℓ	
管理項目	管理指針値	管理項目	管理指針値
pH	6.5～8.5	硝酸態窒素（NO_3-N）	20以下
水温	20～23	ほう素	4.5以下
化学的酸素要求量（COD）	2以下	ふっ素	1.5以下
溶存酸素量（DO）	6以上	油分	不検出
アンモニア態窒素（NH_3-N）	3以下	大腸菌群	70以下
亜硝酸態窒素（NO_2-N）	0.5以下	その他	

尾、25ｔの生産体制を確立し、栃木県内を中心に146店舗の共販会員および一般通販サイトにおいて登録商標「温泉トラフグ」として出荷している。

陸上閉鎖循環養殖技術

水質管理について

養殖水の日常管理項目は**表1**に示す通りであり、有害金属項目（ヒ素、カドミウム、鉛、シアン、六価クロム、総水銀）については、月1回分析を実施し、環境基準以下あることを確認している。

温泉水養殖の特徴および課題

魚類は環境水の塩分濃度に関わらず、体内の塩分濃度を一定に保つ浸透圧調節という生理的メカニズムを持っている。

一般的に海水魚は、**図1**に示す通り鰓に存在している塩類調整細胞でこの浸透圧調節を行い、多くのエネルギーを消費している。しかし、魚類の体液と飼育水の塩分濃度（浸透圧）が同程度の場合、塩分濃度調節の駆動力源であるNa-K-ATPaseがあまり作用しなくてすむた

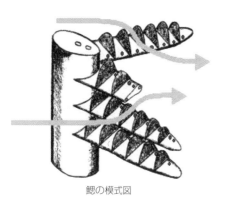

塩類細胞の特徴
・ミトコンドリアに富む
・頂端膜が外界に接する
・側底膜が細胞内に陥入する
・側底膜に Na/K-ATPase
・アクセサリー細胞（海水型）

鰓の模式図　　　　　　　　　　　　　　　塩類細胞

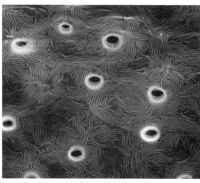

鰓弁の拡大図　　　　　　　　　　　　鰓弁

図1　イオン濃度を調整する塩類細胞

出典：「低塩分環境での養殖技術」（東京大学大学院魚族生理学教室　金子 豊二教授）

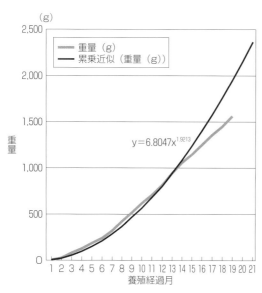

図2　魚体重の経時変化

め、それに伴うカロリー消費が少ないと考えられている。

低塩分環境での養殖事業のメリットは、この余剰エネルギーが成長に対してプラスに働くことにより、通常の海面養殖に比較して、低塩分環境でのトラフグの成長曲線は、**図2**に示す通り魚体重1kgまではほぼ累乗曲線に近似しており、約13カ月で出荷サイズに成長することが確認できる。

魚類の浸透圧調整機能を利用した味上げ工程の確立

東京大学の金子豊二教授の全面的協力で、**図3**に示す通りトラフグの旨み成分を増加させる

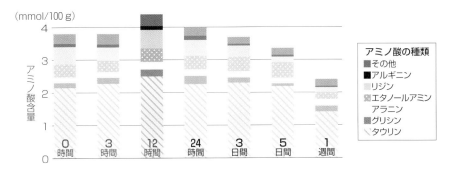

図3 3.5％塩分濃度移行後のアミノ酸量の経時変化
出典：「魚類における浸透圧調整と魚肉の味に関する研究」（東京大学大学院農学生命科学研究科　坂本安弘修士論文／指導教員・金子豊二教授／㈱夢創造　共同研究）

表2 「温泉トラフグ」フランチャイズ養殖場一覧

支部名	団体名称	所在	養殖規模	設立年月
長野県	遠山郷かぐらの湯	飯田市	2,000 尾／年	2011年 9月
長野県	トーエル㈱	大町市	1,000 尾／年	2012年 6月
福島県	福島リゾート㈱	郡山市	4,000 尾／年	2011年 6月
山形県	青山建設㈱	寒河江市	2,000 尾／年	2011年 7月
埼玉県	湯本内装㈱	行田市	6,000 尾／年	2013年 9月
新潟県	エヌプラス㈱	十日町市	4,000 尾／年	2014年 9月
北海道	つしま医療G	札幌市	2,000 尾／年	2015年12月
新潟県	紫雲の里	新発田市	7,200 尾／年	2015年12月
大阪府	CAC㈱	富田林市	2,000 尾／年	2016年 4月
愛媛県	イージーエス㈱	新居浜市	2,000 尾／年	2016年 5月

　味上げの科学的メカニズムが解明され温泉とらふぐの「味上げ」が可能となった。塩分濃度0.9％の環境に慣れたトラフグを、塩分濃度3.5％の海水に入れてしばらく蓄養した後、トラフグ筋肉内のアミノ酸含有量を分析したところ、3.5％海水への蓄養開始後、アミノ酸含有量は徐々に上昇していき、12時間後をピークに減少に転じることが分かった。よって、3.5％海水への蓄養後、12時間経過したトラフグを活け締めすることで、トラフグ筋肉中の旨み（アミノ酸）が最大の時点で出荷することが可能となった。

■ **全国展開中の養殖場の現状と問題点**

フランチャイズ事業の特徴

　閉鎖循環式陸上養殖事業を始めたいお客様には、養殖水の成分分析や養殖可能性を確認する以下の試験などをご提案させていただいている。

　なお、フランチャイズ養殖場の設置は、都府県ごとに1～3カ所とし、北海道は5ブロックに区分してブロックごとの展開を想定している。「温泉トラフグ」は、登録商標としており、温泉トラフグのフランチャイズ養殖場のみが使用可能としている（**表2**）。

温泉トラフグの販路開拓方法

当社の養殖場から出荷されるトラフグは、「温泉トラフグ」の名称（登録商標取得済み）で販売協力店である「温泉とらふぐ共販会」の146店舗会員に年間2万5,000尾を直接販売している。商品は、活魚、活〆、身欠き、てっさおよびドレスなどであり、出荷商品の80％が身欠きである。配送には宅配業者の冷蔵便を利用している。

共販会は初出荷当初16店舗だったが、年間約30店舗ずつ増加しており、現在およそ146店舗が加盟している。温泉とらふぐに好評価をいただいている要因としては、「温泉トラフグ」の特殊性および品質に対して独自のブランディングの構築にあると考えている。前述した味上げ技術の確立により出荷魚の旨み成分である遊離アミノ酸量を増加させ、温泉トラフグ独特の甘みとテクスチャーの改善がなされたことが好評価をいただいている理由と分析している。

フランチャイズ各事業場

全国の塩化物泉10カ所で、温泉トラフグの養殖事業が実施されている。

■ 広がる温泉水利用

閉鎖循環式陸上養殖においては、塩化物温泉水の塩分と温泉熱の利用により、トラフグ以外にも高級魚種の養殖が可能であり、海のない山間部で養殖という新しい産業に成長できる可能性は高く、また多くの視察や問い合わせなどから全国的なニーズも多いものと推測できる。

昨今では、全国の温泉街や地熱ポテンシャルの高い地域において、温泉熱も含め地熱エネルギーはカスケード利用することで効率的に利用することが望ましい。例えば、温泉熱による発電後の排熱を有効利用した養殖の冬季加温や植物の温室栽培が可能であり、今後は、これらの複合利用の促進が期待される。

【謝辞】

温泉トラフグ那珂川町活性化事業において、技術的支援をいただいた東京大学農学研究科魚族生理学教室金子豊二教授、福井県立大学海洋生産資源学部宮台俊明教授、宇都宮大学農学部柳沢忠教授、飯郷雅之教授、㈱水産研究・教育機構、栃木県水産試験場、栃木県産業振興センター各位に深く感謝します。

（野口　勝明）

半循環

第3章　国内事例　～事業化の現状とシステム設計～

クロマグロの種苗育成と親魚管理

3-15

ここがポイント！

- ☑ 掛け流し式（流水式）の直径5m×水深1m水槽で、150～200gの稚魚が2年で約11kgに成長
- ☑ 小型水槽でもクロマグロ種苗育成が可能
- ☑ 地下海水を使うことで冬季でも小型種苗がへい死せず、陸上養殖のコストを軽減

流水式陸上養殖によるマグロ種苗の育成

陸上施設と海面生簀での水族の育成に関する最も大きな違いとしては、水の交換速度が挙げられる。生簀の場合には潮流によって生簀内の水が短時間で交換される。一方、陸上水槽では、飼育水槽への注水量で水の交換率が決定するだけでなく、水槽内に入る水は飼育水槽内の水に混合されるため、飼育水は常に希釈されるだけで、海域の潮流による生簀内の水の交換のように全量交換にならない。

さらに、水の交換率だけでなく、水槽の形状によっては、汚れた水が排水されずに飼育水槽内に滞留することもある。魚類飼育では、水槽内の汚染物質をいかに早く取り除くか、酸素供給をいかに安定して行うかが重要な要因となる。マス類やアユなどの内水面養殖では、河川水や自噴している地下水を利用した養殖であることから陸上であってもコストをかけずに豊富な水量が利用可能で、水量に応じた飼育密度で養殖できる。

しかしながら、海水を用いた陸上養殖では海水をポンプによって汲み上げなくてはならない。現在、陸上で盛んに養殖されているヒラメやトラフグの場合には、海岸で海水を取水し、養殖用水として用いた後に排水する掛け流し式（以下、流水式）である。一般的にこれらの水槽の形状は、円形もしくは八角形で中央から排水している。一定方向に注水することで水槽の水を回転させ、排泄物や残餌を中央に集め排水している。特に水深を1m以下にすることで、水槽表面から底面まで水流が起きるため、排泄物などのゴミを効率よく排出可能である。以上のように飼育用水の交換率を上げることで水族の高密度飼育が可能になっている。

このような前提条件の中で、大型になるクロマグロを陸上で飼育する場合、仮に海面生簀のような直径50 m 水深15〜30 mといった大型の水槽があれば飼育できると思われがちである。しかしながら、少数の飼育ができたとしても、大量飼育では、水の交換率を高くする必要があり、そのための水量を確保するポンプを起動するコストを考慮すると海面と同等の密度で飼育することは現実的ではない。従って、陸上施設でマグロを飼育するためにはいかにコンパクトなシステムを構築するかが重要な鍵となる。

　ヒラメやトラフグのようなあまり泳がない魚類の場合には小型水槽で水深を浅くした場合でも飼育が容易であるが、クロマグロのような遊泳性の高い魚類を小型水槽で飼育するには、衝突しないように泳がす必要がある。

　試験水槽は直径5 m 水深1 mであるため大型魚の飼育は試みていないが、150〜200 gの種苗を導入して2年で約11 kgとなるまでの育成は可能である。魚類の正の走流性を利用し水槽内に水流をつくることで、水流に向かって泳がせ壁面への衝突を低減させた。この場合でも急激な光の変化などで魚が驚愕行動を起こし壁面や水槽内の構造物に衝突することがある。

　200 g程度の小型魚で有効な手段として、水槽壁の底面から強通気（壁全体を覆うように気泡を出す）することで、壁面を気泡で覆うことが挙げられる。小型魚は気泡を嫌うため壁面に近づかず水槽中央部で群泳する効果が観察された。しかしながら、この方法では、成長に伴って泡に慣れてしまい、1 kgを超えるころから気泡のある場所でも泳ぐ個体が見られた。このように気泡に慣れた個体は、何らかの理由で驚愕行動を起こして、壁面に衝突しそうになっても急激な進路変更をして衝突回避できるために、水槽壁を認知できれば問題ない。

　成長によって方策を変える必要はあるが、これら2つの飼育環境要因を整えることで小型水槽でのマグロ種苗育成が可能であることが立証できた。

■ 地下海水による水温調節のメリット

　次に陸上施設でのもう1つの大きな問題点として水温調節が挙げられる。地先の海水を取水した場合には沿岸海水温となり、夏は高水温で冬は低水温となるが、さらに気温の影響を受ける。特に前述のように水槽内の水の交換率が低ければ低いほど気温による影響が大きくなる。冬季には著しく低水温となり、摂餌量が減少することもあり、場合によってはへい死する。

　一方、夏季には高水温となり、直接へい死要因となるよりは感染症によってへい死することが多い。このような水温変化があってもヒラメ、トラフグ、クルマエビ、アワビなどの沿岸で生活している生物はエサの量を調節するなどの工夫をすることで飼育可能である。温度を調整することも考えられるが、夏季にチラーによって温度を下げることは、養殖コストを考慮すると現実的ではない。冬季のボイラーは、夏に使うチラーと比較すれば、重油を使用する点でコスト面では多少は良いが、この場合でも掛け流しでは、エネルギー効率が悪いために現実的な方法とは言えない。

　クロマグロのような高度回遊魚種では、冬季の低水温よりも夏季の高水温に弱い傾向がある。特に輸送後の水温は歩留りに大きな影響を及ぼす。同じロットでの比較実験をしていないことから、確実なことは言えないが、200 g程度のマグロ幼魚を25℃の水温で収容した場合、スレが悪化して10〜30％の歩留りであったが、23℃とした場合には最大約70％が生残した。特に輸送した際に、スレによって表皮が脱落してしまう。このときに水温23℃で飼育した場合には一度表皮が脱落するが、その後表皮が再生した。このような経験から輸送後クロ

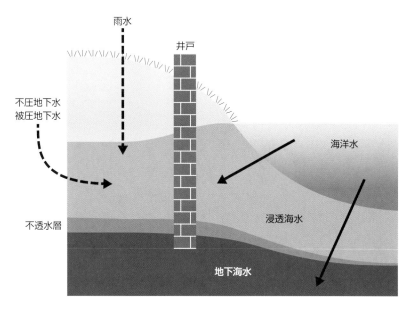

図1　地下海水の概念図
河川がない砂州などの地形的特徴がある場合、海岸近くに井戸を掘削することで地下海水を取水できる（三保半島では地下17〜48 m）。温度が年間を通じて19〜21℃程度、温度変化は0.5℃以内となっている。温度管理の側面だけでなく、病原細菌、ウイルスなどが少なく、砂ろ過装置や殺菌装置などが必要ないことから、疾病防除の側面でもコスト低減につながると考えられる。なお、水質や地域によって異なるが、愛知県、神奈川県、鳥取県などで地下海水の事例が知られている。

マグロを収容する際には水温が重要な要因であると考えられる。

大型水槽の温度をチラーによって下げることは前述の通りコスト面から現実的な方法ではない。そこで、着目したのが地下海水である。静岡市の三保半島は、砂州であり、半島内には河川もないことから、地下には海水が浸透している。半島内の海岸近くに井戸を掘削することで、地下に浸透している海水を取水することが可能である。場所によって井戸の深さは異なるが、浅い井戸で17 m、深い井戸で48 mである。

これらの海水は比較的深い地層に浸透していることから地熱によって温度が年間を通じて一定である（**図1**）。井戸によって温度は異なるが、19〜21℃の範囲であり、年間を通しての温度変化が0.5℃以内である（**図2**）。温帯域の生物を飼育するための水温としては、良好な温度帯である。また、淡水の井戸では陸上由来の水が浸透して地下水となっているために、揚水しすぎた場合、枯渇することがある。

しかし、海水の場合には井戸の限界揚水量（井戸の能力）以内であれば、海から海水が無尽蔵に浸透するために、枯渇の恐れはない。地層も礫層であれば海水が浸透しやすく、揚水限界量も多いが、砂以下の粒子になると透水性が悪くなり、揚水限界量が少なくなってしまう。

大学の海水井戸でも毎分1.5 kℓ揚水しても井戸の水面が降下しないものと、限界揚水量が毎分0.15 kℓと10分の1程度しか揚水できないものとがある。これらは地層の違いによるものと考えられる。さらに、近隣に豊富な湧水がある場所や大きな河川がある場合には海岸線であっても海水は浸透していない場所もある。これらいくつかの条件が適合すれば、良質な地下海水

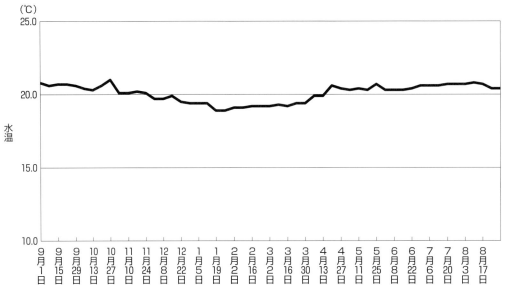

図2 東海大学で取水している地下海水の水温（2015年9月1日〜2016年8月31日）

を取水できるが、地下海水はどこでも十分量を取水できるわけではない。

■ 疾病防除の効果と成長性の向上

さらに、三保半島で取水できる地下海水は無酸素であるために、好気性細菌類が皆無であることや砂ろ過されているために寄生虫や付着生物などが入り込む心配もない。実際に種苗に寄生虫が寄生していなければ、ヒラメのクドアやマス類のアニサキスやサナダムシ、カンパチやトラフグなどのハダムシやエラムシなどに寄生されることはない。また、地下海水そのものからはビブリオ菌および大腸菌は検出されなかった。このような海水を一般の沿岸水の取水設備で揚水している海水からつくり出そうとすると、大掛かりな砂ろ過装置や殺菌装置を必要とする。地下海水ではそれらを一切必要とせず、年間を通じて安定して揚水することができる。

実際にこの海水を掛け流して飼育してきたものにヒラメ、マダイ、トラフグ、カワハギ、ウマヅラハギ、カサゴ、クエ、カンパチ、ブリ、マス類、マダコ、アオリイカ、クルマエビ、アワビ類などがある。魚種によっては適正温度帯から外れるものもあり、海面養殖よりもやや成長が劣る場合もあったが、いずれも飼育水槽内の水の換水率が1日に4回転以上であれば露地池であっても季節に関係なく良好に摂餌し、年間を通して成長が見られた。

しかしながら、井戸から地下水を揚水する場合の揚水施設には、自治体によって条例で規制していることがある。取水制限の内容によっては、完全な掛け流しによる飼育では飼育用水の水質維持が困難となる。そこで、地下海水の使用量を節約する方策を検討してきた。

■ アワビ、トラフグなどの飼育実験

地下海水の使用量を削減する方法として初めに考えたのが、アワビを飼育した排水を再利用するものである。この排水を調べたところ、一般細菌も天然海域よりも少なく、窒素化合物なども注水時とほとんど変わらなかった。残餌などの懸濁物質があったため、これらを簡易フィ

図3 クロマグロ飼育水槽と半循環方式の概念図
飼育水とろ過水槽の総容積は約20㎥。閉鎖循環の場合、夏季には30℃を超え、冬季には5℃程度まで低下することから、地下海水の注水による効果は大きい。アンモニア態窒素は最大で1.5 ppmで通常は0.5 ppm以下、亜硝酸態窒素は0.25 ppm以下、硝酸態窒素も2～5 ppmに維持できた。クロマグロでは当歳魚の小型種苗を海域で越冬させると低水温のためへい死が見られるが、地下海水を利用した施設であれば、冬季でもへい死せず飼育可能である。

ルターで除去し、トラフグを4月末から1年間飼育した。アワビ飼育時の地下海水の温度は年間を通じてほぼ19℃であったが、二次利用したトラフグ水槽では15～24℃の範囲であった。また、アンモニア態窒素が0.2 ppm以下、亜硝酸態窒素が0.02 ppm以下、硝酸は0 ppmであった。4カ月ごとの生残率は8月5日～12月7日の間では85％と低かったが、4月30日～8月4日では93.6％、12月8日～3月26日では100％であった。体重も4月30日の平均値が259 gであったが、翌年の3月26日には平均値で954 gに達していた。

これは直径4 m、水深0.8 mの小型水槽でのデータではあるが、規模を拡大することは可能である。

クロマグロの飼育実験の成果と今後の可能性

そのほかに、ろ過と掛け流しの双方を用いた半循環方式でクロマグロの飼育を試みてきた。この方法では、水槽内のゴミを物理ろ過し、窒素化合物を硝化する循環ろ過方式に加え、温度を維持するために一定量の地下海水を注水する。

半循環方式では、物理ろ過後の飼育水と新しい地下海水を生物ろ過水槽内で混合し、飼育水槽へ戻した（図3）。飼育水とろ過水槽の総容積は約20 ㎥であり、1日に注水した新しい地下

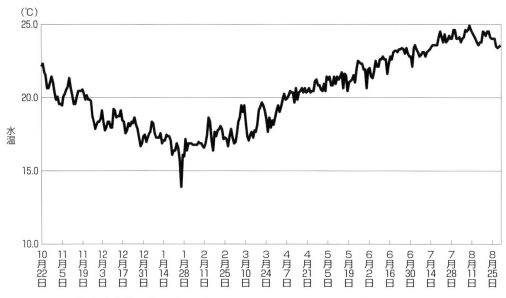

図4 クロマグロ飼育水槽の水温（2015年10月22日～2016年8月31日）

海水を約40kℓとした場合、夏季高水温期の水温上限が約25℃で、冬季低水温期の下限は約16℃であった（図4）。同地で閉鎖循環した場合、夏季には30℃を超え、冬季には5℃程度まで低下することから、明らかに地下海水の注水による効果が認められたと考えられる。

さらに注水量を増やすことでこの温度変化を小さくすることは可能である。実際に1日に4回転分地下海水を注水することで、夏季に23℃以下を保つことができた。また、生物ろ過も十分機能しており、アンモニア態窒素は最大で1.5 ppmで通常は0.5 ppm以下、亜硝酸態窒素は0.25 ppm以下を維持できた。さらに、新しい地下海水を導入したために硝酸態窒素も2～5 ppmの間で維持できた。この環境であれば、クロマグロの摂餌量は冬季であっても減少せず、年間を通じて安定した成長が見られた。

これらのクロマグロの飼育事例をスケールアップすることで、より大型の魚の飼育は可能になるが、海域と同等の密度での飼育はさらなる研究が必要と考えられる。現時点での技術は、種苗生産用の親魚飼育と種苗育成に利用で

写真1 半循環方式のマグロ飼育水槽（ろ過水槽を含む全体の水量は約20 m³）

きるものである。特に当歳魚の小型種苗を海域で越冬させると低水温のためへい死が見られるが、地下海水を利用した施設であれば、冬季でもへい死せず飼育可能である。クロマグロのような大型で水温条件、光条件などが飼育の重要な鍵となる魚類の場合には、海面のみでの養殖ではなく、陸上施設と併設することでより効率の良い完全養殖が可能になると思われる。

（秋山　信彦）

半循環　閉鎖循環

第3章　国内事例　〜事業化の現状とシステム設計〜
キジハタ養殖
3-16

ここがポイント！

- ☑ 高成長の鍵となる「適水温」と「低塩分環境」を実現するためには、循環式の導入が前提
- ☑ システム内に泡沫分離装置などが不可欠となるため、コスト削減とブランド化の取り組みが必須

　キジハタは青森県以南の日本各地、朝鮮半島、中国、台湾の沿岸域に分布する、最大で全長50cmに達するハタの仲間で、同属のクエやマハタと同様に白身で美味しく、高級食材として漁業者・消費者ニーズの高い魚種である。また海外に目を向けると、中国では中華料理の最高級魚として高値で取引されているため、輸出にも適した魚種であると言える。

　キジハタは天然漁獲量が少なく安定しないため、養殖事業化への期待が高い一方、今までは種苗生産が難しく安定した種苗の確保が困難であること、養殖ニーズの高い瀬戸内海などの海域では冬季の海水温が低いことによる成長の停滞が生じることから採算が合わず、養殖対象種とはなっていなかった。しかし近年、種苗生産の技術が大幅に向上し、大量に人工種苗が確保できるようになったため、改めて養殖対象種としてクローズアップされるようになってきた。

　そこでわれわれは2009年度よりキジハタ陸上養殖に関する研究を行っており、循環飼育システムを用いた効率的に成長が得られる飼育条件などについて解明してきた。なお、本研究成果の一部は水産庁受託事業（養殖魚安定生産・供給技術開発委託事業：2014〜2016年度）により実施したものである。

■ 効率的に高成長が得られる飼育条件

　まずわれわれはキジハタが効率的に成長する飼育水温を把握するため、小型水槽を用いて19〜31℃まで3℃刻みの水温設定でキジハタの大きさにより3群（Ⅰ、Ⅱ、Ⅲ区）に分けて約1カ月間飼育し、成長や飼料転換効率（給餌したエサに対するキジハタの増重率）を比較した。その結果、成長はすべての飼育水温で得られるが、概ね22℃以上で飼育すると成長率は大きくなることが分かった（図1）。

　一方、高水温になるほど摂餌量も増加するこ

とから、餌料転換効率は22～25℃がピークであり、それより高水温では低下することも分かってきた。これは飼育水温が高くなることでキジハタの基礎代謝が大きくなったためと考えられる。そこで、水温による基礎代謝の目安として、飼育水温毎に14日間無給餌で個別飼育

を実施したところ（N＝24）、水温が高いほど体重の減少率が大きいことが示された（図2）。このことからも飼育水温が高くなると、基礎代謝が増加することが推察され、効率的に成長させるためには成長量と基礎代謝のバランスが得られる水温設定が重要であることが分かった。

これらの結果から飼育水温はおおむね22～25℃が良いことになるが、平均体重68g（Ⅰ区）と145～146g（Ⅱ区）では、25℃の方が成長や餌料転換効率は良いことから、養殖開始初期（小型サイズ）では25℃で飼育し、成長すると22℃に切り替えるのがより良いと考えられる。

次にわれわれが注目したのは飼育に用いる海水の塩分濃度である。多くの海水魚における体液の塩分濃度は海水の3分の1程度であることが知られている。これらの海水魚では浸透圧によって大量の水分が体内より放出され、不足する水分は飲水行動により海水中の塩類とともに魚体内に取り込まれる。そのため魚体内に過剰に塩類が蓄積され、能動輸送によって鰓から体外に排出している（浸透圧調節）。塩類の排出には大量の体内エネルギーを消費しているため、海水魚を体液に近い低塩分海水で飼育することにより、塩類排出に関わるエネルギー消費

実験区	各実験区における平均体重	各実験区における実験尾数	実験日数	実験の反復回数
Ⅰ区	68 g	45尾	28日	N＝2
Ⅱ区	145-146 g	30尾	25日	N＝2
Ⅲ区	267-269 g	20尾	29日	N＝2

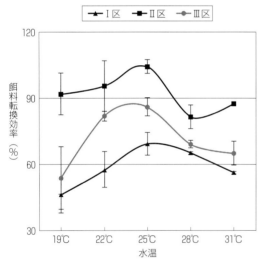

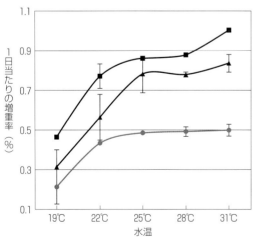

図1 飼育水温によるキジハタの餌料転換効率と1日当たりの増重率

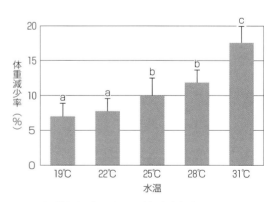

図2 無給餌飼育における体重減少率

体重50～422g（各実験区の平均体重は188gに調整）のキジハタを14日間無給餌飼育した場合の体重減少率を示した（N＝24）。アルファベットの違いはチューキー・クレーマー検定による有意差（$P<0.05$）を示す。

実験区	各実験区における平均体重	各実験区における実験尾数	実験日数	実験の反復回数	備考
稚魚区	1.09 g*	40 尾	23 日	N=2	6 psu 区は設定していない 13 psu 区では 5〜8 尾が死亡した
若魚Ⅰ区	23 g	30 尾	32 日	N=2	死亡個体なし
若魚Ⅱ区	91 g	20 尾	26 日	N=2	6 psu 区は実験魚の 95％が死亡したためデータ未掲載

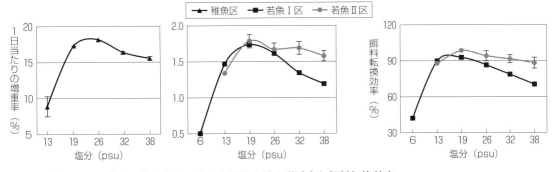

図3 飼育に用いる塩分によるキジハタの1日当たりの増重率と餌料転換効率
※体重測定によるストレスが大きいと想定されるため、実験に用いなかった同一群50尾の体重を計測した。

が節約され、余剰となったエネルギーが成長や生残に有効に働く可能性がある（魚類の浸透圧調整については144〜147頁、3-6参照）。

これは、前述の通り、広島県立総合技術研究所水産海洋技術センターが中心となって開発した技術で、カサゴやトラフグなどの仔稚魚では生残効果や高成長効果が認められており、われわれも同センターとの共同研究の中で技術開発を進めてきた。塩分代謝については1-4（41〜46頁）に解説されているので参照いただきたい。

そこで、塩分によるキジハタの成長を把握するため、小型水槽を用いて6〜38 psu（およそ20〜120％海水に相当）の6段階の塩分で約1ヵ月飼育し、成長や餌料転換効率などを比較した。実験は、平均体重1.09 gの稚魚と23 g・91 gの若魚の3群を用いて実施したところ、どの大きさでも19〜26 psuが最も成長し、餌料転換効率もやや高い傾向にあった（図3）。ただし低塩分であれば高成長を示すというわけではなく、13 psu（40％海水に相当）では32 psu（100％海水に相当）と成長量は同じであった

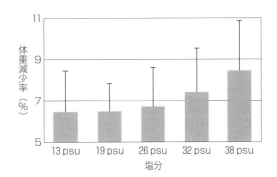

図4 無給餌飼育における体重減少率
体重62〜141 g（各実験区の平均体重は159 gに調整）のキジハタを水温25℃で20日間無給餌飼育した場合の体重減少率を示した（N=36）。

（稚魚期は除く）。さらに6 psu（20％海水に相当）では、実験開始10日目ごろから死亡個体が認められ、長期飼育には適さないことが分かっている。

塩分についても水温実験と同様に飼育塩分毎に20日間無給餌で個別飼育を実施したところ（N=36）、有意な差はないものの体液により近い塩分である13〜26 psuの基礎代謝が最も低い結果となっており（図4）、この範囲の塩分で

はキジハタの浸透圧調節に費やすエネルギーが少なくなっている可能性が考えられる。

■ 循環飼育の導入

キジハタを効率的に成長させる鍵となる適水温と低塩分環境による飼育を実現するためには、流水式飼育では同様の水温・塩分条件を維持する経費が多大となるため現実的ではない。そのため、飼育水は浄化処理して再利用する循環飼育を行うことが大前提となる。キジハタの陸上養殖においても、取水環境に応じて閉鎖循環と半循環飼育の2通りの飼育が想定される。今回、屋島庁舎で用いているシステムを紹介する。

閉鎖循環式による飼育

モデルのシステムは飼育水槽（実水量5.0 kℓ）、受け水槽（実水量0.7 kℓ）、泡沫分離装置、生物ろ過装置、通気装置（酸素通気も含む）、および循環に用いる0.4 kWポンプ2基などで構成されている（図5）。沈澱槽や脱窒装置は有効であるがスペースなどの問題から設置していない。そのため懸濁物は、受け水槽に設置した100目（227 μm）のポリエチレン製のネッ

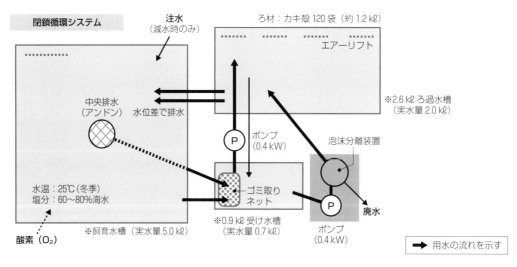

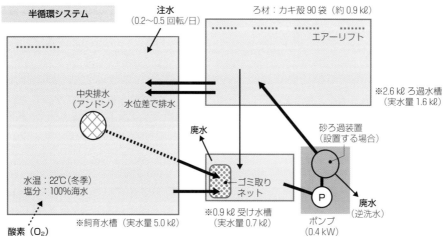

図5　キジハタ養殖における閉鎖循環と半循環システムの模式図（5 t 水槽のモデル）

トにより荒ゴミを捕捉し、毎日ネットを洗浄して有機物を除去している。一方、硝酸は100～200 mg/ℓを目安に部分換水を実施しており、飼育密度にもよるが1年間に2～5回くらいは半分程度飼育水の交換を実施することとなる。

生物ろ過水槽については、繰り返しとなるが、飼育水槽の約4割の容量で設計しており、ろ材には硝化能力が高く、カルシウム分を多く含むカキ殻を120袋（約1.2 kℓ）用いている。目詰まりが生じたら定期的に洗浄しているが（1年に2～3回程度）、その際、すべてのろ材を洗浄すると硝化能力が低下するため複数回に分けて洗浄し、閉塞しやすい生物ろ過水槽の最上部にはサランロック®などのマット類を入れ、マットのみを定期的に洗浄することでろ材の目詰まりを少しでも防止している。

水槽は角型水槽を用いているが円型でも問題なく、実用化となれば安価なキャンバス生地の水槽などの導入も検討したい。ただ、円型水槽の場合は飼育水槽内で強い回転流が発生することから、水流を緩和させるためには通気などによる工夫が必要である。

飼育水温は冬季に25℃となるよう設定し、塩分は19～26 psu（60～80％海水）としている。水温30℃で飼育すると25℃より若干の高成長が認められるが、給餌量が増え、加温経費が3倍となるため、25℃の方がはるかに効率的となる（**表1**）。このシステムでは50～100 kg/kℓのキジハタを飼育できるが、飼育密度が大きいほど部分換水を行う間隔が短くなるため、50 kg/kℓ前後が妥当な飼育密度といえる（**表2**）。本システムを用いて以上のような環境で養殖した場合、2年半程度で出荷サイズ（約500 g）になると見込んでいる（**図6**）。

表1 水温による成長、給餌量および加温経費（灯油代）の目安

飼育方式	水温	給餌量	灯油代（金額）	成長
閉鎖循環飼育	25℃	100	100（10.0万円）	100
	30℃	108	312（31.2万円）	110
半循環飼育（0.3回転/日）	22℃	86	60（15.2万円）	97
	25℃	100	100（25.5万円）	100

25℃飼育における給餌量・灯油代・成長を100とした（半循環飼育は、加温期間のみで算出）。
灯油代は1年間の灯油代（当時単価90円/ℓ）で示している。灯油代は、立地場所の気温で大きく変わる。
塩分は32 psu（100％海水）で飼育している。

表2 閉鎖循環と半循環飼育による好適飼育条件と水質の目安

飼育方式	閉鎖循環飼育	半循環飼育
養殖期間（500 gまで）	2年6カ月	3年数カ月*
換水率	0回転/日（減水分は補充）	0.2～0.5回転/日
システム内の循環率	60～80回転/日	40～50回転/日
水温（冬季）	25℃	22℃
塩分	19～26 psu（60～80％海水）	32 psu（全海水）
DO	4 mg/ℓ以上維持（飼育密度が高い場合は5 mg/ℓ以上維持）	
pH	6.5以下で摂餌不良や成長停滞**	6.5以上維持できる（6.5以下となる場合は換水率変更）
硝酸	100～200 mg/ℓ以上で一部換水または脱膣装置などを設置	高くならない（100 mg/ℓ以上の場合は換水率変更）
二酸化炭素	泡沫分離装置による脱気（脱気効率は高くない）	強曝気による脱気

* 25℃で飼育した場合は約3年となる。
** pHが6.0以下となると衰弱個体の死亡が生じ、生物ろ過水槽の硝化活性も低下するためアンモニアが増大する。そのため、pH調整剤を添加するか、飼育水の一部を換水（部分換水）する。

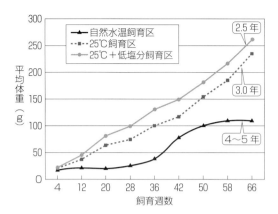

図6 好適条件によるキジハタの成長推移と出荷（500 g）までの予想養殖期間

図7 キジハタ陸上養殖による飼育風景

冬季：気温差による蒸発と放熱防止を目的にふたを設置（冬季①）。受け水槽なども保温する（冬季②）
夏季：室内灯の点灯や大きな振動によりキジハタが飛び出すことがあるため、飛び出し防止用のネットを設置。ネットをしたたま給餌できる。

半循環式による飼育

半循環式でもシステムは閉鎖循環式と大きく変わらないが、泡沫分離装置の代替として砂ろ過装置などを設置すると物理ろ過は効率的に機能する。生物ろ過水槽のろ材にはカキ殻を90袋（約0.9 kℓ）用いており、閉鎖循環式の約4分の3程度としている。半循環式では一定の注水が確保されているためpHは大きく低下しにくいが、ここでもカルシウム分を多く含むろ材を使う方が良い。

飼育水温は冬季の最低水温が22℃となるよう設定しているため、成長は25℃よりわずかに低下するが、加温経費が25℃の60％となるため設定水温を低くしている（**表1**）。塩分は希釈すると水道経費を要するため32 psu（100％海水）としているが、低塩分海水の浸透海水などが得られる環境であれば積極的に利用したい。

このシステムでは、換水率にもよるが、100 kg/kℓ前後のキジハタを飼育可能で（**表2**）、3年数カ月程度で出荷サイズになると推測している。なお、25℃で飼育した場合は3年以内に出荷できると見込んでいる（**図6**）。

循環飼育における飼育環境

閉鎖循環・半循環いずれの手法であっても、加温する冬季は気温差による飼育水の蒸発や放熱防止を目的に半透明のふたを設置している（**図7**）。受け水槽や生物ろ過水槽もていねいに保温することを心掛けたい。夏季はふたを取り外すが、室内灯の点灯時などはキジハタが驚い

て水槽外に飛び出すことがあるため、飛び出し防止のネットを設置している。なお、ふたを設置すると一部の魚種では成熟が進まないことが知られている。キジハタ完全養殖のための親魚候補群の飼育を行う場合はふたを設置せず、成熟のための日長コントロールを行う必要がある。

基本的には室内飼育であるため室内灯を設置しているが、それほど明るくする必要はなく、給餌時の表面照度が500ルクスもあれば十分である。屋外もしくは自然光が飼育水槽に直接入射する環境では成熟が進み成長停滞することがあるため、光制御できる環境の方が望ましい。

エサは配合飼料で十分であり、成長に応じて給餌回数を変更していく。キジハタでは種苗導入時は1日2回程度給餌し、1日1回給餌、1週間に1～3回給餌と給餌間隔を変更していく。ただし配合飼料のみでは天然魚に比べ体色が白っぽくなるため、出荷前には別水槽に移してアスタキサンチンなどを豊富に含んだモイストペレットなどに変更して色揚げ・味上げするなど工夫したい。一定期間、低水温や高塩分飼育することで身質改善される知見もあることから、キジハタでも導入を検討したい技術である。

■ **産業化の勝算**

成長に適した水温や塩分を維持することにより、加温を行わない（自然水温）流水式の陸上養殖と比べて養殖期間の大幅な短縮が可能性となった。それでも出荷サイズを500gとした場合2年半程度の養殖期間となり、ほかのハタ類と比較しても効率が悪い魚種と言える。そこで、屋島庁舎現有施設でキジハタを養殖した場合のコスト試算を行ってみた。

試算の条件設定として、内陸域で塩分26 psu、水温25℃の人工海水を用いた閉鎖循環式陸上養殖を行ったとする。また、養殖期間中はpHの低下や硝酸の蓄積などによる水質悪化が生じるため、今までの飼育経験から養殖期間中に4回の50％換水を実施することとする。キジハタ稚魚は2,000尾収容して、ほぼすべて生き残って2,000円/kgで取引（約200万円の収入）されたと仮定した。その結果、種苗代、人工海水粉末代、飼料代、灯油代、循環ポンプの電気代などのイニシャルコストは102.3万円と試算された。

事業化していくためには残りの97.7万円の中からシステムの減価償却、消耗品に加え、人件費と利益も得なければならない。システム内の水槽各種や泡沫分離装置などの高額機器の設置が不可欠あることから、現状では採算は厳しい状態にあると言えるだろう。キジハタが儲かる養殖であるためには、更なる高成長やシステムのコストダウンはもちろん、飼育密度の増加や人工海水粉末の低コスト化、ブランド化なども図っていく必要があると考えている。

近い将来には、これらの技術をより高度化して事業化を図り、美味しいキジハタがもっと身近な魚として食卓を賑わす日がやってくることを日々願いながら、研究を進めていきたい。

（森田 哲男）

■ **参考文献**

1) 萱野泰久・尾田 正（1994）人工生産したキジハタの成長と産卵、水産増殖、42（3）、419～425頁。
2) 森田哲男（2014）キジハタの循環式陸上養殖事業化への可能性、養殖ビジネス12月号、14～16頁。
3) 山本義久・森田哲男（2018）キジハタ陸上養殖のガイドライン～適正飼育条件と市場性についての一考察～、アクアネット3月号、44～49頁。
4) 御堂岡あにせ（2012）低塩分飼育法による種苗生産技術の開発、アクアネット、15（7）、42～45頁。

半循環 閉鎖循環

第3章　国内事例　～事業化の現状とシステム設計～
ヤイトハタ養殖
3-17

ここがポイント！

- ☑ 半循環式陸上養殖試験では、収容尾数1,000尾・換水率1回/日の区において、生残率99%、増肉係数1.1という結果が出た
- ☑ 収容密度100 kg/kℓ程度においては、飼育水槽容量に対し20%程度の生物ろ過水槽の設置、30回転/日程度の循環率によって水質は維持できる
- ☑ 魚が小型の場合、高密度飼育になるほどパニックが生じやすく、大量へい死につながる可能性がある

　ハタ類は、高級食用魚を多数含む分類学的な魚のグループ（ハタ科）の俗称で、熱帯海域を中心に温帯海域に至る世界の沿岸に広く分布・生息している。沖縄県では、代表的な種として「アーラミーバイ」と総称されるヤイトハタ（**写真1**）が、美味かつ高級食材として高値で取引されている。また、ハタ類は中華圏でも非常に好まれ、高価食材として高級中華料理に使用される人気の魚となっている。美味で需要の多いハタ類は、アジアや中東地域で古くから天然種苗を用いた養殖が行われており、現在では各国で複数種の種苗量産に成功し、これらの種苗を用いてアジア市場をターゲットとした養殖が盛んに行われている。

　このようなことから、沖縄県では熱帯性ハタ類の養殖研究に取り組んでおり、特にヤイトハタについては、成長や食味の良さから重要な養

写真1　ヤイトハタ

殖対象種となっている。ヤイトハタの種苗生産は1996年に初めて成功し、1997年以降、毎年安定的な種苗生産が行われ本格的な養殖に発展している[1]。生産者および本県研究機関の努力によって養殖生産量は増加傾向にあり、2013

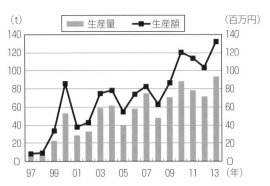

図1 沖縄県内のヤイトハタ生産量・生産額
資料：沖縄県水産課調べ

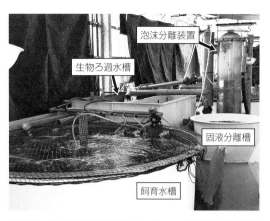

写真2 沖縄県栽培漁業センターの半循環式陸上飼育システム

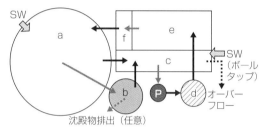

図2 沖縄県栽培漁業センターの半循環式陸上飼育システム図
a：飼育水槽（2kℓ）　b：固液分離槽　c：受け水槽
d：泡沫分離装置　e：生物ろ過水槽　f：処理水槽

年には生産量が約93t、生産額が約1.3億円に達している（図1）が、海面養殖では毎年のように台風の被害を受け、寄生虫による飼育初期のへい死事例が多く、生産が不安定であることが問題となっている。

沖縄県水産試験場が2004～2005年度に実施した掛け流し式（以下、流水式）による飼育試験[2),3)]において、本種は陸上飼育に適した魚であることが明らかにされた。しかし、流水式陸上飼育では大量の飼育海水を必要とするなど、設備投資やランニングコストが膨大になるという理由から、わずかに普及しているのみというのが現状である。

㈱水産研究・教育機構瀬戸内海区水産研究所（以下、瀬戸水研）では、飼育海水の使用量を極端に減らして陸上飼育を可能とする海産魚類の閉鎖循環式飼育システムを開発している。そこで、そのシステムを応用し、低コストでより高密度な養殖を可能とする養殖技術の開発を目的に、沖縄県栽培漁業センター（以下、県栽セ）と瀬戸水研で共同研究を実施した。

■ 半循環式陸上養殖試験

県栽セと瀬戸水研が共同で試作した半循環式陸上飼育システム（写真2、図2）4セットを用いて、2013年4月より試験規模の飼育試験を行った。

飼育水槽は円形2kℓで、飼育水槽上面から受け水槽へ排水するほか、底面中央からは固液分離槽（0.2kℓ）を通して受け水槽へ排水しており、受け水槽では袋状ネットによる物理ろ過を行っている。受け水槽より循環ポンプによって泡沫分離装置、生物ろ過水槽（ろ材容量約0.4kℓ）へ送水した処理水が飼育水槽へ戻る循環経路となっている（全システム容量約3.6kℓ）。また、本システムは一定量の換水を行う半循環システムとし、収容密度の高密度化による成長や生残率、水質変化などを調査し、本システムにおける収容密度の限界値の把握を目指した。

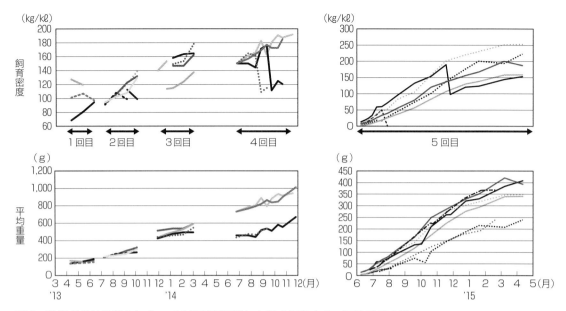

図3 沖縄県栽培漁業センターでの半循環試験における飼育密度・平均重量の推移
※グラフの各線が途切れているのは、試験区設定を変えながら（収容尾数、収容サイズ、循環率、換水率、酸素通気など）断続的に試験を実施したためである。

試験魚は、2012年に生産された種苗を2013年4月から飼育し、定期的に測定・選別を行いながら、試験終了の2014年12月まで試験設定を変更しつつ断続的に試験を実施した。本試験での飼育密度・平均重量の推移を図3に示した。

1回目：換水率と収容尾数

2013年度は3回の実験を行った。1回目は、4月1日～6月10日までの61日間、平均重量132～170 gの種苗を用い、収容尾数（1,000尾区、1,500尾区）と換水率（1回/日、1.7回/日）の違いによる飼育試験を実施した。循環率は30回/日とし、週5日の飽食給餌（給餌前のDOが2.0 mg/ℓ以下は給餌中止）を行った。

しかし、本試験においては、粘液胞子虫・ウーディニウムの寄生やDO低下が原因と考えられる餌吐きに起因する水質悪化に伴う大量へい死があり、予定通りの試験を実施することができなかった。また、30回転/日程度の循環率では、泡沫分離装置内部の水位を適正量に保つことが困難であり、さらにブロアーの通気圧が弱いため通気配管側に海水が逆流し、泡が全く出ない状況や循環ポンプの吐出圧が弱く泡沫分離装置の配管詰りが頻発した上、平均DOが3 mg/ℓ前後と低い結果となった。

このような中、トラブルなくデータの収集ができた収容尾数1,000尾、換水率1回/日の区において、飼育密度が68.6 kg/kℓから94.4 kg/kℓに達し、生残率99.0%、増肉計数1.1という良好な結果が得られた。また、換水率は1回転/日と1.7回転/日で換水率の低い方が無機三態窒素で高い傾向は見られたが、100 kg/kℓ程度の収容密度において、飼育水槽容量に対して20%程度の生物ろ過水槽を設置し、30回転/日程度の循環率で、水質を維持することができた。

2回目：酸素通気と循環率

2回目の試験では、酸素発生装置の利用と循環率の増加によりDOの改善を図りつつ、飼育

密度を高めるため、2013年7月8日〜10月4日の88日間、平均重量209〜217gの種苗を各区870尾収容し（飼育密度92 kg/kl前後）、酸素通気（4 l /分）の有無と循環率（30回/日、50回/日）の違いによる比較試験を実施した。換水率は1回/日、給餌は週6日（給餌前のDOが2.5 mg/l 以下は給餌中止）行い、飽食給餌による餌吐きを防ぐため、直近の体重測定時重量をもとに日間給餌率約0.9％を上限とし給餌した。

その結果、酸素通気区においてDOが3〜5 mg/l 程度と酸素通気なしと比較して約1 mg/l 高く維持でき、さらに循環率の高い方がDOを高く維持する傾向が見られた。成長などに関しては、過去に実施した試験[4),5)]より若干劣るものの比較的良好で、飼育密度も130〜138 kg/klに達したが、肥満度は14前後と酸素飽和状態で飼育試験を行った本種の肥満度（16〜18程度）と比較して低い結果となり、日間給餌率の低さが痩せている原因と考えられた。収容密度が100 kg/klを超えたことによってDOの急激な低下やパニックの連鎖反応などが起き、餌吐きによる大量へい死に繋がったものと考えられた。

pHは6.9〜7.3程度を安定して保ち、無機三態窒素濃度も比較的安定しており、循環率の違いによる差はなく、水質は安定していた。しかし、泡沫分離装置の配管詰りは引き続き発生した。

3回目：酸素通気と循環率

3回目の試験では、2013年11月27日〜3月3日の96日間、平均重量425〜514gの種苗を各区の飼育密度が140 kg/kl前後になるように収容し、循環率を最大の65〜75回/日とし、酸素通気（4 l /分）の有無による飼育試験を行った。換水率は1回/日、給餌は週5日（給餌中止のDO値と最大日間給餌率は前回同様）

> **用語解説**
>
> ### パニック
>
> 光・音・振動などの刺激により一部の飼育魚が暴れ、それにつられて水槽全体の飼育魚が一斉に暴れる状態。酸素を急激に消費することで、酸素不足による餌吐きを誘発するものと考えられる。飼育密度が上がると日中でも発生するが、夜は少しの刺激でパニックを起こすなど、日中と比較して発生頻度が高くなる上、通常の状態に落ち着くまでに長い時間を要する。

とした。DOは水温低下によって酸素通気を行っている区で6〜7 mg/l、酸素通気なしの区で5〜6 mg/l と高く維持できており、2回目と比較して肥満度が15前後と少し改善された。

また、冬季に行われたこの3回目の試験では、春〜夏に見られなかった20〜21℃の低水温期によるものと思われる成長の停滞が見られたが、試験終了1カ月前から良好な成長を示し、トラブルでへい死の起こった区を除いた飼育密度は162.0〜178.5 kg/klに達した。pHおよび無機三態窒素濃度は、これまでの試験と比較して低い値で安定していた。

今回の試験では、循環ポンプの吐出バルブを全開にしたことで泡沫分離装置の配管詰まりが起こらず安定した。

4回目：高密度飼育への挑戦

4回目の試験では、2014年6月25日〜10月23日の120日間、平均重量約730gおよび435〜460gの大小区に選別した種苗を飼育密度が約150 kg/klになるように各区に収容し、酸素通気（4 l /分）の有無による飼育試験を行った。そのほかの飼育条件は3回目と同様とし、過去最高の飼育密度に挑戦した。

その結果、供試魚の成長はこれまでの試験と同程度を示し、飼育密度は過去最高の190 kg/kℓを超えたが、DOは酸素通気を行っている試験区において4～6 mg/ℓ程度と酸素通気なしと比較して約1 mg/ℓ高く維持できたものの、成長に大きな差は見られず、これまでの試験同様、肥満度が14～15、日間給餌率0.5%前後と低い結果となり、今後、酸素供給手法について検討を行う必要がある。

また、今回の試験においてもパニックによる餌吐き、配管外れによる試験魚の大量へい死が発生し、いずれも夜間の雷雨時に起こったことから、雷による光・振動・音などがパニックを誘発していると推察された。さらに、サイズの小さい区のみで大量へい死が起こっていることから、同じ飼育密度では飼育尾数の多い区においてパニックが生じやすいと考えられた。190 kg/kℓを超える高密度においても、無機三態窒素濃度は比較的安定していた。

これまでの結果より、試験規模の2 kℓ水槽（システム容量3.6 kℓ）に対し、換水率1回/日、循環率65～75回/日、飼育水槽容量の20%程度の生物ろ過水槽で190 kg/kℓを超える密度で本種の飼育が可能であることが確かめられた。しかし、酸素供給手法の改善によって日間摂餌率を上げ、成長・肥満度を改善することや、パニックやDO低下による餌吐き、大量へい死などへの対策を講じる必要がある。一方、海産魚類において、飼育密度150 kg/kℓを超える事例はほとんど報告がなく、本種の高密度陸上養殖実用化に向けた知見はある程度得られたと考えられる。

5回目：高密度中間育成

種苗期は、日間給餌率が成長に伴って下がるものの導入初期は6%程度と高く、DO要求量も高くなるため、システムへの水質管理に対する要求量が高くなると考えられた。5回目の試験では、これまで行っていなかった種苗からの高密度中間育成試験を行い、本システムでどの程度飼育可能か検証した。

供試魚は、生産ラウンドの異なる大小の種苗を用い、それぞれ飼育尾数を変えて収容し、2015年6月8日～4月11日の308日間飼育試験を行った。循環率は最大の65～75回/日とし、換水率は1回/日でベンチュリー方式による酸素供給（1.5～2.0 ℓ/分）を実施した。給餌は飼育魚の成長に合わせ週6～5日（給餌中止のDO値と最大日間給餌率は前回同様）、日間最大給餌率は6.0～0.9%とした。

その結果、供試魚の成長は通常の中間育成を行っている対照区と同程度を示し、250 kg/kℓを超える飼育密度での飼育が可能となった（**図3**）。しかし無機三態窒素の数値は密度の高まりに伴い、これまでの試験と比較して高い値を示した。また、本試験においては、物理ろ過ネット（袋状ネット）の詰まりによる飼育水槽からのオーバーフローや泡沫分離装置上部からの排水過多による循環ポンプの空転・停止が数回起こり、大量へい死した事例があったため、ボールタップ式給水による水位調整可能な仕様へ改良を行った。

その結果、大量へい死を起こす事例は生じず、9割を超える生残を示した。

■ 実用化試験

試験規模での養殖システム開発試験と並行して、実用規模での技術開発の推進を目標に、沖縄県内の陸上養殖施設（50 kℓ水槽12系統24面）を擁する伊平屋村漁業協同組合（沖縄県伊平屋村）と県栽セで共同研究を行っている。既存施設1系統2面を泡沫分離装置（2基）と生物ろ過（ろ材容量約2.5 kℓ、流動床約1.2 kℓ×2基）による半循環式陸上養殖システムへ改修（**図4**）し、2013年9月より既存水槽1系統2

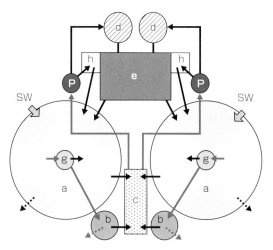

図4 伊平屋村漁協の半循環式陸上飼育システム図
a：飼育水槽（50 kℓ）　b：固液分離槽（沈殿槽）
c：受け水槽　d：泡沫分離装置　e：生物ろ過水槽
g：流動床　h：曝気槽　SW：海水

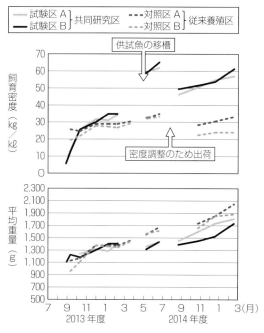

図5 伊平屋村漁協試験における飼育密度・平均重量の推移

面とで成長、飼育密度を比較した。各区の換水率は約1.4回／日、試験区の循環率は約20回／日、対照区約15回／日とした。

その結果、試験区の飼育密度は高いときで約65 kg/kℓと対照区約36 kg/kℓと比較して2倍程度の飼育が可能となった（**図5**）。しかし、良好な成長を示す夏季にろ過の許容量を超えてしまい、飼育水に濁りが発生し、摂餌活性が著しく低下したため、間引きを実施した。よって、現システムにおける飼育密度は、約70 kg/kℓが限界と考えられる。

試験規模システムと比較すると、循環率や生物ろ過容量が少なく、改善の必要性が示唆されたことから、今後これらの課題をクリアし、陸上養殖施設において100 kg/kℓ以上の生産が可能となるシステムを構築し、本種の安定的な生産に寄与したい。

（城間 一仁）

■参考文献

1) 木村基文・狩俣洋文・山内岬（2015）：ヤイトハタの人工種苗生産技術開発と養殖技術開発、海洋と生物、vol.37-No.2、136〜144頁。

2) 金城清昭・伊差川哲・野甫英芳（2006）：ヤイトハタの高密度養殖試験-Ⅰ、平成16年度沖縄県水産試験場事業報告書、124〜131頁。

3) 金城清昭・伊差川哲・野甫英芳（2007）：ヤイトハタの高密度養殖試験-Ⅱ、平成17年度沖縄県水産試験場事業報告書、126〜136頁。

4) 中村博幸・知名真智子・末吉誠・須永純平（2007）：ヤイトハタの高密度養殖試験-Ⅲ、平成18年度沖縄県水産海洋研究センター事業報告書、126〜130頁。

5) 中村博幸・知名真智子・末吉誠・須永純平（2008）：陸上水槽を使用したヤイトハタの高密度養殖試験、平成19年度沖縄県水産海洋研究センター事業報告書、73〜75頁。

半循環 閉鎖循環

第3章　国内事例　～事業化の現状とシステム設計～

カンパチの中間育成

3-18

ここがポイント！

☑ 軸流ポンプを設置し、大型水槽（100 kℓ）でも低コストで1日約7.2回転の回転率を確保

☑ 海水使用量の大幅削減により、加温用の重油代・取水用ポンプの電気代が削減され、種苗生産単価は23.9円削減（種苗経費全体の約13％削減）

　ブリやカンパチなどの回遊魚の一般的な飼育では極めて大量の換水を行いながら飼育する。閉鎖循環もしくは半循環飼育が実施された事例は非常に少ない。厳密には養殖ではないが、陸上水槽で調温（加温）しながら飼育しているカンパチ種苗の中間育成において、鹿児島県との共同研究で半循環飼育に挑戦した事例があるので紹介する。

■ 日本のカンパチ養殖と中間育成への循環式システム導入

　鹿児島県は養殖カンパチの国内生産量の約6割を占める国内最大の産地である。しかし、カンパチの養殖原魚は中国からの大型種苗の輸入に依存していたことから、過去に一部の種苗でアニサキスに感染しているものが見つかり大きな問題となった。そのため、養殖現場から養殖原魚の国内産人工種苗への転換が強く求められ、農林水産技術会議の実用化開発事業「カンパチ種苗の国産化および低コスト・低環境負荷型養殖技術の開発（平成18～21年度）」が実施されたことで、年間約60万尾の大型種苗の生産が可能となった。

　ところが、大型種苗を養殖原魚に育てるための中間育成において、育成経費の増大（主に取水経費）や疾病による減耗の理由から、養殖場では導入が定着しなかった。また、年間約60万尾の大型種苗を育てていくには大量の海水が必要であり（最大使用量：1時間当たり420 t）、春季と秋季の2回に分けて飼育しているものの、既存の取水施設では取水量そのものが不足しているのが現状であった。

　そこで量と経費の2点で重くのしかかっている海水使用量を削減することを目的に、循環式飼育システムの導入を検討した。

図1 カンパチ中間育成に用いた半循環システムの模式図と装置写真
右図は、①システム全景、②飼育水槽（減水時に撮影）、③軸流ポンプから飼育水槽への循環（写真奥は泡沫分離装置からの排出）、④生物ろ過水槽（ろ材設置前、中央奥がスクリーン）、⑤生物ろ過水槽（ろ材設置後）を示している。
イラスト（カンパチ）：藍原章子（（研）水産研究・教育機構）

■ システムの設計

この実験に用いたシステムは、鹿児島県水産技術開発センターと（公財）かごしま豊かな海づくり協会、そして屋島庁舎の研究者が知恵を持ちよって設計したものである（**図1**）。既存の100 kℓ水槽をうまく転用することがシステム設計の条件であったため、飼育に用いていた八角型水槽の2隅に設けられている三角型の排水スペース（約2 kℓ）を利用した生物ろ過装置を設計し、底面にある排水口に立ち上がりパイプを設置して水位調整している。

さらに水槽に接する側面にあったスクリーンネット部分を改良してろ材の底面より飼育水が沸き上がるような仕組みとした。もう1つの工夫点として電気使用量が少なく排出量が大きい軸流ポンプを設置することで、100 kℓという大型水槽においても低コストで1日約7.2回転（飼育水槽と生物ろ過装置間）という大きな循環率を確保した。なお、本システムでは飼育水槽と比較してろ材設置スペースが小さかったため泡沫分離装置を設置して懸濁物の除去を行い、ろ材への負担を軽減させている。

■ 海水使用量の低減効果

カンパチの中間育成（5～10 cmまで飼育）は成長に応じて1日当たり5～10回転の換水を行っているが、本システムを設置して従来式50％（春飼育で実施）もしくは25％の換水率（秋飼育で実施）で飼育しても水質や健苗性、成長・生残に問題はなく、今まで実施していた流水飼育と同様の飼育成績を得られた（**表1**）。従来式25％の換水率であってもアンモニア態窒素濃度は1 mg以下であったことから、従来式10％程度（0.5～1回転）の換水率でも飼育できる可能性は大きいと思われ、今後が期待される（**図2**）。

表1 従来の流水式と半循環式中間育成における飼育結果（(公財)かごしま豊かな海づくり協会）

実験区	換水率（回転/日）	実験期間	日数（日）	飼育開始サイズ（mm）	飼育開始尾数（尾）	生残数（尾）	生残率＊（%）
流水	5.9-9.6	H27.6.2-25（春飼育）	23	54.0	30,000	16,630	91.9
半循環A	3.1-4.8（従来式の50%）	H27.6.2-25（春飼育）	23	52.4	30,000	17,589	92.8
半循環B	0.9-1.8（従来式の25%）	H27.9.18-10.12（秋飼育）	24	45.9	30,693	18,909	99.4

＊は、選別や体測により選別した個体を除外して計算。

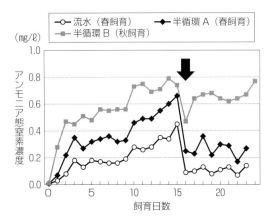

図2 カンパチ中間育成実験におけるアンモニア態窒素の推移

➡ では種苗選別のために減水を行ったため、アンモニア態窒素濃度が急減している。

表2 流水式と半循環式による取水電気代と加温経費（重油代）の削減効果（春飼育）

実験区	電気代（円）	重油代（円）	合計（円）	種苗1尾当たりの金額（円/尾）
流水	49,100	459,200	508,300	27.6
半循環	12,275	56,750	69,025	3.8
削減金額（円）	36,825	402,450	439,275	23.9

半循環は流水の50%の換水率で飼育した。

循環システム導入による種苗生産単価削減効果

循環システムの導入で海水使用量が大幅に削減できたことにより、従来式の50%の換水率で飼育した事例の加温に用いた重油代と取水に用いるポンプ電気代を算出したところ、1水槽あたり43.9万円の経費削減効果が得られた（表2）。実に23.9円の種苗生産単価の削減効果（種苗経費全体の約13%削減）が得られたのは驚きであった。もちろん今回の実験ではシステムのイニシャルコストもかかっているが、その経費を差し引いても種苗経費全体の約5%は削減できている。

その後実施した従来式の25%の換水率で飼育した事例は秋飼育であったため単純に比較できないが、経費のさらなる削減効果は明らかであり、回遊魚の飼育現場で常に生じている大量の海水確保の問題も大幅に解消できるものと期待されている。

なお、本事業は農林水産業の革新的技術緊急展開事業（農林水産省農林水産技術会議）の助成を受けて実施した。

（森田 哲男）

■参考文献

1) 虫明敬一（22006）カンパチ人工種苗の大量生産と養殖技術の高度化への挑戦、日水試72、1158〜1160頁。

2) 山本義久（2016）閉鎖循環飼育の未来と可能性Ⅲ 完全養殖の国産カンパチのための「鹿児島モデル」―半循環式中間育成による生産原価低減―、アクアネット7月号、48〜53頁。

半循環　閉鎖循環

第3章　国内事例　〜事業化の現状とシステム設計〜
バナメイ養殖
3-19

ここがポイント！

- ☑ 波の力による水の撹拌システムを利用した水質の均整化、省エネルギーなバーチカルポンプの開発により、従来の10分の1の電気エネルギーで水の循環と撹拌を実現
- ☑ 水槽の形状を逆三角形にすることで固形沈殿物を底に設置したピットに集積。固形物のまま外部に排出させるためヘドロの発生は0
- ☑ マニュアル化した育成・健康管理システムにより、素人でも管理できるようにした

日本へ毎年25万t以上が輸入されているエビは、東南アジア諸国で深刻な環境問題（エサの食べ残しや排泄物による海洋汚染、マングローブ林の伐採など）を引き起こしている。また2012年に中国・ベトナムで発生した新たな疾病（Early Mortality Syndrome：EMS）のまん延により生産量は減少し、不安定な産業となりつつある。そのため、IMTエンジニアリング㈱では、環境への影響を最小化し、安全で持続可能に養殖エビを生産できる実用レベルの技術開発を、産官コンソーシアムで進めてきた。

主要な開発テーマは以下の通り。

1) 生理学的研究による、バナメイ（**写真1**）淡水養殖技術の確立
2) エビのストレス評価・低減技術の開発
3) 高密度完全循環式エビ生産プラントの開発

写真1　バナメイ

4) 水質を悪化させない低価格餌料の開発
5) 生殖機構の解明によるバナメイ親エビの人為催熟技術の開発
6) 閉鎖循環式種苗生産システムの開発

この研究成果に基づき、2007年から稼働している実証プラント（新潟）の経過と課題、および今後の取り組みについて記述する。

表1 世界の養殖業の推移

養殖全体	1990	1995	2000	2005	2009	2009/1990	伸び率(/年)
養殖生産量（t）	16,840,078	31,232,447	41,723,758	57,825,241	73,044,604	4.34	8%
養殖生産額（1,000 US $）	27,167,197	44,126,958	52,899,513	72,995,975	110,149,041	4.05	8%
養殖単価（$/kg）	1.61	1.41	1.27	1.26	1.51	—	—

資料：FAO

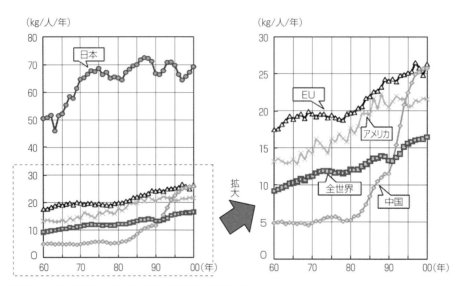

図1 日本と世界の水産物需給（1960～2000年）

資料：水産庁（2007）

■ **養殖産業は成長産業**

第1章（1-1、1-2）でも触れられている通り、1990～2009年までの19年間で、世界の養殖産業は生産量、生産額ともに年率8％の伸びを示しており、2009年には1,100億ドル産業に成長している。この背景としては、2000年61億人の人口が2050年には90億人なると言われている。人口増大に伴う食糧生産量増大の必然性と、世界の穀物生産量の拡大が限界に達しようとしていることが要因として挙げられる。また、狂牛病や鳥インフルエンザなどの影響から、肉よりもヘルシーな動物性タンパクとして、魚の需要が喚起され、健康志向による世界的な魚食ブームを後押ししている。

新興国においても、生活が豊かになると穀物よりも肉類を食べ出す傾向が強いが、牛肉1kgを生産するには、11kgの飼料が必要であり、豚肉でも1kgに対して3.5kg、鶏肉でも2.3kgの飼料が必要となる（トウモロコシ換算）。これを前述の人口の伸びに、肉食の増加要素を加味すると、2050年には2000年の2倍以上の穀物が生産されないと穀物および肉の需要は賄えない計算となる。しかし、穀物生産は耕地面積の拡大が限界になってきており、また単収アップの技術も遺伝子組み換えなど、特別な技術以外は限界となっている。

■ **陸上養殖に適した魚種の選定**

海面養殖とは違い、さまざまな経費（電気代、光熱費、エサ代など）や施設コスト（建屋、水

表2 エビ養殖の推移

エビ養殖	1990	1995	2000	2005	2009	2009/1990	伸び率(/年)
養殖生産量（t）	680,255	928,281	1,136,953	2,667,614	3,004,802	4.42	8%
養殖生産額（1,000 US $）	4,224,209	6,055,871	7,161,168	10,430,824	14,647,123	3.47	7%
養殖単価（$/kg）	6.21	6.52	6.30	3.91	4.87	—	—

資料：FAO（2011）

槽、プラント）のかかる陸上養殖では、付加価値の高い魚種を選定しなければ事業として成り立たない。

その条件は以下の通り。

1) 原則1年未満で生育する、成長の速い魚種
   → 生産コストの軽減と、各種リスクの軽減
2) 飼料効率の良い魚種
   → 小魚資源の枯渇防止とコスト軽減を考えると、増肉係数が2以下
3) 稚魚が年間を通じて安定的に手に入る魚種
   → 特に、特定病原菌のないSPF種苗が入手できれば、病気リスクを回避できる
4) 可能な限り付加価値が高く、市場性の広い魚種
   → 現状では池渡し価格が1,000円/kg以上でないと、エネルギー費の高い日本では採算に合わない

IMTエンジニアリングがエビを選定した理由

前述の魚種選択理由でも述べているが、日本におけるエビ輸入量は、加工品を合わせれば年28万tと大きな市場を持ち、付加価値も高く、季節に左右されずに売れる食材である。また、全体の消費量の90％以上を輸入に頼っているので、既存漁業者との競合が少なく、日本の食料自給率向上にも貢献できる食材となり得ると考えた。世界的に見ても、エビ養殖は養殖全体の13％（2009年）を占める、大きな産業となっている。（表2）

多くの種がいるエビの中でも、我々が開発したシステムは、南米エクアドルが原産の *Litopenaeus vannamei*（以下「バナメイ」、別名：太平洋白エビ）というエビに特化したものである（写真1）。このエビは現在、世界的にまん延している5種類のウィルス性病原菌がいないSPF稚エビが、年間を通じて安定的に入手できる唯一の種類であるからである。

バナメイは、通常河口近くの汽水域に生息しており、淡水でも海水でも育成が可能なため、内陸部の海水が手に入らない地域でも育成できる（257頁、4-6に海外事例を掲載）。また、ほかのエビに比べて成長が早く、稚エビPL10（0.002g）から約4カ月で15〜18gの収穫サイズとなる。また、クルマエビやブラックタイガーと違い、エビが砂に潜らなくても泳いで育つため、魚と同じように水槽で泳がして育てることができる。そのため、水底の砂などに沈殿物（ふん、残餌など）が入り込まず、固形物のまま外部に吸い出すことが可能となる。

こうしたことから、水質管理が比較的容易で、垂直方向の密度を稼げるためクルマエビなどに比べて高密度養殖に向いている種といえる。なお、現在、世界で生産されている養殖エビのうち、バナメイは70％を超す最も一般的な種となっている。

案外知られていないことであるが、閉鎖循環式陸上養殖は、食物生産の中で最も水を使用せずに生産できる方式である。ほかの食物は育成過程において、動植物が水を消費してしまう

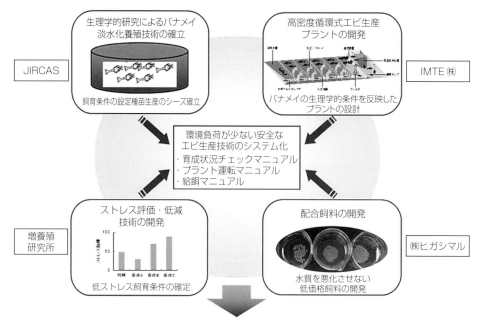

図2　研究開発推進体制

が、魚やエビは水槽に水は必要とするが、魚介類そのものが水を消費するわけではない。

例えば、畜産では、牛の場合1kgの肉を生産するのに2万600ℓの水を消費すると言われており、最も少ない鶏でも4,500ℓ/kg必要である。農業においては、米で3,600ℓ/kg、小麦でも2,000ℓ/kg必要である。

エビ生産においては、東南アジアで行われている、外部のため池方式では1万ℓ/kgも水を必要とするが、我々が開発した屋内型エビ生産システムでは315ℓ/kgと、非常に少ない水しか使用しない食料生産方式となっている。

■ 開発体制（産官連携での推進）

本システムの開発は、バナメイの陸上養殖研究で先行していたアメリカを参考に、産官連携体制で当初から開発を進めてきた。その目的は、日本で大量消費されていながら自給率が10％に満たないエビ類の国産化技術を開発し、安全な食料自給の実現に貢献することである。

その目標は、日本のエネルギー事情に適合した、省エネな高密度循環式バナメイ生産システムを構築し、マニュアルに基づく簡便な飼育方法、高密度飼育環境下におけるストレス低減方策を開発することにある。さらに、高密度養殖に適した、植物性タンパク質を主に利用した低環境負荷の専用飼料も開発する。

生産目標は、バナメイ養殖では世界最高水準の高密度（10 kg/㎡）を通年で実現し、安定的な事業推進が図れるようにすることを掲げた。

開発コーディネーターであるマーシー・ワイルダー博士（㈱国際農林水産業研究センター：JIRCAS）を中心に、生産システム開発をIMTエンジニアリング、ストレス評価・軽減方策を㈱水産研究・教育機構増養殖研究所、最適なエサをヒガシマル㈱、JIRCASで開発された成熟・ふ化技術による稚エビの生産をマリンテック㈱のコンソーシアムで推進した（図2）。

その主要な成果は以下の通り。

1) バナメイの浸透圧調節機構を調べ、稚エ

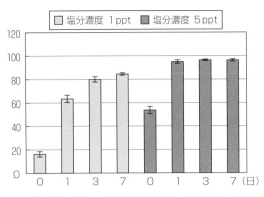

図3 各低塩分水への馴致期間と種エビ生残率の関係

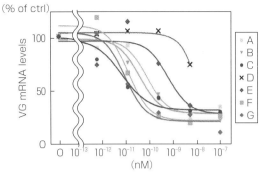

図4 バナメイ眼柄由来の7種（A～G）ペプチドの卵黄形成抑制活性

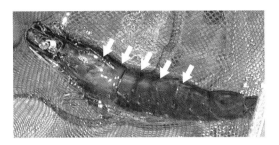

図5 人工授精に使用した親エビ
矢印は成熟した卵巣を示す。

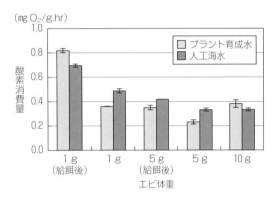

図6 バナメイの酸素消費量（0.4～0.5 mg/g・h）

ビに最適な低塩分育成水（塩分濃度5 ppt、硬度1,400 ppm）のほか、低塩分育成水への最適馴致期間（5 pptの場合、1日以上が必要）を見出した（**図3**）。

2) バナメイの生殖機構解明の一環として、眼柄由来のペプチドを詳細に解析した結果、7種の卵黄形成抑制活性を保持するペプチドを明らかにした（**図4**）。この結果に基づき、卵黄形成抑制ホルモン（vitellogenesis-inhibiting hormone：VIH）の同定に成功し、ホルモン投与などによる親エビの人為催熟技術の開発に取り組んだ。また、国内でのエビ類生産の安定化を図るため、種苗生産技術のシーズ開発を試みて、親エビの成熟誘導に成功した（**図5**）。

3) 高密度循環式エビ生産プラントを開発するに当たり、バナメイの各成長段階の最適な水温、酸素消費量（**図6**、クルマエビの3倍）、流速、水質を解明し、エビ生産システム（**図7**）を設計し特許を取得した。

4) プラント機器（造波ゲート、マイクロスクリーン、沈殿物排出装置、酸素混合器、人工海草、低揚程大流量循環ポンプ、収穫用四手網など）を独自に開発製作し、これら開発された機器を設置した、事業規模での実証プラントを新潟県妙高市に建設した。また、プラント運転はそれほどエビに関する知識のない人でも可能なように、各種運用マニュアル類の整備を行い、現地での教育に利用している。

5) バナメイのストレス判断は、病気への抵抗力を中心に評価した。バナメイに溶存酸素低下、アンモニア濃度増加、絶食、ハンドリングなどのストレスを与えると、

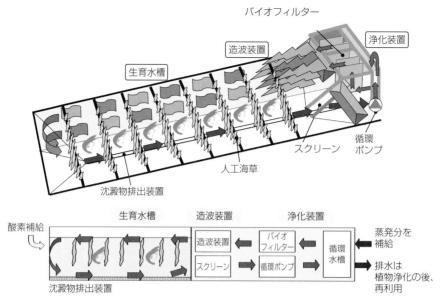

図7　高密度循環式エビ生産システム

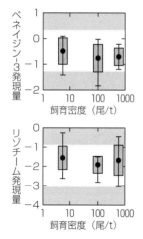

図8　実証プラントで育成したエビの飼育密度とストレス指標

黒丸は平均値、四角は標準偏差、棒は範囲。飼育実験で求めたストレス指標の適正範囲外を図中に表示した。発言量をβ-アクチン発現量との相対値にして対数表示している。

生体防御関連遺伝子の発現量が増減することから、遺伝子発現量によってストレスを評価できる。その結果を基に、実証プラントでの育成試験について飼育密度とストレス指標の関係を調べたところ、目標とする高密度水準（1,000尾/t）で育成しても、水質管理が適切に行われていれば、ストレスは適正範囲に保つことができることが実証された（**図8**）。

6) バナメイの基礎的栄養要求量を解明し、低塩分育成水での育成環境を勘案して、バナメイ育成用の基本飼料組成を決定した。またこの基本飼料のタンパク質の組み合わせ検討や、植物性タンパク量を増やすなどの工夫により、飼料の低価格化を実現するとともに、増肉効果の高い経済的飼料組成を確立した。粘結剤を検討することにより、エサの水中保形性が向上し、飼育水の水質安定、劣化防止に貢献した。

このように、各々の得意分野ごとに研究し、トータルシステムとして完成させた。プラントシステムの特許を2007年、育成・健康管理に関する運用ソフトも2010年に特許を習得している。また、2009年には産学官連携推進功労者として、農林水産大臣賞も受賞している。

なお、研究は生物系特定産業技術研究支援セ

ンターより8年間委託研究費を得て進めてきた成果である。

　これらコンソーシアム各機関の知見をすべて統合し、商業レベルのエビ育成マニュアルを作成、それに基づいて実証プラントにおいて育成実験を行った上で、2007年9月より、商業運転も開始、2009年12月より「妙高ゆきエビ®」として地元や関東を中心に販売を開始している。

写真2　実証プラント外観

■ 開発されたシステムの特徴

　新潟県で稼働中の実証プラントは、20 t 初期育成水槽4基、600 t 育成水槽2基で、年間約18〜24 t の生産を行っている。その技術的特徴は以下の通りである（**写真2、3**）。

写真3　プラント内部（600 t 水槽×2基）

①省エネルギーな優れた水循環技術

　従来の陸上養殖で行われてきた、水の水平循環方式ではポンプの電気代が非常にかかるため、日本のような電気料金が高い国では事業として成り立たない。そこで考えたのが、波の力による水の撹拌システムを利用した水質の均整化と、省エネルギーな低揚程大流量なバーチカルポンプを開発し、従来の10分の1の電気エネルギーで水の循環と撹拌を行い、水槽内の環境を均一にコントロールしている（**写真4**）。

　育成水はバーチカルポンプで、水面より1 m の高さまで上昇させ、その水を造波槽に蓄える。蓄えられた水を1分間に1回ゲートを開き、育成水槽に開放することにより、育成水槽内に波が発生し、波が人工海草を揺らし、水の撹拌を行い、水質を均質な状態にするという仕組みだ。

写真4　循環ポンプ（250 t/h）

　造波ゲートの開閉時間は、タイマーで調整することにより、エビの育成に適した波の強さに調整することが可能となる。また、造波槽に水が落ちるときに、滝のような状態になるため、水の中の炭酸ガス成分が水中から外部に放散される（脱気、**写真5**）。

写真5　造波装置

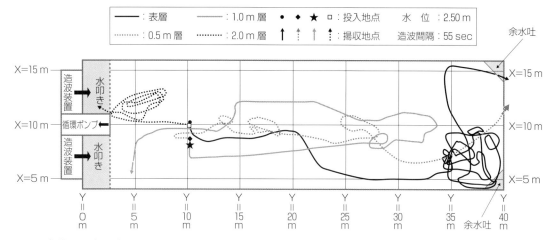

図9 水槽内の水の流れ
A水槽流況調査（投入地点：X＝＋10 m、Y＝＋10 m 水槽造波装置側）。観測日は2007年3月27日10時55分～11時55分。

　新潟に建設された室内エビ生産システム育成水槽は、**図9**に示す規模で、長さ40 m、幅12 mのA水槽、B水槽の2基で、それぞれに造波装置、バーチカルポンプなどを備え、両者ともに同一の機能、能力を有している。

　なお、水深は中央に深く、最大2.5 mとなっており、以下「水位」と記されているものはこの底面からのものを示している。水の流れについての観測層は、4層（表層、0.5 m、1.0 m、2.0 m）とした（**図9**）。

　観測結果は以下の通り。

1) 育成水槽内の流況は、水位、造波装置による流出水量、造波間隔などの条件が流況に反映される。
2) A水槽、B水槽はともに同じ構造であるが、微妙な勾配の違い、水槽内の水位の違いがそれぞれの水槽での流況の違いになって表れている。
3) 返し波により水位の上昇がみられ、次の波を発生させる際水位が上昇していると発生させた波が小さくなり、流れが半減する。
4) 水槽の両側では水深が浅くなることにより流速も早くなる傾向にある。
5) この観測では、表層だけでなく、0.5 m層で波の方向に活発な流れが認められた。
6) B水槽の観測結果との違いから、水槽のそのときの水位等条件により流れが変わることも判明した。
7) 水位が高すぎるとあまり大きな流動が見られず、流れが怠慢となる。
8) 水位が低すぎると動きは単調となり、層によって左右の動きに支配されることとなる。

　このように、本水槽では造波ゲートの開閉間隔や水位を変えることにより、流速を変化させることが可能となるため、エビの成長（運動能力）に合わせた流速をつくり、最適な育成環境を可能とした。また、エビは水の流れがあると波に向かって泳ぎ回るため、適時立体的な回遊を行う。これにより、垂直方向の飼育密度を増加させ、生産量をアップさせる効果がある。

②スクリーンフィルターと人工海草による浮遊物の除去および共食いの防止

　水中を漂っている汚濁物は、80μの通水メッ

写真6 スクリーンフィルター

写真7 人工海草

写真8 水槽断面

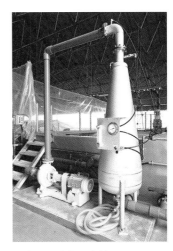

写真9 酸素混合装置

シュを備えたスクリーンフィルターを通過することで外部に除去している（**写真6**）。また、育成水槽内に人工海草を設置することで、脱皮直後の運動能力が低下したエビの隠れ家を提供し、共食いの防止に役立っている。これにより生残率を大幅に向上することができた。人工海草はそれ自体が生物ろ過媒体として機能し、浮遊物も吸着し、水の浄化を行っている（**写真7**）。

③プロバイオテックの利用

微生物による硝化作用を活発に行うため、PP製の浮遊担体（800 ㎡/㎥）をブロアーによりろ過水槽内に浮遊させ、水との接触時間を多くすることにより、効果的な生物ろ過を実現している。また定期的に硝化細菌の投入とプロバイオテックによる優勢菌種の育成を行うことで水質を安定的にコントロールしている。

④沈殿物排出装置による水質悪化負荷軽減と、残餌量把握による効率給餌

水槽の形状を逆三角形にし（**写真8**）、固形沈殿物（残餌、ふん、死エビ、脱皮殻など）を、底に設置したピットに集積させ、各給餌前にスクレーパーでかき集め、固形物のまま外部にエアーリフトで排出させる。これにより水槽内の水質を悪化させるヘドロなどの発生をゼロにしている（**写真9**）。また、この装置により、食べ残しのエサの量を、毎回正確に把握できるため、適正給餌が可能となる。

回収された沈殿物は肥料原料として農業、畜

産などへ再利用を行っている。通常の養殖場では共食いにより消えてしまうへい死エビ数も毎回正確に把握できるので、水質悪化やストレス、給餌量不足などで死エビの数が上昇する場合にも、早めにその兆候がつかめるため、予防的処理ができる利点がある。

⑤効率的な酸素供給

空気に圧力をかけ、窒素と酸素に分離し、窒素をゼオライトに吸着させ、残った酸素を取り出す酸素発生装置と、通常7～8ppm濃度しか水に溶け込まない酸素を、容器の中で圧力をかけ、24ppmの酸素が入った過飽和酸素水を効率的に作り出す酸素混合器を設置し、水槽内の4カ所から酸素水を注入することで、均一な酸素環境を実現している（**写真9**）。

バナメイは、エビの中で最も泳ぐエビと言われているため、必要酸素量はクルマエビの約3倍以上となる。そのため、従来のエビ養殖場で行われている曝気方式や、水車などでの酸素供給方式では、酸素不足が発生してしまう。

⑥マニュアル化した育成・健康管理システム

海上で行われている生簀養殖では、台風や赤潮、水温低下などさまざまな要因が魚の生存や成長に影響を与えるため、素人ではなかなか育成管理が困難である。だが、屋内型エビ生産システムでは、10年間の研究成果、実証運転実績に基づき、手順をマニュアル化している。それゆえにエビの育成経験のない者でも、マニュアルに基づき育成管理ができる。現在用意されているマニュアル類は以下の通りである。

- ◆稚エビ受け入れおよび初期育成手順書（海水から淡水順応方法）
- ◆本水槽育成マニュアル（日常業務、給餌、水質基準など）
- ◆収穫、蓄養、出荷手順書
- ◆水質、ミネラル測定マニュアル
- ◆育成水の細菌検査手順書
- ◆給餌計画書
- ◆生産スケジュール表
- ◆プラント機器取扱説明書
- ◆プラント機器のメンテナンス作業要領書
- ◆プラント機器のトラブル対応マニュアル
- ◆各種記録用紙
- ◆健康管理マニュアル
- ◆日常点検シート

■ 育成中に遭遇した問題点と対応

①アンモニア・亜硝酸値の増大

当初使用していたハニカム固定式ろ材は、使用を重ねると目詰まりを起し、硝化能力が半減してしまった。また、1回の生産ごとに行わなければならない、ろ材掃除のための出し入れは非常に重労働で、大人数を手配しなければならず、運転コストを上昇させることとなっていた。

そこで各種ろ材を比較検討する実験を2年におよび行い、浮遊担体を利用するフローティング方式に変更することで、硝化能力を大幅にアップさせることができ、ろ材の洗浄も必要としないため、人件費の削減にも効果が出た。

②最適な光環境

従来から行われてきたため池養殖では、屋外で行われてきたことから光環境については一切考慮されず、それほど重要な因子とは考えられてこなかった。しかし照明実験を行ってみると、光源や照度により、生残率、成長率に著しく差が出ることが判明した。

実験結果では、光源はマルチハロゲンランプが良く、照度は150Lx以下、日長サイクルは12時間の環境が一番生存、成長が良い結果となった（野原、伊熊、2013）。

③ミネラルバランスの重要性

バナメイは、従来から海水でも淡水でも飼育が可能な種として注目されており、フロリダのハーバーブランチ研究所から出版されている文献「Farming Marine Shrimp In Recirculating Freshwater System」では、「淡水でも育成が可能」と記載されている。しかし、海外での淡水はほとんどが硬水であり、日本の軟水とは成分が異なる。このことはエビの育成に重大な影響を与え、硬水に含まれるカルシウムなどのミネラル分はエビの育成に欠かせない成分となる。

ここで、なぜエビの育成にはミネラルを必要とするのかを解説する。バナメイ成エビは約2週間に1回脱皮する。ミネラル成分は殻の重要な組成であり、浸透圧調整や神経組織、筋肉構成においても重要な要素となる。もしミネラルが欠乏すると、殻や筋肉に問題が起こり、成長遅延のほか、やがて壊死を起こしてしまう。

これらの問題は研究中の実験で把握していたため、新潟のプラントでも硬度1,400の硬水で育成を行ってきた。しかし、硬度の数字だけでは問題の解決はできず、特にカルシウム、マグネシウム、カリウム、ナトリウムのバランスが重要であり、バランスが崩れるとたとえ硬度が基準値を保っていても脱皮障害や成長鈍化が生じることが確認できた。

■ 事業推進における問題点

①生産原価が高い

新潟のような寒冷地で生産を行う場合、加温コストは生産原価に直接影響を与える。そのため、当初は隣接地に計画されていたゴミ焼却場の排熱を無料で使用する計画であった。しかし焼却場の計画が中止となったため、現在は自前でガスボイラーを設置し、加温を行っている。この費用はランニングコストの23%に上り、生産原価を押し上げている。また、陸上養殖施設としては生産規模が小さいため、人件費の割合が大きい。

バナメイの育成水温は28℃が最適であるので、日本での育成を考える場合は、温泉、工場排熱、バイオマス発電との組み合わせなど、低コストな熱源を確保することで、事業性は格段に向上する。また生産量についても、最低でも年間50tくらいを生産する規模で考えなければ、事業としての利益は少ない。

②安定的な販売先の確保

当初、年間18tほどの生産量であれば地元ですべて消費できると考えていたが、今まで食品の販売を経験していなかった我々には非常に高いハードルであった。販売コストは生産原価から割り出すと輸入冷凍バナメイの2倍程度となり、その良さが分からない人には高値の印象を持たれてしまった。育成に薬や添加物を一切使用しない、安全安心な生産方式が理解されず、なかなか地元でも使ってもらえない状態が続いたが、その後テレビなどのマスコミにたびたび取り上げられるようになり、「妙高ゆきエビ」というブランドイメージが確立された。

クルマエビと同等の評価が確立されてからは、地元新潟で60%の販売を行っており、残りの40%を首都圏を中心とした飲食店に販売している。「妙高ゆきエビ」は、先に述べた薬や抗生物質を一切使用していない安全安心だけでなく、アミノ酸の組成がクルマエビと同等で、甘く、泳いで育つことで身が締まったぷりぷりした食感となっていることも好評の一因である。

現在の取り組み

妙高ゆきエビは、マスコミなどへの露出を増やし知名度を上げることで地元消費を拡大し、地元のほかの食材とのコラボなどで名産品としての地位を確立していくことを目指している。

現在、2011年から中国、ベトナムで発生したEMSは、東南アジアのエビ生産国に広がり、タイの2013年度エビ生産量を半減させた。このため輸入冷凍エビの価格が高騰し、価格差は小さくなってきている。また、2016年食品名偽装問題で、大手レストランが使用していた芝エビの90％がバナメイであったことは、今まで安いエビの代名詞であったバナメイを「美味しいエビ」と再評価するきっかけとなっている。まだ一般消費者には知名度の低い「妙高ゆきエビ」を、真のブランドとして確立させるための努力は今後も必要と考える。

■ 世界での取り組み

世界で行われているエビの閉鎖循環式養殖システムは、大きく3つに分類される。フロリダのハーバーブランチ海洋研究所（HBOI）が開発したレースウェイ方式（**写真10**）と、イスラエルのヤーン博士が提唱するバイオフロックを用いたシステム、および我々日本が開発した屋内型エビ生産システム（Indoor Shrimp Production System：ISPS、**図10**）である。

レースウェイ方式は、アメリカを中心に20年ほど前から行われてきたが、なかなか事業化には至らなかった。だが、2011年ラスベガス近郊に、ホテル客層を見込んだ大規模システムが稼働し、システムの広がりを見せている（CNN、2013）。また最近の情報では小規模養豚場などが家族で経営できる小規模なバナメイ循環方式を採用し、養殖をあちらこちらで始めている。なお、このエビはほとんどが地産地消で販売されている。

バイオフロックシステムは、現在韓国政府が力を入れて開発しており、韓国国内で2カ所ほ

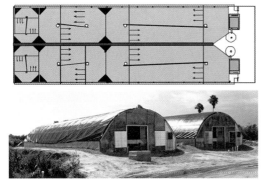

写真10 3フェース・レースウェイ方式のエビ生産システム

資料：Wyk、ほか（1999）

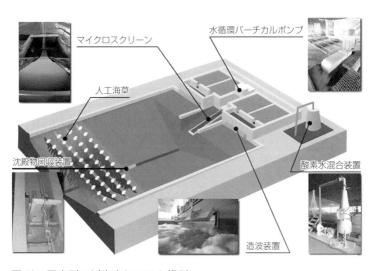

図10 屋内型エビ生産システム模型

ど事業レベルのプラントが稼働し始めたが（写真11、12）、運用ノウハウが難しいため、きちんと水質管理方法を勉強した人でないと、オペレーションは難しいと思われる（裵、2011）。

■ 陸上養殖発展に必要な取り組み

今後、陸上養殖を推進していくためには、単独での施設計画のほか、植物工場との併設や、レストラン、展示場、釣り堀などとの複合的な取り組みも必要と考える。その一例としてアクアポニックスを紹介する（228頁、4-1参照）。

①アクアポニックス

アクアポニックス（Aquaponics）とは、魚類生産における陸上養殖（Aquaculture）と、農業の水耕栽培（Hydroponics）をかけ合わせた造語である。閉鎖循環式養殖においては、その生産性向上に関する研究が長年行われてきた。現在陸上養殖では、1tの水で150kgの魚を育てることも可能な高密度養殖システムも開発されているが、それに伴い窒素負荷を大量に含んだ排水が生じる。世界の環境規制では、これらの排水を川や湖水に流すことを禁止しているため、閉鎖循環システムでは高額な水処理システムを導入している。

そこで、育成排水に含まれる窒素やリンが植物の栄養素であることに着目し、植物にそれらを吸収させ、水を浄化し、その水を再循環させるゼロエミッションシステムの開発がされた。

②日本でのアクアポニックスの取り組み

IMTエンジニアリングでは、2003〜2005年にかけて、つくば市の実験施設にて、エビの養

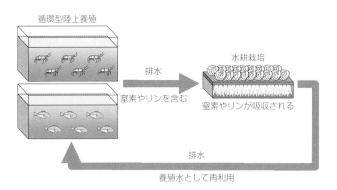

図11　アクアポニックス概念図

写真11　韓国のバイオフロック水槽

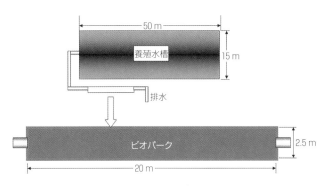

図12　つくば実験システムイメージ

写真12　韓国水産研究所のエビ育成実験施設

写真13 つくば水耕水路(上)と水耕水路内の空芯菜(下)

殖排水を利用したクレソンと空芯菜の育成実験を行った(**図12**、**写真13**)。エビの養殖水槽1,200 t に対して、水耕水路は 2.5 m×20 m×深さ10 cm程度の非常に単純なもので、適度な勾配を有する水路(50 m²)だった。1回目はクレソンを栽培し、育成には問題がなかったが、窒素除去率が期待したほど高くなかったため、2回目は水耕水路の水を再循環使用する系統を付加した。これにより窒素除去率を 30%程度から最大で 53%まで上昇させることができた。

国内でのエビの陸上養殖は期待値が大きい

世界的にはかなり研究が進んできているエビの陸上養殖だが、日本で研究している人は非常に少ない。

その理由としては、①国を挙げて陸上養殖を推進する体制がまだできていない、②エネルギーコスト(電力、加温)が高い、③安全安心な養殖魚への市場評価ができていない、④最先端の陸上養殖関連機器・資材などが高価で入手困難であることなどが挙げられる。

しかし、2011年の震災以降、国内の情勢は大きく変化してきている。特に国民の魚に関する天然魚信仰が薄れ、安全・安心でかつ美味しい陸上養殖魚は、天然物より高くても、購入していただける人たちが増えつつある。エビ陸上養殖は、未利用エネルギーの有効利用などのコスト削減方策と、地域振興関連で国の支援が得られれば、今後有望なビジネスとなると確信している。

(Marcy N. Wilder、野原 節雄)

■参考文献

1) 農林水産省、漁業・養殖業生産統計(2006)。

2) 財務省(2006)貿易統計。

3) FAO(2011)漁業統計。

4) 水産庁(2007)水産白書。

5) 野原節雄(2012)バナメイの陸上養殖技術の最新動向、農林水産技術研究ジャーナル、35号、29〜34頁。

6) マーシー=ワイルダー・野原節雄・奥村卓二・福崎竜生(2009)生物系産業創出のための異分野融合研究支援事業(2008年度終了課題)研究成果集、1〜4頁。

7) Peter Van Wyk, Megan Davis-Hodgkins, Rolland Laramore, Kevan L Main, Joseph Mountain, John Scarpa, Farming Marine Shrimp In Recirculating Freshwater Systems, Harbor Branch Oceanographic Institution

8) Yoram Avnimclcch(2009)Biofloc Technology, World Aquaculture Society

9) 裵善惠(2011)東京大学 平成21−23年度農学国際実地研究Ⅰ・Ⅱ報告、「韓国で行っているエビ養殖方法:Bio-flock systemに関する調査」、147〜150頁。

10) 熊本畜産広場(2014)[http://kumamoto.lin.gr.jp/i-menu.html]

11) 野原節雄、ほか(2012)バナメイの光環境に関する研究(その2)、水産学会。

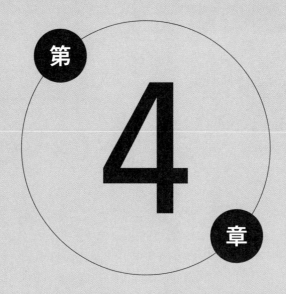

第4章

海外事例
～大規模な施設、アクアポニックスなど～

半循環　閉鎖循環

第4章　海外事例　～大規模な施設、アクアポニックスなど～
日本と海外の循環式施設の対比
4-1

ここがポイント！

☑ 循環式陸上養殖は環境への配慮と用水の削減を第一目的として開発された
☑ ティラピア、チョウザメ、サケ・マスにおいて産業レベルで展開されている
☑ 淡水魚類の閉鎖循環式陸上養殖と水耕栽培を連結した、物質循環型食料生産システム「アクアポニックス」が海外で広がっており、教育目的での利用も多い

■ 海外の循環式陸上養殖の考え方の原点と世界の事情

　循環式養殖システムは飼育水を循環させ、利用することで用水の節約が可能であるとともに環境に直接汚濁物質を出さないという特徴がある。ヨーロッパでは特に産業革命以降の水質汚染、伝染病の流行に端を発して下水処理技術が進歩し、現在では排水基準が厳格化されるに至っている。これは多数の国が隣接するヨーロッパの特徴が連帯の責任・義務として環境保護に大きく影響しているものと思われる（詳細は4-2、4-3参照）。

　これらの観点から陸上の循環式養殖システムの開発が進められた。また、アメリカでは内陸部の比較的利用可能な水の少ない地域において循環式陸上養殖が行われている。最近では中東でも大型の陸上養殖施設が散見されるようになり、これらも水産物生産における用水の制限を克服するための方策である。以上をまとめると循環式の陸上養殖は環境への配慮と用水の削減を第一目的として開発された施設型の養殖であると言える。

　一方、日本においては、世界的に見た場合、十分な用水確保が可能であることや水産物流通が豊富であることから、循環式陸上養殖についてはいまだ産業として発展途上にある。しかし海外技術の導入や日本独自の技術開発とそれらの融合により、メリットを活かした生産の取り組みも進められている。日本の循環式養殖は、天然水域で行われる養殖と比べて管理がしやすい点や、漁業権が不要で新規参入が可能な点、塩分調節などの環境制御が容易であるなど、必要とされる飼育水を製造できる点などのメリッ

トが注目されている。養殖システム自体は掛け流し式（流水式）養殖の調温コスト削減に利用されたり、産業的には遊休地や遊休施設の再利用が検討されている。有用性についてはそれぞれの地域・環境条件、販売戦略を総合的に検討して進められている。世界的な水産物輸入大国である日本が、安全安心および美味しさを「国産」の水産物に求める期待も高まっており、その要望に応えるような国内での水産物生産の増大が急務となっている。

今後増大する世界の水産物需要を少しでも賄うことができるかが陸上養殖の課題と言える。

■ ティラピア養殖

ティラピアはアフリカ原産の熱帯淡水魚で、近年その養殖生産量は世界で伸びている。2013年におけるティラピア類の世界養殖生産量は489万tであり[1]、輸出入も活発に行われている。

ティラピアは水質汚濁に強く、成長も良いことから、比較的飼育しやすい種であり、その養殖もさまざまな発展を遂げてきた。品種改良では各国で高成長系統の作出・固定が行われるとともに、水産資源に頼らない植物性原料主体のエサの利用や複数種の混泳養殖、後述するアクアポニックスなどの環境配慮型の養殖生産への利用など、汎用性が高く、この特徴が近年の養殖生産量の急激な増大につながっている。

陸上の閉鎖循環式養殖では、アメリカのバージニア州にある Blue Ridge Aquaculture 社が有名である[2]。同社はアパラチア山麓で世界最大規模の陸上養殖場を運営し、年間1,800t以上もの生産を行っている。1993年からティラピアの生産を開始し、2002年までに種苗生産から出荷・流通までの一貫生産システムを構築している。また、研究開発ではエビの循環式養殖やアクアポニックスシステムの開発なども進めている。

このほか、現在、アメリカではノースカロライナ州を中心としてティラピアの循環式養殖企業が十数社営業している[3]。

■ チョウザメ養殖

チョウザメも循環式養殖に適用できる養殖対象魚種の1つである。卵巣卵の加工品であるキャビアは高級食材として流通しているが、天然のチョウザメは乱獲の影響で個体数が激減している。近年、養殖生産が主流を占めるようになった。

海外では Emirates Aqua Tech 社がアラブ首長国連邦のアブダビ近郊で世界最大の完全循環型陸上養殖システムを2007年から稼働させている。同施設はドイツの United Food Technology が技術導入を行った施設で、生物ろ過システムと半自動飼育システムが導入されている。5万6,000㎡の養殖施設で年間に35tのキャビアと700tのチョウザメ肉を出荷している[4]。2013年に初出荷が行われ、日本でも2014年から「ヤサキャビア」として発売が開始されている。このほか、事業体としてはアメリカの Stolt Sea Farm やモルドバの Aquatir などがある[5]。

日本国内においては、㈱フジキンが先駆的な役割を果たしている（詳細は、136頁〜：3-5参照）。1982年から基盤事業であるバルブ製造の技術を活かしてチョウザメの閉鎖循環式養殖を研究し始め、1998年には世界で初めて水槽を用いた完全養殖に成功した。2002年には抱卵個体の出荷を開始し、チョウザメ養殖の普及を続けている。システムはコンクリート水槽を基盤とした総水量約800tの閉鎖循環式養殖システムを用いている。最近では養殖形態を問わず、淡水、海水、温泉水、湧水など、さまざまな用水での養殖が各県で取り組まれている。

■ サケ・マスの循環型陸上養殖

　サケ・マス養殖は、淡水養殖はもとより、チリやノルウェーなどのギンザケやアトランティックサーモンの大規模海面養殖が盛んである。2006年に生産量でティラピア類に追い抜かれたものの、2013年における世界のサケ・マス類の養殖生産量は319万tであり[1]、冷水性魚類養殖の主要産業となっている。チリやノルウェーの海面におけるサーモン養殖は数十年という長きにわたって行われてきた結果、近年養殖場の汚濁が顕在化してきており、対策が急務である。

　実際に養殖魚1 kgの生産に対して、海洋に放出される物質は数kgとなり[6]、その一部は養殖生簀周辺に沈澱し、蓄積されることとなる。これらの物質が長年の養殖で蓄積され、貧酸素水域や硫化水素の発生源となり、しばしば養殖魚の死亡を招いている（自家汚染）。

　そこで最近、サケ・マス養殖を目的とした循環型陸上養殖施設の建設が各国で進められている。基盤となる技術開発はアメリカの保護基金淡水研究所で行われ、十分に生産可能なシステムが開発されている。また、ノルウェー食品・漁業・水産養殖研究所でも同様に研究が進められている。これらの研究所では水処理技術の有用性といった基盤研究から光周期や飼育水中の塩分制御といった環境制御技術、エサの研究、出荷の際の脱臭の検討など、産業を見据えた研究開発を行っている。これらの研究開発の成果は最近のサケ・マス循環式養殖の発展に大きく貢献している。

　産業としては、カナダ、アメリカ、フランス、デンマークおよび中国でアトランティックサーモンの生産が行われており、また、同様にカナダ、アメリカ、中国でスチールヘッド（降海型ニジマス）の生産が行われている[5]。1つの事業所当たり数百t～数千tの生産を行っており、大規模生産が進められつつある。

　日本においては、近年、生産地別の特徴を生かしたブランドサケ・マスの生産が各地で行われており、比較的小規模生産で高価格販売がなされている。生産形態は海面養殖から淡水養殖までさまざまで、染色体の倍数化処理を行うなど、耐病性や成長を向上させた品種もブランド化され生産されている[7]。循環式養殖においては、㈱林養魚場が愛知県田原市で生産量250 t規模のスチールヘッド養殖を進めている[8]。また、同社は鳥取県琴浦町に現地法人を立ち上げ、ギンザケの稚魚と成魚の生産を開始する予定である。

■ 世界各国で広がるアクアポニックス

アクアポニックス先進国アメリカ

　アクアポニックスとは、淡水魚類の閉鎖循環式陸上養殖と水耕栽培を連結した物質循環型の食料生産システムである。魚類は主に配合飼料を給餌され、排せつ物は飼育水中に蓄積して即座に水耕栽培の溶液として利用される。これまでアメリカではティラピアとレタス、トマト、バジル、オーストラリアではマレーコッドとフダンソウなどさまざまな葉菜類や庭園植物などの栽培がなされている。

　近年世界各国で広まりつつあるアクアポニックスであるが、研究・教育・産業ともに最先端を走る国がアメリカである。アメリカでは、約40年前にアクアポニックスの父であるJames Rakocy氏がバージンアイランド大学セントクロイ校で現在のアクアポニックスの基本形を構築し、大学での実習や公開セミナーを始めたことが現在のアクアポニックスコミュニティーの基礎となっている[9]。

　このコミュニティーは①アクアポニックスを研究し教育に利用している大学、②資材や設計を担当しノウハウを提供する企業、③生産者か

図1 コーネル大学温室栽培チームによるサラダ菜の水耕栽培

図2 アクアポニックスの啓蒙書およびDVDやTシャツなどのグッズ

らなる。特に教育に関しては大学が一般セミナーを行っていることに加えて資材販売を行う企業が定期的にセミナーを開催し、生産者の育成を行っている。

大学の一般セミナーは、バージンアイランド大学以外にも閉鎖循環式陸上養殖の専門家であるコーネル大学のMichel Ben Timmons教授と温室水耕研究チーム（**図1**）が行っている閉鎖循環式陸上養殖ショートコース（水耕栽培、アクアポニックスを含む）やカナダで行われている。

企業によるアクアポニックス産業の推進については、ウィスコンシン州のNelson & Pade[10]やコロラド州のColorado Aquaponics[11]がその中心を担っている。両企業はアクアポニックス事業に興味のある人々や事業に参画したいという生産希望者に対して、自社の稼働施設を公開したりその施設を利用した生産実習コースを開催したりするなど、アクアポニックスの産業化に大きく貢献している。また、家庭用のアクアポニックスやガーデニングの分野でも資材やグッズの販売（**図2**）を手掛けている。

オーストラリアではBackyard Aquaponicsが礫耕栽培と魚類養殖を組み合わせたシステムを展開しており、雑誌の発行も行っている。

このように、アメリカやオーストラリアにおけるアクアポニックス産業の強みは、機材販売から生産技術講習まで生産者をサポートし、トータルコーディネートできる企業が存在することである。

オーガニックブームで注目が集まる

近年は欧米諸国でのオーガニックブームによって有機肥料の需要が高まっており、有機肥料の原料となり得る水産養殖から排出される物質の有効利用について、大規模水耕栽培企業で検討・実施がなされている。アメリカ農務省（USDA）では、有機栽培農作物に対してオーガニック認証を行っている。認証ラベルを添付することによって、店頭で消費者が容易にそれを判別できるように表記されており、そのほかの農作物よりも若干価格は高いものの、人気が高い。

認証自体は単なる有機栽培に認められる認定ではなく、①有機肥料を使用すること、②遺伝子組み換えや紫外線などの照射がないこと、③農薬を用いないことなど厳格な基準があり、認可されると製品へのラベル表示が可能となる（**図3**）。

アメリカのシカゴ近郊にあるFarmedHereでは人工光型の水耕栽培を行っており、近年ア

クアポニックスによるUSDAオーガニック認証を取得した[12]。これは有機水耕において初めての事例である。

教育利用も多数

アメリカでは既に1,000校以上の小・中・高校および大学でアクアポニックスシステムが導入されている[13]。小規模なものから実習が可能な比較的大型のものまで、その形態はさまざまである。アクアポニックスは理科・社会分野の多面的利用が可能で、植物の水耕栽培、魚類の飼育は生物学、水の循環やリサイクルは化学・物理学・環境学につながる。

図3 葉物野菜製品のラベル表示
右下にUSDAオーガニック認証の表示がされている。

図4 宮城県水産高等学校のアクアポニックス装置（写真右）とフィッシュサンドの開発（写真左）

また、収穫物を販売する経済学、新鮮な食材を調理して食す家庭科まで、食料生産と流通・販売・消費を実体験をもとにして教えることができる。前述のNelson & Pade社は教材（DVD、教育者用指導要領、生徒用教科書）の販売を手掛けるほか、セミナーや実習も行っている。特に同社はウィスコンシン大学スティーブンスポイント校と提携し、授業・実習カリキュラムとしてアクアポニックスを組み込み大学の単位を得られるシステムを導入している[10]。

日本においても、最近アクアポニックスの産業的取り組みが見られるようになってきている。例えば、日本アクアポニックスは小型の礫耕栽培（砂利などの基質を栽培ベッドに入れ、溶液を流して栽培する方法）を組み合わせたアクアポニックスの販売を行っており、商用・教育用・家庭用ともに装置の提供を中心に提案している[13]。

また、実生産に関しては、飯島アクアポニックスがチョウザメ養殖を中心に葉物野菜、トウガラシや花卉の栽培を行っている[14]。チョウザメはキャビアを生産するまでにベステルチョウザメでふ化から7〜8年を要するため、その間の収入が見込めない。この期間にアクアポニックスによる野菜の有機水耕栽培で収入を得られれば、その補填ができ、チョウザメ養殖における新規参入のハードルを下げることができる。

教育利用に関しては、宮城県水産高等学校海洋総合科教諭の阿部洋平氏の取り組みがある。阿部氏は学生たちとアクアポニックスシステムを自作し、魚にはティラピア、植物にはレタス、サラダ菜、バジルを用いて日々飼育・栽培を行っている。ティラピア養殖に関しては親魚育成、採卵、種苗生産、養成、活〆、加工、出荷までの完全養殖と6次産業のサイクルを実践しており、アクアポニックスで栽培した有機野菜と併せてフィッシュサンドを出荷できるまでになった（**図4**）。今後はこれを1つの産業に成

立させることを目標として教育での展開を進めていく予定である。

おうち菜園では日本初のアクアポニックス総合企業として「さかな畑」と題してアクアポニックスの普及を行っている。特にアクアポニックスの趣味から産業までに対応するセミナーや実践的な農場見学も含めた講座（学校）を開講している。また、教科書として全100ページのアクアポニックス実践マニュアルを発行している。趣味、教育、産業とアクアポニックスに関するさまざまな面談に応じているほか、アクアポニックスの公式コミュニティーとして「アクアポニックス同好会」を主宰している[15]。本企業の取り組みは始まったばかりであり、日本においても今後、啓蒙書、DVDの発刊や子供向け教材の開発により日本版のアクアポニックスを活用したさまざまな教育が浸透していくものと考えられる。

■ 世界の陸上養殖の今後

世界の陸上養殖は今後、さまざまな魚種について生産量が増大すると考えられる。高い施設整備費および運営コストを払拭する良く練られたビジネスプランの構築が必要となる。

食品安全・安定生産および環境への配慮は基より、それぞれの国の事情や環境に応じたアイデアと活用法が求められる。

（遠藤　雅人）

■参考文献

1) FAO. FishStatJ (2016) software for fishery statistical time series, Aquaculture Production (Quantities and values) 1950-2014 (Release date: March 2016). http://www.fao.org/fishery/statistics/software/fishstatj/en

2) Bourne, J. K. (2014) How to farm a better fish. National Geographic 225 (6): 92-111.

3) Vinci, B. J. (2015) North American perspective on land based aquaculture: past, present & future, http://www.ccb.se/wp-content/uploads/2015/11/Freshwater-Institute_Brian-Vinci_day1.pdf

4) Emirate Aqua Tech HP, http://www.emiratesaquatech.ae/

5) Summerfelt, S. (2015) Update on land-based closed-containment systems for food-fish, Producers Meeting, Nanaimo, BC, http://www.palomaquaculture.com/support-files/palom-aquaculture-steve-summerfelt-ras-update-june-5-2015.pdf

6) Wang, X., Olsen, L. M., Reitan, K. I., Olsen, Y. (2012) Discharge of nutrient wastes from salmon farms: environmental effects, and potential for integrated multi-trophic aquaculture. Aquacult. Environ. Interact., 2: 267-283.

7) 養殖ビジネス編集部（2016）ご当地サーモン図鑑　国内外のご当地サーモン一覧、養殖ビジネス、53巻5号、32〜33頁。

8) 養殖ビジネス編集部（2016）㈱林養魚場の循環式養殖プラント　16年8月末より初出荷、養殖ビジネス、53巻9号、47〜48頁。

9) Rakocy, J. E. (2010) Aquaponics: integrating fish and plant culture, In Recirculating Aquaculture 2nd ed. (ed. by Timmons, M. B. and Ebeling, J. M.), Cayuga Aqua Ventures, Ithaca, US. pp. 807-864.

10) Nelson & Pade, Home page, http://aquaponics.com/

11) Colorado aquaponics, Home page, http://www.coloradoaquaponics.com/

12) FarmedHere, Home page, http://farmedhere.com/

13) 日本アクアポニックスHP、http://www.japan-aquaponics.jp/

14) 飯島アクアポニックスHP、http://www.tsukubakunimatsuiijimakominka.jp/

15) アクアポニックスおさかな畑、https://aquaponics.co.jp/

半循環　閉鎖循環

第4章　海外事例　〜大規模な施設、アクアポニックスなど〜
欧州における循環式養殖システム
4-2

ここがポイント！

☑ 閉鎖循環式養殖の対象魚種は淡水魚中心であり、高生産性を背景に産業的普及が進んでいる

☑ 飼育作業の自動・省力化を追求し、欧州では完成度の高いシステム開発と省人化が進められ、コストパフォーマンスに優れたシステム開発と円滑な実用化への連携ができている

☑ 「環境コスト」低減のため、排水ゼロの陸上養殖システムの開発に対する意識が高い

　欧州、特に北欧では近年の健康志向の高まりに対応して魚食の増加が著しく、カンパチのように刺身商材になるような魚の需要増加に応えるような動きもある。さらにトレーサビリティ意識の高い国民性から飼育管理の徹底が可能な陸上養殖での生産魚の評価は高い。これらのことが、陸上養殖の広がりと生産量の増加を後押ししていると考えられる。

■ 淡水魚の陸上養殖

　欧州では佐伯らの生物ろ過装置の研究を基礎に、1970年以降、陸上養殖の実用に向けた技術開発が進展した。その結果として生物ろ過、殺菌、酸素供給などのさまざまな装置やシステムの開発が進んでいる[1]。

　守村の総説[2]によると、1993年にノルウェーで開催されたFFT国際会議（Fish Farming Technology Conference）でノルウェーのサンフィッシュ社が開発した「完全閉鎖循環式水槽養殖システム」が紹介された。本システムは完成度が高く、物理ろ過装置＋生物ろ過装置＋脱窒装置＋泡沫分離装置＋紫外線殺菌装置＋沈澱槽などで構成され、現在の閉鎖循環式養殖システムの標準基準となった[2]。

　欧州での閉鎖循環式養殖の対象魚種は、多くが淡水魚であり、1990年代にはスウェーデンではヨーロッパウナギが80 t/年の閉鎖循環式養殖が可能となり、デンマークでは閉鎖循環式養殖によるアフリカナマズの年間生産量が950 tに達した[1]。現在の淡水魚の陸上養殖の年間生産量は、オランダではティラピアが約1,000 t/年、ヨーロッパウナギが約4,000 t/年、アフリカナマズが約4,500 t/年程度が生産され、デンマークではヨーロッパウナギが約1,800 t/年生産されている[3]。その生産性は高

く、年間の飼育水1kl当たりの単位生産量は、それぞれヨーロッパウナギでは300 kg/kl、アフリカナマズでは年に数回収穫できることもあり1,000～1,500 kg/klであり、従来の流水飼育に比べて生産性は数十倍高く、驚くべき高生産性となっている[3]。

一方、デンマークなどではニジマスなどのサケマス類は半循環式による屋外のレースウェイ型水槽を用い、同国のサケマス類の養殖生産の4割に当たる約1,6000 t/年が生産され、ノルウェーの大西洋サケの陸上養殖の閉鎖循環飼育の導入も進められている[3]。

このように欧州では1990年代から比べると飛躍的に陸上での閉鎖循環式養殖の生産量が増加しており、淡水魚では閉鎖循環式養殖の産業的普及が実現されている。

■ 海水魚の陸上養殖

海産魚では、デンマーク、オランダともにターボット（地中海および北部大西洋に生息するカレイ目カレイ科の魚）の閉鎖循環式養殖の年間生産量は5～数十tの規模であり、生産密度も55 kg/klと淡水魚ほどの高生産性は達成されていない[3]。また、フランスではヘダイ、スズキ、ターボットが一部の民間企業で量産されており、ターボットの生産密度も60～80 kg/klと高い。

オランダでは新魚種養殖の試験を実施し、Wageningen大学の下部組織のInstitute for Marine Resources and Ecosystem Studies（以下、IMARES）のYerseke研究所ではシタビラメの多段式陸上養殖の研究や寿司ブームの拡大とともに需要が期待されるカンパチの閉鎖循環式養殖試験が開始され、カンパチはオーストラリアから種苗を輸入し、5kl水槽規模で閉鎖循環式養殖が試みられ、生産密度も100 kg/kl/年と高水準で[3]、対象種に適した水温、pH、DOなど適正環境条件に制御することにより、1年の養殖期間で最大4kgまで成長させる可能性が得られている。そのほかに、ノルウェーでは大西洋タラの種苗生産や親魚養成及びオオカミウオの養殖の研究も実施されている。

■ 欧州での閉鎖循環式養殖システム開発と研究の概要[3]

オランダ

Wageningen大学の閉鎖循環式養殖システムは、沈澱槽＋ドラムフィルター＋生物ろ過装置（散水ろ床方式）＋紫外線殺菌装置＋酸素供給装置＋脱窒装置＋廃水処理装置（リン除去、汚泥の固液分離）＋温度コントロール装置＋循環ポンプ2台である（図1）。

ここで採用されている生物ろ過装置はイニシャルコスト削減に参考になる装置であり、散水ろ床方式（71～72頁参照）を採用しており、縦長のプラスチック製の素材の棒状の接触ろ材担体が利用され、金属で作られた枠に縦に収容されている。それを包むようにビニールのシートが巻かれており、大型化しても作製コストが低減できる構造を呈している（図2）。

この構造の最も良いポイントは基本的にろ材の出し入れが簡単であり、メンテナンスの軽減につながることである。また、散水ろ床であることや開放式であることから酸素供給や二酸化炭素の脱気には効果がある。研究所でのシステムは全自動化も可能で、コンピューター制御による水質管理体制が構築され、液体酸素の自動供給装置が適用されている。

デンマーク

デンマーク工科大学（DTU）のHirtshals研究所が閉鎖循環式養殖研究の中核を担っている。デンマークの閉鎖循環式養殖システムの基本的な構成は、ドラムフィルター＋受け水槽＋

生物ろ過装置+UV殺菌装置+脱窒装置+酸素供給装置+循環ポンプ2台である。

生物ろ過装置は、浸漬ろ床方式と散水ろ床方式の組み合わせで、まず上方向の浸漬ろ床で上に上げた循環水を散水ろ床に導入し、下の受け水槽で再循環している（**図3**）。浸漬ろ床装置は比較的大型で、ろ材は廃水処理で利用しているプラスチック担体（50頁参照）を使用し、ろ過方法の違いによりろ材は変更する。

日間換水率は2〜3%/日で、廃水処理コストは3,000円/kℓである。換水による廃水は凝集剤により固液分離され、液分は自然浄化（敷地内の湿地帯に放流処理など）、ケーキ状になった汚泥は、おおむね産廃処理し、淡水養殖なので塩が含まれることはないため、一部、畑の肥料として利用している。

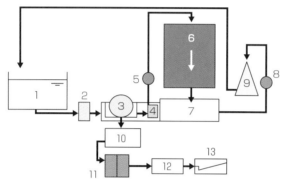

図1 オランダWageningen大学の閉鎖循環式養殖システムの模式図

Wageningen大学のシステムは、基本的にはシステムが開発された90年代からあまり変わっていない。
1：飼育水槽、2・3：ドラムフィルター、4：UV殺菌、5：循環ポンプ、6：生物ろ過装置（散水ろ床）、7：受け水槽、8：循環ポンプ、9：酸素供給装置、10：排水貯水槽、11：脱窒装置、12：脱リン装置、13：凝集固液分離装置

図2 オランダのWageningen大学の閉鎖循環式養殖の研究所の浄化システム

写真では分かりにくいが、青のシート地は散水ろ床方式の生物ろ過装置となっている。

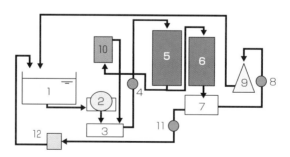

図3 デンマークのDTU aquaの閉鎖循環飼育システムの構成

1：飼育水槽、2：ドラムフィルター、3：受け水槽、4：循環ポンプ、5：生物ろ過装置（散水ろ床）、6：生物ろ過装置（浸漬ろ床）、7：受け水槽、8：循環ポンプ、9：酸素供給装置、10：脱窒装置、11：循環ポンプ、12：UV装置

ノルウェー

ノルウェーは水産業を国策として推進し、陸上養殖の研究展開も盛んである。当方が視察したNofima marin研究所における大西洋マダラの閉鎖循環システムを用いた飼育は、親魚養成に限定されていたものの、その大型の泡沫分離装置（図4）を組み込んだシステムは機能的であり完成度が高い。ノルウェーでは民間企業の充実度は高く、前述したサンフィッシュ社が開発した完全閉鎖循環式水槽養殖システムが基軸となっている。

Aquaoptima社はノルウェーを代表する陸上養殖企業であり、国内の研究所のみならず海外展開を進め、中国でもウナギ、サケの陸上養殖プラントを販売・技術指導している。わが国においても、成功はしていないものの過去に展開事例がある（愛媛県愛南町のトラフグ陸上養殖）。ここではさまざまな陸上養殖用の装置開発も行っており、細かな器具などの工夫は参考にすべきところは多い。また、オランダと同様に少人数で運営できるように自動化は給餌のみならず環境管理においても全自動のコンピューター管理が備えられていた。

フランス

IFREMER Palavas研究所ではヘダイおよびスズキの閉鎖循環式養殖研究が行われている。IFREMERのシステムは沈澱槽＋密閉式の砂ろ過装置＋密閉式の生物ろ過装置＋UV装置＋CO_2除去装置＋酸素供給装置＋調温装置＋循環ポンプ1台＋廃水処理システムで構成されている（図5）。

特徴としては沈澱物除去装置・密閉式の物理ろ過＋生物ろ過の組み合わせである。密閉式の生物ろ過は複数のろ材（砂も含む）からなる。砂ろ過は1日に2回の自動逆洗、生物ろ過は1月に1回の逆洗を実施する。そのため、本方式での換水率は20％／日である。

また、CO_2除去装置はポンプによって循環水を高所に上げ、シャワー状に流し、循環水に溶解しているCO_2をガスとして物理的に遊離させる装置で、上部にはファンがあり、強制的に外に排気される。本システムでは密閉式のろ過装置を用いていることから、CO_2除去装置の重要度が高いと考えられた。

図4 ノルウェーのNofima marin研究所での大西洋マダラ親魚養成用システムの一部の大型泡沫分離装置

図5 フランスIFREMERの基本的な閉鎖循環システム

a：密閉式砂ろ過装置、b：密閉式生物ろ過装置、c：CO_2除去装置、d：脱窒装置、e：調温用熱交換器

図6 デンマークのウナギ陸上養殖場の閉鎖循環システムのドラムフィルター

Hydrotec社の製品で、円筒形ドラムにフィルターエレメントが設置されている構造。

図7 閉鎖循環式陸上養殖システムの酸素供給装置（製品名：oxygen corm）

閉鎖循環式陸上養殖の現状と今後の方向性

視察した欧州での基本的な閉鎖循環式養殖システムの構成は、物理ろ過装置、生物ろ過装置、酸素供給装置、沈澱物分離装置、脱窒装置などで構築されていた（**図1、4**）。

物理ろ過装置については、大型化したシステムでは多くの養殖場や研究所でドラムフィルターが用いられ、数十μm以上の水中懸濁物をマイクロスクリーンでろ過する装置で、自動逆洗機能が付いた高い性能を誇るスウェーデンのHydorotech社の製品が用いられていた（**図6**）。また、フランスでは密閉式の急速砂ろ過装置がシステムに組み込まれていた。近年、粒状ビーズを用いた物理濾過と生物ろ過の両機能を有する効率的な濾過方法も開発されていることから、今後の進展に期待したい。

生物ろ過装置については、オランダおよびノルウェーでは散水ろ床方式、デンマークでは散水ろ床および浸漬ろ床を併用した方式、フランスでは密閉型の多重構造の粒状ろ過方式が採用されていた。

酸素供給装置は酸素溶解能力に優れたoxygen cornと呼ばれる装置が用いられていた。一方、自動水質分析やコンピューター制御の配合飼料の給餌のみならず、種苗生産時のワムシ・アルテミアなどの生物餌料の給餌についても自動化された給餌装置が導入され、水質測定から給餌に至るまでの飼育作業の自動・省力化に関する技術については、今後、日本でも導入することを検討する必要がある。

また、自発給餌器についてもすべての養殖場や研究所で用いられ、自作の給餌器も多く見受けられた。特に、北欧では高い人件費を抑制するために省力化機器の普及が顕著であった。このように欧州では完成度の高いシステム開発と省人化が進められ、コストパフォーマンスに優れたシステム開発と円滑な実用化への連携ができている。

その起点となっているのは大学＋水産研究所＋民間企業の産学官の推進であり、国策として検討されている国も多く、陸上養殖の産業化が早期実現できている要因と考えている。

また、欧州における閉鎖循環式養殖の残された課題は、養殖過程で発生する糞を主体とする大量の有機廃水処理である。現地では、凝集剤で固液分離した後に、沈澱物はさらに脱水して肥料として利用し、液分は湿地帯で自然浄化させる処理が行われ、これにかかる「環境コスト」が問題となっていた。これは人間の下水処理の方法と同じ発想であるが、近年、嫌気性の微生物を利用した有機物の可溶化によるUSB処理を導入する研究がオランダ、デンマーク、イスラエルなどから報告され、新たな技術の研究開発が進められている。

　環境保全意識の高いデンマークなどでは養殖産業から出る排水規制の強化により、マス類の陸上養殖では掛け流し式（流水式）から循環式にシフトさせてきた経緯があり、廃水ゼロの陸上養殖システムの開発に対する意識は高い。わが国でも近年の環境保全への市民レベルでの注目度は高くなってきており、養殖産業で軽んじられてきた廃水処理の分野で規制が強化される時代になる可能性もある。

　そのため、陸上養殖の排水を利用可能な生物を活用したシステムの導入も必要である。藻場や干潟の機能などの自然の浄化力の機能を導入した水の浄化システム開発や、魚類とゴカイ類、二枚貝類の複合養殖など、物質循環を利用した廃水を再利用し有効活用する研究を推進することが、産業化を実現する上で重要な鍵であると考える。

（山本 義久）

■参考文献

1) 菊池弘太郎（2004）3. 閉鎖循環型養殖における水処理技術、養殖畜養システムと水管理（矢田貞美編著）、恒星社厚生閣、東京、39～67頁。

2) 守村慎次（1999）負荷低減研究における国際情勢、水産養殖とゼロエミッション研究（日野明徳、丸山俊朗、黒倉寿編）、恒星社厚生閣、東京、32～40頁。

3) 山本義久・宮田勉・與世田兼三（2011）欧州の閉鎖循環式養殖の現状、水産技術、3（2）、153～156頁。

半循環　閉鎖循環

第4章　海外事例　〜大規模な施設、アクアポニックスなど〜

北欧諸国における養殖業と陸上養殖の発展

4-3

ここがポイント！

- ☑ 北欧では、日間換水量10%未満のものを閉鎖循環システム(Fully recirculated systems)と呼ぶ
- ☑ 疾病防除だけでなく、低環境負荷のための節水低減が政治的目標になっており、陸上養殖の重要性が高い
- ☑ スラッジトラップで回収された汚泥は、沈澱、脱水、乾燥の工程を経て、農業用肥料として利用

　本稿は、北欧諸国の水産養殖において環境への影響を低減するための「Best Available Technologies（利用可能な最高の技術、以下BAT）」について考察した書籍「BAT FOR FISKEOPDRÆT I NORDEN」から一部を抜粋し、デンマーク大使館がまとめたものである。

　原書は、AquaCircleへの委託により、Jesper Heldbo, Ph.D., M.Sc. (ed.), Richard Skøtt Rasmussen, Ph.D., M.Sc、Susan Holdt Løvstad, Ph.D., M.Sc. らが執筆したもので、文献、公的データ、生産者団体などから広く集めた情報が緻密にまとめられている。またインターネット上の信頼できる情報源や、筆者を含む業界関係者からも情報を得ている。主に魚類の養殖をテーマとしているが、これは甲殻類や貝類などほかの水生動物や水生植物の養殖が、北欧では魚類よりも相対的に小規模であるためである。

　原書は魚の個体発生期について概説した後に、①陸上養殖（主に淡水）、②海洋養殖（主に海中）という2つの水域環境における主な飼育方法について取り上げているが、本稿では陸上養殖の部分のみをピックアップする。北欧諸国の養殖業の概要を述べた上で、各国の水処理技術の現状と課題について紹介する。

■ 北欧諸国の養殖業

　養漁業は数千年前から存在し、ヨーロッパの一部地域では中世から既に食料生産の一般的な方法であった。近年、魚の需要は急増しており、世界の魚消費量は1973年から2003年の30年間で倍増している。漁業は市場の需要を完全に満たすことができず、乱獲が問題となっている。しかし養殖魚の供給量は増加してお

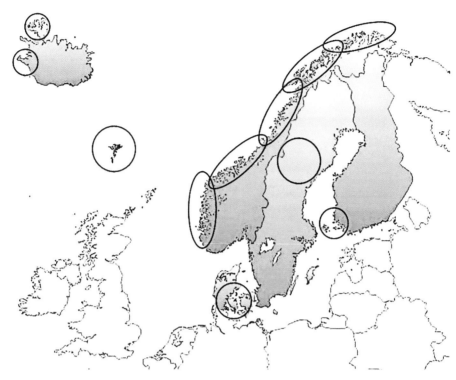

図1 北欧諸国の主な養殖地域

り、養殖業界はここ20～30年間で急速に拡大した。今日、世界の魚消費量の50％以上が養殖で賄われている。

北欧ではサケ科魚類の養殖が盛んで、中でもノルウェーのアトランティックサーモン生産量は他国を大幅に上回っている。ノルウェーの年間生産量は約100万t、ほかの北欧諸国は5,000～4万t程度である。厳しい気候から養殖場を守るノルウェー西岸の深いフィヨルドと、養殖に適した水温が、冷水種の生産に有利に働いている（図1）。

近年、ノルウェーの魚類養殖が世界と並んで増加する一方、ほかの北欧諸国の生産量は停滞している。停滞傾向は北欧以外の欧州でも同様である。主な理由として、認可取得の機会が制限されていること、環境規制、養殖に適した漁場の不足などが挙げられる。

このところの技術的進歩は養殖の環境負荷を減らすツールとなり得る。これにより、北欧諸国や欧州全体で養殖業が発展する上で大きな障壁のひとつを乗り越えられる可能性が生まれている。

■ BATコンセプト

BATはBest Available Technology（利用可能な最高の技術）の略である。

BATは汚染物質の排出削減に関して使われる用語で、多くの国の環境法に取り入れられている。事業者に対する目標であり、例えばデンマーク法では、業界が実行できる新たな環境技術を導入するよう促すツールとして使用されている。ここで言う「実行できる」とは、新しい技術が業界にとって効率的であり、経済的に採用可能という意味である。

BATを使うことと、養殖の拡大を目指すこ

とには密接な関わりがある。北欧やEU圏では常に環境保護が重視されている。EUが水枠組み指令（WFD：Water Framework Directive, Vandrammedirektiv, 2000）を制定したことからも分かる通り、環境負荷の観点から見て、EU圏内のすべての水域で養殖業に利用可能な環境レベルを満足させることは重要な政治的な目標となっている。そのためには環境負荷を低減する新技術を常に開発し、水産養殖を持続可能な産業に育てることが必要である。そうすれば結果として業界の利益も促進され、成長の余地も生まれるだろう。

■ 各国における養殖業の状況

デンマーク

デンマークではさまざまな養殖が行われているが、淡水養殖は食用サイズのニジマス、海洋養殖は魚卵生産を主目的とした「全雌」の4〜6kgのニジマスが中心である。ポンプやRAS（Recirculating Aquaculture System）で給水を行う陸上の稚魚生産に最新技術が使用されている。排水はフィルターを通して淡水システムや海中に放出される。多くの場合、フィルターや沈澱物から回収した汚泥はコンポストや肥料として利用される。陸上の飼育は舗装池、コンクリートの構造物、循環タンクからなるレースウェイ、海上飼育はPE（ポリエチレン）とスチールの浮きを付けた網生簀で行われている。

地域に散在する小規模の取り揚げ／処理工場が50〜2,000tを生産している。デンマークにはRASシステムに関する北欧諸国の知識が結集している。また新たな淡水養殖魚としてパイクパーチが注目されている。ニジマスに比べ小規模であるが、ウナギ、ムール貝、パイクパーチ（スズキ目魚類、*Sander Lucioperca*）、スズキ、ホワイトフィッシュ（サケ科魚類、*Coregonus Lavaretus*）、ターボット、イワナ、ほかのサケ科魚類、バラマンディ、カワカマス、タイ、コイ、ニシキゴイ、ザリガニ、ナマズ、カレイ、チョウザメ、アオサ、ドーバーソール（カレイ目魚類、ヨーロッパソール、*Solea solea*）、カキなどの養殖も行われている。

フェロー諸島

フェロー諸島の主な養殖魚はアトランティックサーモンである。陸上水槽を用いた沿岸でのスモルト生産に最新技術が使われている。タンクシステムでは重力、ポンプ、RASによる給水を行い、排水はフィルターの有無に関わらず海に放出されている。飼育は大型でオープンな網生簀にPEとスチールの浮きを付けたものを海に設置して行い、各施設で1,200〜7,000tを生産している。

中央に集約された大規模な引き揚げ／処理工場が完備され、活魚や加工品の物流も整っている。フェロー諸島の水産養殖設備は1990年代に大規模な疾病問題を経験した後に一新され、海への移動から成魚の取り揚げまで致死率は最低となっている。これらの市場は、3つの大企業によって占有されている。

フィンランド

フィンランドの養殖は、ニジマスと魚卵が大半を占める。重力、ポンプ、RASで給水を行う施設や、天然餌場での陸上稚魚生産に最新技術が使われている。排水はフィルターの有無にかかわらず、淡水システムや海に放出されている。飼育は小型の網生簀にPEとスチールの浮きを付けたものを海に設置して行い、各施設で30〜350tを生産している。

成魚の引き揚げは、地域に散在する小規模の引き揚げ／処理工場が行っている。生産量が少ないため、物流設備も比較的小規模である。新たな淡水養殖魚としてホワイトフィッシュやパイクパーチが注目されている。

また、ニジマスに比べ小規模であるが、マス、イワナ、スズキ、チョウザメ、グレイリング、ザリガニなども養殖されている。

アイスランド

アイスランドではホッキョクイワナの養殖が大半を占めている。重力またはポンプで地熱水を供給する流水システムを使ってイワナを陸上養殖している。

イワナの飼育は1990年代にサーモン養殖用に設計された大型のコンクリートタンクで行われる。サーモンやタラの飼育は網生簀にPEとスチールの浮きを付けたものを海（フィヨルド）に設置して行われる。イワナやサーモンの養殖場は200～1,000t程度を生産している。

成魚の引き揚げは、地域に散在する小規模の施設や処理工場が行っている。生産量が少ないため、物流設備も比較的小規模である。

今後の展望として、ヒラメやティラピアといった温水種の陸上養殖が注目されている。また、イワナに比べ小規模であるが、アトランティックサーモン、アトランティックコッド（タイセイヨウタラ）、オヒョウ、ターボット、ティラピア、ムール貝、セネガルソールなども養殖されている。

ノルウェー

ノルウェーの養殖は、アトランティックサーモンが大半を占めている。またタンクシステムを使ったスモルトの陸上（沿岸）養殖に最新技術が使われている。

タンクシステムは重力、ポンプ、またはRASによる給水を行い、排水はフィルターの有無にかかわらず海に放出されている。飼育は大型でオープンな網生簀にPEまたはスチールの浮きを付けたものを海に設置して行い、各施設で1,200～1万4,000tを生産している。中央に集約された大規模な引き揚げ／処理工場が完備され、活魚や加工品の物流も整っている。

アトランティックサーモンやマス類養殖プログラムでは既に20世代を超える魚が飼育されている。陸上養殖はまだビジネスとして成立していない。アトランティックサーモンに比べ小規模であるが、ニジマス、タラ、オヒョウ、タルボット、ムール貝、ホッキョクイワナ、ロブスター、スポッティド・ウルフフィッシュなども養殖されている。

スウェーデン

スウェーデンの養殖は、ニジマスとホッキョクイワナが大半を占めている。タンクシステムを使ったスモルトの陸上生産に最新技術が使われている。

タンクシステムは重力、ポンプ、またはRASによる給水を行い、排水はフィルターの有無にかかわらず海や水システムに放出されている。飼育は網生簀にPEとスチールの浮きを付けたものを海または淡水システムに設置して行い、各施設で25～2,000tを生産している。養殖産業を構成しているのは、地域に散在する小規模の引き揚げ／処理工場と、生産量が少ないため小規模な物流である。

今後の展望として、低栄養型の淡水システムを使ったホッキョクイワナの養殖に注目が集まっている。ホッキョクイワナの養殖プログラムでは既に第7世代の魚が飼育されている。また、ニジマスやイワナに比べ小規模であるが、ムール貝、スズキ、ウナギ、ザリガニなども養殖されている。

■ 北欧諸国の陸上養殖

流水システム

北欧で水産養殖が始まった当初、環境保護や水消費の問題はまったく意識されていなかった。当時の養殖場の多くは流水式で、酸素を多

図2 デンマークのKaervang養殖場（養殖池で従来型の流水システムを使用したマス養殖）
写真：Jesper Heldbo

図3 閉鎖循環システムを使用したスモルト養殖（Nova Sea、Sundsfjord）
写真：Bent Højgaard

く含んだ新鮮な水を供給し、汚水を排出できる好都合なシステムであった。この方式は（現在に至るまで）エネルギー消費が比較的少ない点も特徴である。コストのかからない重力で給水しているほか、技術的に単純でエネルギーをほとんど必要としない。テクノロジーレベルが低いため、流水式養殖場の建設コストは低い。

流水式の養殖場は水の消費量が多く、富栄養化も比較的少ないため、窒素、リン、有機物の濃度は低めである。水処理に資源を使うことは養殖場にとって悪条件である。その他、流水式のマイナス面としては、地表水の供給により病原体やほかの汚染物質が養殖場に流入する可能性があること、また特に夏季は流入水の自然の酸素量が大幅に下がり死亡率上昇リスクが高まるため、供給水への酸素添加が必要となることなどが挙げられる（図2）。

半循環システム
（Partly recirculated systems）

半循環方式は、完全な再循環システムへの改築は行わないものの、その利点を取り入れたもので、例えば真水の供給量が足りない施設や、排水を減らすよう行政指導がある場合などに使われている。水の消費量が減るため、排水浄化が容易となる。排水の問題で生産量が制限されているケースでは、半循環方式で改善し、増産の基盤とすることが可能である。

閉鎖循環システム
（Fully recirculated systems）

どのようなシステムであっても、蒸発、漏出、魚の成長過程での体内への蓄積などで水は失われる。つまり、あらゆるシステムにおいて一定量の水供給は必要となる。北欧では1日の水消費量が総水量の10％未満であるものを閉鎖循環システムと呼ぶ（図3）。

閉鎖循環システムは設置コストが高く、エネルギー消費や装置のメンテナンスといった維持費も必要となる。また新技術の使用法など、従業者の知識も要求される。バイオマスの量が多く、水量が少ないため、酸素不足などの際には極めて迅速な対応が必要となる。ただし、従業員研修の徹底や、非常時に使える予備装置の準備といった対策をとることで、再循環システムを使った集約的生産を適切に管理することができる。

近年は養殖における水処理法が進歩し、換水率を下げることが可能になった。閉鎖循環システムによる陸上飼育は、今後最も有望な養殖法であ

ると考えられている。行政は産業界から一般的な活動に至るまで節水や排水低減を求めており、閉鎖循環システムを導入していない従来型の養殖法には逆風である。また従来の養殖法に比べ、再循環システムでは魚の生産量が格段に管理しやすい点も将来性を考える上で重要であろう。

陸上飼育システムの設計

飼育システムの設計では、まず魚ごとの要件、養殖業者のニーズ、魚のふんやほかの固形物や溶解粒子の除去のしやすさなどを考慮しなければならない。細菌による栄養燃焼は酸素欠乏の原因となるため、栄養物を比較的早期に除去することが重要である。魚類、とりわけサケ科魚類は高い酸素レベルを必要とする。低酸素状態にさらされると食欲が減退し、発育不良や飼料利用の低下を招く。栄養物の供給は細菌の増殖を刺激し、病原性細菌や毒性化合物の発生につながる可能性がある。

そのため近代的な養殖場では、魚のふんやペレット飼料の食べ残しなど、細菌の発生源を除去するためのスラッジトラップを飼育槽内に設置することが多い。

現在、最も多く見られる陸上養殖設備はタンク式とレースウェイ式（角型ユニット）である。どちらにもプラス面とマイナス面がある。

優れた設計の循環タンク式は、遠心力とタンクの底面に配置された排水溝により常に粒子が除去される仕組みとなっている。レースウェイ式の浄水能力はやや劣るが、トラップを均等に配置して汚泥を除去することができる。

いかに汚泥の水分を減らし、スラッジトラップやマイクロシーブ（micro sieve、精密ろ過）から簡単に除去できるかも、システムの効率を示す指標となる。循環タンク式では、汚泥から水分を取り除いて体積を最小化し、飼育システムの水量を維持できる「ダブルドレーン」が効率的なシステムと言える。

循環タンク式もレースウェイ式も、水質維持、給水のしやすさ、水流の速さに優れているが、サケ科魚類に関しては、水流の速さが成長や魚の質に影響するだけでなく、魚のアニマルウェルフェア改善にも役立つことから、レースウェイ式が望ましい。

網を使った魚の捕獲に関しては、レースウェイ式が循環タンク式より優れている。一部のレースウェイユニットでは、網が自動的にゆっくりと動いて魚をユニットの端に寄せ、そこから別のユニットへ魚をポンプで移動させる。

このほかにも2つの方式にはコストや使用素材などの差があり、養殖場固有の条件に基づいて選択すべきである。

「デンマークのマス養殖場」コンセプト

デンマークでは養殖場から近隣の水場への排水を減らすために1989年から給水量割り当て制が始まり、養殖業者の生産量を制限してきた。生産機会を拡大し、養殖による環境への影響をさらに低減するため、10年ほど前からモデルファームコンセプトが導入された。このコンセプトは、マス養殖場の設計モデルに基づいており、3タイプの養殖場を提案している。

すべての「デンマークのマス養殖場」は再循環率70%以上、給水量125ℓ／秒以下（年間給水量100t）を達成している。また飼育ユニットと沈澱区域は分離され、粒子の除去装置と、栄養物を代謝するプラントラグーンを備えている。最も単純なモデルⅠから最も環境に優しいモデルⅢまであり、モデルⅢの水消費量はわずか15ℓ／秒。バイオフィルターを使用している。モデルⅢについては図4を参照してほしい。

モデル養殖場の環境負荷

モデル養殖場プロジェクトを開始した時、排水の低減効果は主に理論上の計算値にとどまっていた。その後、将来的な給水量割り当ての根

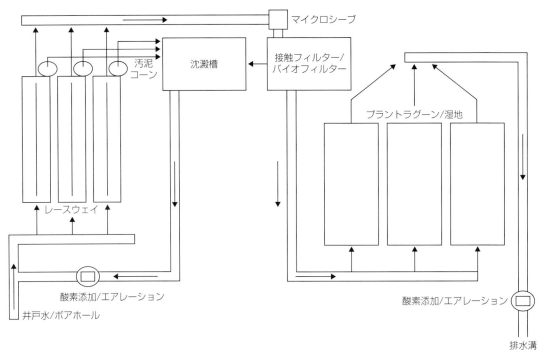

図4 「デンマークのマス養殖場モデル」の概要

出典：デンマークEPA（Miljøministeriet, 2008）

拠とする実際のデータを集めるため、さまざまなプロジェクトが実施された。その結果、モデルⅡは養殖業者にとって魅力が薄いことが分かったが、モデルⅠは全般的に予想された排出量を上回らなかった。また、モデルⅢも良好な排水削減効果が認められた。全体として、節水、養殖場内での水の保持、再循環率の高さが排出量の抑制において特に重要であることが実証された。

重要化合物の除去効率は、平均で全窒素50〜78％、全リン76〜90％、分解性有機物（BOD_5）78〜93％であった。モデルⅠの効果がモデルⅢを上回ったケースも一部で見られたが、これはモデルⅠの方が給水中の栄養物濃度が全般的に高く、栄養物除去の余地が大きかったことが理由である。また、モデルⅠはモデルⅢより給水量割り当てが少ないが、給水量に対するプラントラグーンのサイズが大きかった（**図5**）。

図5 Hallundbæk マス養殖場
レースウェイを分割したモデル1（川から給水）の養殖場である。

写真：Jesper Heldbo

湖での飼育

規模は小さいが、湖でも海中と同様に生簀を使った魚の養殖が行われている。二次ケージとポンツーン（浮き桟橋）が使われることが多い。技術的には単純で、スウェーデンやフィンランドの大きく深い湖でマス養殖がよく行われ

ている。養殖マスの大きさはおおむね400～800gほどであるが、なかには1,000gを超えるものもある。場合によっては冬季の養殖も可能である。

システム設計の開発とトレンド

陸上養殖システムの設計には、いくつかのトレンドがあるようだ。

1つ目のトレンドとして、養殖場の規模が拡大傾向にある。これは合理性の向上や、飼料やほかの必需品を大量購入することで費用が安く抑えられることが理由である。2つ目として、監視システムや管理システムの自動化が進んでいる。3つ目のトレンドは標準化である。飼育ユニットがモジュール化され、設置や増設がしやすくなっている。

淡水養殖の病気と寄生虫

養殖では魚の密度が高くなるため病気のリスクが高まる。そのほか病因となりやすいのは、給水（特に地表水）、人間、魚の運搬、ほかの養殖場からの魚や魚卵の仕入れ、鳥などである。病気は直接の死因となるだけでなく、魚の成長阻害、二次感染、健康低下につながる。

全般的に膵臓病は今日でも淡水養殖によく見られる問題であるが、一方で、伝染性サケ貧血（ISA）は減少している。伝染性膵臓壊死症も繁殖法や飼育法の改善によって明らかな減少傾向にある。

このほか淡水養殖に見られる病気は、細菌性腎臓病やレッドマウス病である。寄生虫では、陸上養殖で淡水白点病（白点虫）がよく見られる。この寄生虫は塩に耐性がなく、加塩（ホルムアルデヒドと併用。※注意：日本での使用については禁止されている）によって駆除することができる。ノルウェー特有の問題として、アトランティックサーモンの外部寄生虫ギロダクチルス・サラリス（*Gyrocactylus Saralis*）感染症が挙げられる。カビでは、ミズカビが陸上養殖でよく見られる。

■ 施設や技術

陸上養殖における水処理技術

魚を飼育することによって水は汚染される。主な汚染物質は有機物（COD、BOD_5）、窒素（N）、リン（P）である。

浮遊物質（SS：Suspended solids）は上記の汚染物質を内包する大きな粒子を指す。SSは流水速度が遅い場所に溜まりやすい。SSの大部分は有機物から成り、バクテリアが酸素を使って異化する。つまり、SS濃度が高いと飼育槽内の酸素が欠乏し、魚の健康被害につながる。またSSは栄養素として細菌増殖を招くが、一部の細菌は毒性化合物を排出する。SSがバイオフィルターにとどまり、フィルター効果を低減させる場合もある。前述の理由から、飼育槽からSSを除去すべきである。

主なSS除去法として、沈澱、フィルタリング、浮揚などが挙げられる。SSは重さにより比較的落ち着きやすく、例えば流速を下げた沈澱タンクで沈ませることができる。フィルタリングにはシーブ（精密ろ過）やスポンジ状の素材を使用する。浮揚法（泡沫分離）では、表面張力により粒子を気泡に吸収させ、気泡が水面に上がった時に除去することができる（**図6**）。

エネルギーを消費しない粒子除去方法の1つとして、飼育槽の底面に設置する粒子トラップがある。汚泥トラップは、粒子が分解し捕獲しにくくなる前に大部分を除去することができる。粒子を捕獲したトラップに、自動または手動で短時間水を流し、排水量を抑えつつ飼育槽から粒子を除去することができる。ダブルドレーン方式は沈澱固形物と浮遊物質を効果的に分離し、排水量も節約できる（**図7**）。

ダブルドレーン方式で凝縮された沈澱性固形

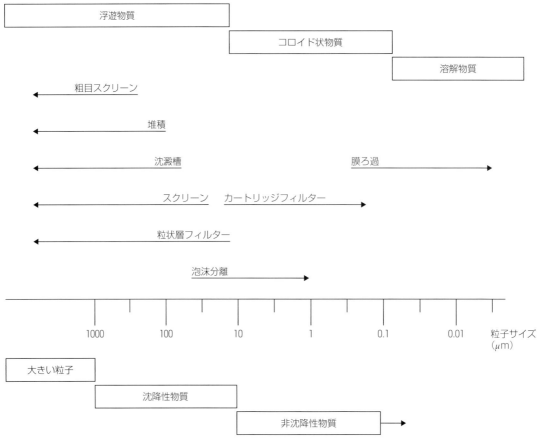

図6 大きさの異なる粒子（SS）の除去技術
除去する粒子の大きさによって除去技術を選択する。

出典：(Wheaton, 2002)

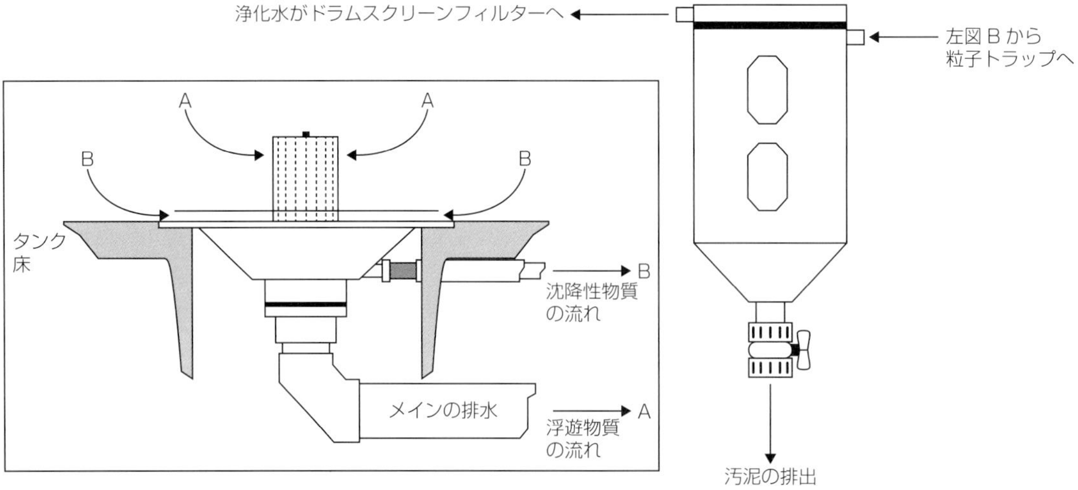

図7 粒子トラップ ECO-TRAP™（AquaOptima AS製）
ダブルドレーン式で、沈澱物質を集めた水（B）を、メインの排水とは別に除去する。除去時の排水は排水全体のわずか約3％程度である。排水Bはハイドロサイクロンで処理し、汚泥をさらに凝縮させる。

物は、ハイドロサイクロンで脱水し、水は上部から除去することができる。重い粒子はハイドロサイクロンの渦の中央に集まり、円錐状の底部から排出される。

沈殿池は単純で効果的な粒子除去方法である。幅の広い沈殿池を設けることで、処理される水の速度が下がり、粒子が沈殿する。沈殿池は幅を広げるだけでなく、長さも十分に確保し、浄水効果を十分に得られる時間、水がとどまるようにする。

沈殿池と同様、飼育に使用していない池にプラントラグーンを設置することもできる。モデル養殖場プロジェクトのデータから、水が養殖設備にとどまる（水路へ排出するまでの）時間が、浄水効果に大きく影響することが分かった。従って、大型のラグーンは浄水効果が高い。好気性と嫌気性の場所が共存していることが硝化脱窒に好条件となり、完全な窒素除去を助けている。

効果は高いがエネルギーを消費する粒子除去方法としては、ドラムフィルターや、ディスクフィルターが挙げられる。こうした方式は、水をろ過し、粒子を捕獲したシーブをドラムの回転がある地点に達したタイミングで洗い流す。その後、水と粒子はフィルターから移動させられる。

バンドフィルターもシーブを使った方法である。バンドフィルターは通常、水面に対し若干の角度をつけて設置される。これはフィルターに流れ込んだ水面の粒子を確実に捕獲するためである。捕獲した粒子はバンドの最上部で洗い流され、別の場所にある汚泥収集場所に集められる。

生物学的処理

生物学的処理の主な目的は、溶解物質の除去である。この方法は、機械的な処理で除去できなかった小さな粒子もある程度は取り除くことができる。再循環システムでは、生物学的処理は通常バイオフィルター内で行う。

これらの装置に、表面積が大きく、排泄物の分解を担う細菌がコロニー化できる成分を充填する。硝化プロセス（酸化によるアンモニアの硝酸化：$NH_4^+ + O_2 \rightarrow NO_2 + O_2 \rightarrow NO_3$）を促進するために、有機物（COD）の大半を除去することが必要である。

これは、増殖の速い従属栄養細菌（CODを分解）の酸素消費量が硝化細菌を上回り、硝化に使える酸素が足りなくなる可能性があるためである。このように、バイオフィルターの効果を最大化するためには多くのパラメータを調整する必要がある。

非常に有害なアンモニア（特にイオン化していないアンモニアNH_3）と比べ、魚は硝酸塩（NO_3）にかなりの耐性を示す。しかし、硝酸塩は環境汚染物質であり、外部環境へ排出される前に除去するよう努めなければならない。脱窒プロセスは嫌気性である。細菌が硝酸塩中の酸素を代謝に利用し、N_2のみが大気中に蒸発するため環境への害が解消される。反応を促進するため、分解しやすい有機物（アルコールなど）をフィルターに添加し、バクテリアに代謝しやすい炭素源を提供する。

バイオフィルターにはさまざまな種類がある。水産養殖に使われているフィルターの一部を以下に挙げる（図8）。

再循環式の養殖では、水中設置型（固定または可動）と散水型（固定）という2種類の好気性バイオフィルターが主に使用されている。水中設置型フィルターの多くは酸素を必要とし、フィルターに汚泥が詰まらないよう、時折裏面を水で洗い流さなければならない。特に固定式の場合は注意が必要である。固定式に比べ可動式は自浄能力に優れており、表面積が大きいため、浄化能力も高い（図9）。ただし可動式は、小さな粒子がフィルターから剥がれ落ち、その

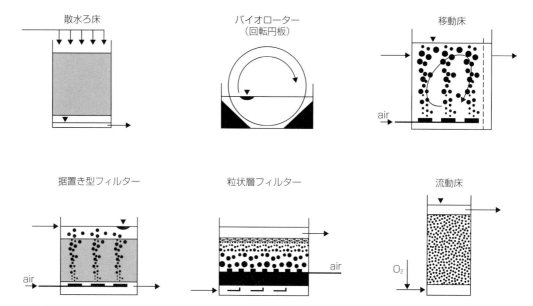

図8 汚水処理に使われる各種バイオフィルター装置
出典：Janning, K.F., Jørgensen, P.E., Klausen, M.M., Højgaard, B. & Thomsen, U., (2008)

図9 可動式バイオフィルターの部品例
細菌がコロニー化できる表面積が大きいため、潜在的な浄水能力が高い。

後のフィルタリングで捕獲できない場合、飼育槽内の水質が十分に改善されない可能性がある。また、可動式フィルターはエネルギー消費量も比較的大きい。

散水型フィルターは水のエアレーションを行うことができる利点がある。飼育で発生した二酸化炭素や窒素といった排泄ガスを散水により除去することもできる。散水は気温の高い時期には水の冷却効果がある。近年はフィルターの改良も進み、フィルターの浄水効率も一般的に良好である。ただし散水フィルターは決して小型とは言えず、設置スペースが必要である。またフィルター清掃の機会も限られている。

脱窒フィルターは水中設置型が多くさまざまな方式があるが、再循環システムではあまり使われていない。これは魚の窒素耐性が高いため、脱窒の必要性が比較的小さいことが一因である。ただし最近では環境意識が高まっているため、脱窒フィルターへの関心も拡大する見通しである。

酸素化とガス除去

すべての魚は呼吸しており、代謝に酸素を必要とする。養殖用に交配された魚の多くは成長が速く、成長速度は飼料摂取と相関性が高いため、酸素の確保は重要である。特にサケ科の魚

図10 散水型フィルター（左）、単純なガス除去ユニット（右）

写真：Bjarne Hald Olsen（左）、Jesper Heldbo（右）

は運動量が多く、酸素の必要量も大きい。そのため、魚の飼育において酸素は重要ファクターである。二酸化炭素は有機化合物の燃焼に酸素が利用される際に排出される。大量の二酸化炭素は魚に有害であるため、除去する必要がある。散水型フィルターは、フィルター内で絶えず水と空気が接触し、ガス除去プロセスを促進する効果がある（**図10**）。

UV処理およびオゾンの利用

紫外線やオゾン（O_3）は細菌、ウイルス、カビ、藻といった病原体の除去に効果がある。また水の着色やにおいの原因となる有機物も分解する。そのため、紫外線やオゾンは養殖における重要なツールとなる。ただし比較的高コストであるため、こうした手法は部分的な浄水への使用にとどまることが多い。

汚泥処理

汚泥は毒物を発生させ、水中の酸素を欠乏させるため、飼育設備から汚泥を効果的に除去することは非常に重要である。回収した汚泥は農業用肥料として活用できる。肥料にするためには、嵩を減らして運搬できるよう、乾燥させる必要がある。

これまでにいくつかの汚泥乾燥方法が開発さ

図11 汚泥乾燥施設。ポリマーを添加し、バンドフィルターで脱水

出典：Henrik Mortensen

れてきた。例えば汚泥を沈澱させて余分な水にポリマーを添加し、凝集効果によって窒素、リン、有機物を抽出する方法がある。抽出物はバンドフィルターにかけ、さらに脱水する（**図11**）。この工程は、汚泥を乾燥させながら栄養素を凝縮する二重の効果がある。

ジオチューブ（Geotubes）を使用した汚泥の脱水方法もある（**図12**）。ジオチューブは最大60 mの大型ユニットで、透水ポリエチレンでできている。汚泥をチューブに投入する前に、水と乾燥物質の分離を促進するポリマーを添加する。ジオチューブ内で、乾燥物質の比率

図12 ジオチューブの充填（左）と内容物の取り出し（右）

出典：Michelsen（2011）

は最大25％に達する。

　加水分解はタンパク質や脂質といった大きな分子を小さな分子に転換する方法である。細菌が転換を触媒する酵素を分泌し、分解を促進する。汚泥は加水分解で体積が減る。また脱窒工程で硝化細菌が炭素を必要とするため、この工程で得られた小さい有機分子が非常に有用である。

　人工湿地で汚泥処理を行うことも可能である。ポンプを使い、水分を含んだ汚泥をアシなどの植物と混ぜて湿地に投入する。その後、沈澱により分離した水を除去し、バクテリア分解（石化）によって脱水する。単純な方法であり、汚泥への添加物もない。数年後に人工湿地の清掃が必要となる可能性がある。

　汚泥の脱水が終わり、栄養素が凝縮されると、養殖汚泥は別の目的に使える魅力的な有用物となる。エネルギー量が多いためバイオガスプラントでの利用にも非常に適している。また養殖汚泥を使った暖房用の固形燃料もつくることができるかもしれない。

水処理技術のトレンド

　水産養殖業界は、ほかの産業や下水処理セクターで開発された水処理技術を利用している。多くの技術はそのまま、もしくは若干調整を加えるだけで養殖に応用可能である。再循環式の養殖場にとって、水処理は比較的高コストの工程であるため、今後は省エネ技術に注目が集まるだろう。表面積の大きいバイオフィルター、および、微粒子を捕獲できる目の細かいマイクロシーブのようなフィルター洗浄の負荷を軽減できる装置に注目が集まっている。オゾン処理も将来的に利用が広がると予想される。

　また粘土などの天然化合物には粒子の沈澱を促進し、大きな細菌コロニーを除去して、バイオフィルターの性能を安定させる潜在性があり、今後の利用が期待される。

　そのほかの新技術としては、汚泥内に小さな泡を発生させる超音波の利用が挙げられる。機械的な強い力で泡がはじけることにより有機物の分解が促進される。ある種のハエを使用した有機物の除去促進方法もある。ハエの幼虫は魚の飼料にできるものの、その利用については、大規模な施設に適用できるかという問題が残る。

（デンマーク大使館）

【注】

本研究は、Nordic Council of Ministers, Sustainable Consumption and Production（持続可能な消費と生産に関する北欧閣僚会議：HKP）の出資で行われている。

半循環　閉鎖循環

第4章　海外事例　～大規模な施設、アクアポニックスなど～

中国における循環式陸上養殖

4-4

ここがポイント！

- ☑ 中国のかけ流しを含めた陸上養殖面積は2,172万㎡、生産量は20万8,8,129（2013年）
- ☑ 循環式は山東省、遼寧省、天津省、福建省、浙江省が中心
- ☑ 魚種はシタビラメ、ターボットなど中心で、種苗生産が多いが養殖も増加している

中国の経済発展とともに、水産品の消費は年々増加している。伝統的な淡水魚類の消費が定着している一方、海産魚介類のニーズも驚異的なスピードで増えている。そのような中で消費者はより安全、よりおいしい水産物を求めるようになり、循環式陸上養殖システムによる海産魚の養殖に注目が集まっており、近年その生産量は顕著に上昇している。ここではその発展の歴史に触れながら、中国における循環式陸上養殖の実態と今後の課題についてまとめてみる。

■ これまでの歩み

中国においては1970年代から生産性の向上を図るため循環式陸上養殖に関する研究がスタートした。80年代にドイツやデンマークなどの先進国から循環式陸上養殖の技術と設備が導入されたが、施設整備のイニシャルコストと電気使用料などのランニングコストが高額であるため、その設備は導入された後、ほぼ放置されたままであった。1988年に中国水産科学研究院漁業機械儀器研究所がドイツの技術を元に中国初の実用化した循環式陸上養殖システムをつくり上げた（中原油田年産量600tの養殖工場）。その後、この技術が油田、炭鉱と発電所などで普及・応用された。

90年代に入ると、「現代農業モデル基地」の設立が中国各地で推進され、そのような中、淡水の循環式養殖システムを設立した所もあった。しかし、淡水養殖品種には付加価値の高い魚種が少ないため、循環式養殖技術は種苗生産や観賞魚養殖などに限定され応用されていた。

一方、90年代から中国北方ではターボットがイギリスから導入され、その養殖が産業化され、次第に北部の主幹産業となった。ターボット養殖は主に掛け流し式（以下、流水式）陸上

表1 中国における典型的なヒラメ類循環式養殖事例

会社	タイプ	規模（万㎡）	養殖種目	収容密度（kg/㎡）	循環率（回転/d）	熱源	酸素供給	飼料
天津海発	閉鎖循環	4.7	シタビラメ	20	15〜17	地熱/熱交換	液体酸素	ペレット
莱州明波	閉鎖循環	0.8	シタビラメ	20	17	ボイラー	液体酸素	ペレット
青島通用	閉鎖循環	0.15	ターボット	50	20〜24	ボイラー/熱交換	液体酸素	ペレット
煙台天源	半循環	0.2	ターボット	15	12	なし	液体酸素	ペレット

養殖で行われ、中国の陸上養殖技術の発展を大いに推進した。

ただ、その養殖技術が全体的にまだ低いため、飼育水が直接に海へ排水されることによる環境悪化問題と、病害の大量発生による薬品の乱用などの品質管理問題が深刻化している。これを背景に、国からの推進もあって、中国では海水の閉鎖循環式養殖技術に関する研究が積極的に取り込まれ段階的な成果を収めていた。

■ 循環式陸上養殖の現状

生産性の向上や環境保全などの観点から、循環式陸上養殖が近年大変注目されている。現在、中国における循環式養殖は山東、遼寧、天津を中心とし、福建、浙江（せっこう）、江蘇などの省でも循環式養殖面積が拡大している。陸上養殖は中国では「工場化養殖」と呼ばれており、循環式陸上養殖は「工場化循環水養殖」、「陸基循環水養殖」と呼ばれることが多い。21世紀以降、中国での陸上養殖がハイスピードで発展していたが（13年海水陸上養殖面積2,172万㎡、生産量17万7,413t；淡水陸上養殖面積2,802万㎡、生産量20万8,129t）、主にかけ流し式と半循環式が主流で、完全閉鎖循環式養殖はまだ少ない。山東、天津、遼寧と河北、この4省（市）を例とすると、循環式養殖面積はその陸上養殖面積の7.72%しか占めていない。

陸上養殖に適した魚種の選定は、①成長の早い、②稚魚が年間を通じて安定的に入手できる、③市場が比較的に安定的、④付加価値の高いという条件をクリアする魚種に限られるため、現在、中国では循環式システムを用いた養殖はヒラメ・ターボット類を中心としているが、そのほかにはトラフグ、ウナギ、サケ、ハタ類、マス、バナメイ、ナマコなどの品種にも循環式養殖が行われている。淡水魚種には付加価値の高い魚種が少ないため、循環式養殖はほぼ海産魚の養殖に応用されている。

そのような中で、ヒラメ・ターボット類、特にシタビラメの閉鎖循環式養殖システムがこの十数年間の産学官での研究開発を重ねられており、技術的に完成されつつある。現在10以上の養殖企業がヒラメ・ターボット類の循環式養殖システムを導入したが、技術・ノウハウやランニングコストなどの制限で実際に閉鎖循環式を用いて養殖を行っているのは4〜5つの企業しかない（表1）。

例えば、天津海発社と莱州明波社は完全閉鎖循環式システムでシタビラメの養殖を行っている。この2会社は設備の改造・更新を重ねて、研究開発、技術の向上・改良を行ってきており、既に10数年間の実証生産の経験を持っている。良質のペレット飼料と液体酸素供給装置の使用で循環式システムの経済性と安定性を高めている。

また、青島通用会社は完全閉鎖循環式システムを用いてターボット養殖、親魚養成とターボット種苗生産を行っている。同社も10数年

写真1 ブラシ方式ろ材（バイオフィルター、ターボットおよびヒラメ用）

写真2 ドラムフィルター（天津近郊、ターボットおよびヒラメ用）

間にわたり「陸上養殖」を研究し、その閉鎖循環式システムも現在実証生産している。

■ 閉鎖循環式陸上養殖の課題

中国における閉鎖循環式システムは、多くの課題を抱えられる。当然のことながら、その対策を探らなければならない。

①設備のグレードアップと要素技術の高度化

水処理の部分が技術レベルが低く、持続的かつ安定的な運転能力が欠けている。特に、ブラシ方式ろ材のバイオフィルター（**写真1**）がうまく機能しないことが多数の養殖場において見られる。表面積が大きく、メンテナンスしやすいろ材の選定が必要とされる。また、残餌や糞を除去するため、ドラムフィルターが用いられる。しかし逆洗の流速で有機物がさらに細かく粉砕され、飼育水の中に戻ってしまい、結果的に水中の懸濁物が増えるようになった。従って、メッシュサイズが細かく、ろ過効率の良い物理ろ過を改良するべきである（**写真2**、天津近郊にある閉鎖循環システムのドラムフィルター）。

それらに加えて、閉鎖循環式養殖に適した家系の育種、種苗生産技術および飼料の開発が求められる。

②コストの低減による収益性の確保

イニシャルコストとランニングコストの低減が極めて重要である。ヨーロッパのターボット閉鎖循環式養殖においては電気代が生産コストの11％にしかなっていないが、中国の場合は電気代16.51％、加温用の炭代10.52％でランニングコストが高い。また、閉鎖循環システム導入の決め手は政府や自治体の補助金であり、中長期的には採算の取れないシステムがかなりの割合で存在する。

また、一般の中小の養殖業者には補助金がほとんど下りないため、閉鎖循環システムは縁遠い存在である。使いやすくかつ安価な閉鎖循環システムの開発が急務とされ、これが普及の第1歩と考えている。

③育成・健康管理マニュアルの作成

現状の閉鎖循環システムにおける日常管理は非常にルーズになっており、特に寄生虫が発生

した場合には、システム全体に与えるダメージが大きい。出入りの際の消毒、生餌の使用禁止などのバイオセキュリティーの基礎を徹底するだけでも、相当な効果が得られると考えられる。

■ 今後の展望

中国の経済発展方式の転換とともに、陸上養殖も転換期を迎えようとしている。工業排水、生活排水、赤潮などの多発により、かけ流し式養殖では水質の維持が難しくなる。また、環境保護の観点からかけ流し式養殖について排水が厳しく規制されることが考えられる。安定的な飼育成績を求め、しかも外部環境への影響を軽減するため、最終的には閉鎖循環式へと切り替えざるを得ないだろう。

一方、政府の補助事業を含め、産学官の連携によって中国における循環式システムは養殖産業に定着しつつある。閉鎖循環式によるバナメイなどの種苗生産では、水質が安定し細菌性疾病の発生も抑えられたため、閉鎖循環式養殖はほかの海産魚の種苗生産においても応用できるのではないかと期待されている。

食の安全面においても、閉鎖循環式による養殖は、紫外線やオゾンなどの殺菌効果が発揮されやすいため、抗生物質や殺菌剤などの使用が制限され、無投薬の生産物の養殖が可能となり、より安全安心な魚を消費者へ届けられることになる。

以上のように述べてきたがそれらを踏まえ

写真3 大連富谷水産の5万㎡の閉鎖循環養殖施設の着工式

て、中国における閉鎖循環式養殖の展望として考えられる、以下の4点を示して稿を終えたい。

(1) 重点的に研究するべきことは水処理である。関連技術が総合的に向上することにより、順を追って実現に近づく。

(2) 水質のオンラインモニタリングなどの技術がさらに進歩し、自動化が進む。そして、省力化の養殖施設が主流となる。

(3) 循環式養殖システムの導入と普及については、政府や自治体の補助が重要であったが、今後それらは弱体化し、企業の自発的なニーズが原動力となる。

(4) 現在、毎年のように、数十万㎡規模の閉鎖循環施設が建設されている。今後はさらにそれらが拡大し、5〜8年のうちに陸上養殖面積は500万㎡を突破すると推測される（**写真3**）。

（曽 雅、任 同軍）

半循環　閉鎖循環

第4章　海外事例　～大規模な施設、アクアポニックスなど～
韓国における陸上養殖
4-5

ここがポイント！

☑ 政府が水産政策を強化し、100〜180億ウォンの予算を確保。陸上養殖にも力を入れている

☑ 研究が完了した技術はマニュアルを整備し、国の研究機関で研修生を受け入れ、積極的に民間に技術移転するため、新規参入しやすい環境が整っている

　韓国の養殖業は1980年代に入って種苗生産技術の開発を開始し、1990年代にはヒラメ、タイ、スズキ、クロソイなどの養殖技術の確立によって急激に成長してきた。しかし1997年に水産物の輸入が自由化されたことで、中国、日本からタイやスズキなどの活魚輸入が大幅に増加し、国際競争にさらされるようになった。

　2010年度の養殖業の生産量は135万5,000tで、漁業生産量の43.6％となっている。また国民1人当たりの水産物消費量は52.7kgで、日本の56.9kgと同程度を消費している。2010年度は日本、アメリカ、中国、EUなどへヒラメ7,100万ドル、カキ6,600万ドル、ノリ1億500万ドルを輸出しており、韓国の養殖業は輸出産業としても重要な地位を占めている。

■ 水産政策強化で陸上養殖にも注力

　日本同様、韓国においても水産を取り巻くさまざまな問題点が浮上してきている。

①地球温暖化による海水温の異常

　猛暑と寒波による被害が年を追うごとに増加している。30℃を超す猛暑が続いた夏はクロソイが大量にへい死し、冬の寒波によりボラとアワビが被害にあった。

②赤潮、台風、疾病による被害

　有害な赤潮や台風による被害が年々増加しており、また、その発生期間と地域も拡大してきている。養殖魚の疾病発生率も増加しており、90年代には5％であったものが、現在では25〜30％まで増えてきている。

　疾病の要因は過去には細菌性疾病が主たるものであったが、最近はウイルス性疾病が増加している。また疾病の発生は夏場に集中していたものが、年中発生するような傾向を示している。

③養殖場の乱開発

　韓国における海面養殖漁場の開発適地は17万6,000haあるとされるが、そのうち既に12

表1 韓国内の養鰻場数と飼育面積の推移

年	1990	1993	1994	1995	1998	2002	2007	2009	2010	2011
養殖場数	216	280	299	270	281	356	468	508	521	523
面積（千m^2）	1,178	1,247	1,287	990	1,021	1,686	2,140	2,320	2,225	2,330

表2 韓国のシラスウナギの池入れ状況

年	1992	1993	1994	1995	1996	1997	1998	1999	2000	2001	2002
量（t）	5	6	6	8	7	4	3	6	7	8	12
年	2003	2004	2005	2006	2007	2008	2009	2010	2011	2012	2013
量（t）	13	11	7.5	22.1	13.5	11	22	10.6	9.5 (11)	3.7 (7.4)	2.5 (7.2)

（ ）は外来種を含む

万7,000 haが開発されている。そのため一部の養殖対象種では供給過剰による値崩れと各種汚染や、台風、赤潮発生時には大きな被害を出している。

④沿岸環境汚染および干潟生態系の破壊

韓国沿岸に押し寄せる、海洋ごみと各種汚染物質は水産生物の産卵棲息地を悪化させ、低層生態系に甚大な影響を与えている。

これら水産を取り巻く厳しい現状を打破すべく、韓国政府は13年に5年ぶりとなる「海洋水産部」（3室3局9官）を政府内に復活させ、水産政策強化を打ち出した。

その一環として「経済性のある10大戦略品種の重点育成」を掲げ、100～180億ウォンの予算を確保し、研究を開始した。その10品目とは、カキ、ナマコ、アワビ、ヒラメ、マグロ、ウナギ、海藻類、エビ、マハタ、観賞魚である。目標として、20年までに10品目で100億ドルの輸出産業を創出するとしている。

重点施策は、「①選択と集中により、その魚種に適した技術を開発する」、「②10種ごとに研究クラスタを設け、早く確立できたものから事業化する」、「③海外ニーズに合わせたものを開発し、国際協力も積極的に行う」というものである。

またその具体策として「①人工種苗開発に9,450万ウォンを投入し、22種の種苗開発と17種の大量生産技術、その配合飼料を開発する」、「②インフラ構築に5,900万ウォンを投入し、新しいハッチャリーセンターを建設する、ビルディング型循環養殖場の建設および深海養殖を開発し、事業妥当性を検討する、など」、「③輸出促進、海外協力に1,270万ウォンを投入し、魚粉輸出の促進と海外養殖場を建設する。海外研究機関と協働する。教育広報用ドキュメントを作成する」を掲げている。

また、1990年代に建設された古い養殖場を近代化するための資金として、2012年度より768億ウォン規模の低利な融資制度も開始した。その融資制度の内容は、①利率1％台、②3年据置、③7年償還、④養殖場の水槽設備の近代化（自動給餌器、水温。酸素自動供給装置、衛生・殺菌装置の設置など）に使えるものとなっている。

■ ウナギ養殖

1990年代から始まった韓国におけるウナギ養殖産業も、現在、日本と同じように岐路に立たされている。それはシラスウナギ資源の枯渇である。表1に韓国における養殖場の推移、表2にシラスの池入れ状況を示す。

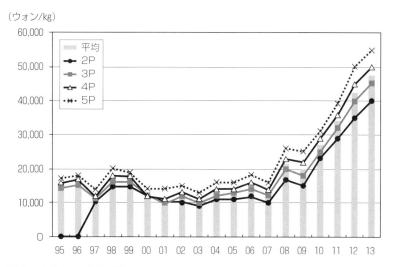

図1 ウナギ価格の推移

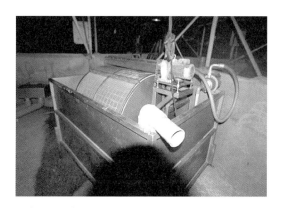

写真1 止水池内に設置したドラムフィルター

写真2 液体酸素タンク

　このシラスウナギの減少および価格の高騰により、ウナギの生産原価は急上昇し、生産量も低下してきている（**図1**）。

　韓国におけるウナギ養殖の方法は止水方式が70％で循環式は30％である。しかし止水式であってもドラムフィルターによる物理ろ過や酸素供給を行っている（**写真1、2**）。

　循環式は主にヨーロッパ方式が多く採用されてきたが、近年アメリカ方式も導入されてきている。

　高密度循環養殖では、放養密度10％を達成している経営体も出てきている。この放養密度は止水式の4.5倍の密度である。

　しかし循環式は初期投資コストが多大で、水質悪化や疾病によるリスクも大きい。また、近年シラスの池入れ数の減少、購入コストの高騰に加え、エネルギーコストや飼料価格の上昇も養鰻場経営を圧迫してきている。

　これによりウナギの消費者価格も高騰し、消費量は落ち込み、養鰻産業規模も小さくなってきている。そのため養鰻組合は政府に5項目の要望として、①人工種苗の開発、②代替種苗の開発および育成技術開発、③国産種苗の輸出禁止、④中間種苗輸入の関税撤廃、⑤天然種苗回

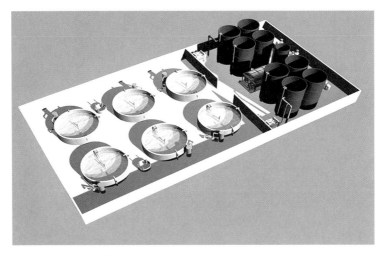

図2　循環式ウナギ養殖施設
韓国の循環式は、ヨーロッパ方式が中心だったが、近年ではアメリカ方式も増えている。

写真3　循環式ウナギ養殖施設の育成水槽
建設中の養殖水槽の様子。

写真4　循環式ウナギ養殖施設のろ過水槽
ろ過水槽の壁や底に設置されているのは曝気用の配管となっている。

復といった方策を提出している。

これらは日本においても同様の問題であると認識する。

最近、日本の九州地方において、ウナギ養殖に酸素を附加することで、養殖密度を向上させ、育成を早める取り組みが頻繁になされてきている。また、一部業者には韓国と同様の閉鎖循環式ウナギ養殖に取り組み、養殖密度10％を超えるところも出てきた。生産された成体に一部奇形が見られるなど解決しなければならない問題もあるが、種苗の確保が難しい現状では、生産性の向上は今後取り組むべき直近の課題であろう。

■ エビ養殖に期待されるBFT養殖法

ここからは韓国国内において、環境に優しい養殖技術を用いて、循環式のエビ養殖に挑戦している国立水産科学院・西海研究所と民間養殖での取り組みを紹介する。

写真5　グリーンハウスの全景
韓国でのBFT養殖法は、研究期間を終えて、グリーンハウスと呼ばれる養殖場を建設して、技術開発と養殖専門業者の教育・育成のために活用している。

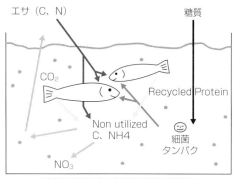

図3　バイオフロック技術の模式図

高密度・有機養殖法
(Biofloc Technology、BFT、図3)

BFT養殖法は、従属栄養細菌（hetero-trophic bacteria）を用いて、飼育水を交換せずに水質を浄化する方法である。

その原理としては、従属栄養細菌が有機炭素を用いて、窒素老廃物（汚泥、飼料の搾りかす、排泄物）を細菌タンパクに合成し、増殖した細菌はフロック状となりエビの飼料となるというものだ。

これは従来の養殖法（露地池方式、循環ろ過式養殖：RAS）における植物プランクトンや独立栄養細菌（autotrophic bacteria）によるアンモニア性窒素の除去とは異なっている。

RASでは、ろ過により物理的に窒素老廃物を取り除くことで有機炭素が少なくなり、有機炭素を利用しない（無機炭素を用いる）独立栄養細菌が多くなる。これらの独立栄養細菌と従属栄養細菌は飼育環境中に両方存在するが、そのどちらを優占させるかで養殖システムが変わってくる。

そのため、BFTでも有機炭素の量が足りなくなると独立栄養細菌によるろ過経路に逆転換されるため、有機炭素源（糖蜜など）の追加供給が行われている。

BFTは、初めはティラピアの陸上養殖法に適用されたが、2000年代からは室内エビ養殖でも始められた。それが行われたのが、アメリカのサウスカロライナ州のワデル研究所とテキサスA&M大学である。

韓国でのBFT養殖法はバナメイを用いて、テキサスA&M大学との共同研究により03〜08年まで実験的な規模での技術開発を行い、08年12月には研究所内で商業的規模の実証施設を完成させた。

現在ではグリーンハウスと呼ばれる養殖場を建設して、技術開発と養殖専門業者の教育・育成のために活用している。

養殖システム（グリーンハウス）の構造

グリーンハウスは、内部に2つの水槽（約300 m^2）がある総面積1,000 m^2の養殖場である。ヒートポンプ、酸素発生器、プロテインスキマー、配管システム、ブロアー、ポンプなどにより構成されている。この施設では冬の断熱のためハウス被覆材に二重の高強度のポリエチレンを使用しているが、温度調節のため（夏季）側面開放もできるようになっている。

図4 養殖水槽の基本構造および内部の様子
①レースウェイ方式の育成水槽、②グリーンハウス内の実証施設、③空気による水の循環、④育成されているバナメイ

飼育水槽は深さ1.2 mの長方形で、中央に壁があって飼育水の回転が可能なraceway構造である。水槽の底には配管とインジェクターがあり、ポンプを通じて飼育水が噴射され、循環されている。これにより、有機物が水槽底へ積もることを防止するとともに浮流した有機物は従属栄養細菌が利用可能となる。

飼育の過程は、バナメイのポストラーバ（postlarvae）から稚エビまで（1 gサイズ）飼育する中間育成段階と、稚エビからの育成段階で分けられている。エビの飼育密度は、中間育成時には5,000〜1万尾/m^3、本育成は400〜600尾/m^{3}で、4〜5カ月間養殖すれば体重が17〜20 gになり、収穫できる。

BFT養殖の特徴と効果

BFT養殖は従来の養殖方式と比べて飼育水が焦げ茶色（dark brown）になることから水が濁っているように見えるが、水質は安定している。つまり、飼育水の交換と排出水が生じない環境に優しい養殖方法である（沿岸環境汚染の減少）。また、季節と気候に関係なく、高密度で年2回の養殖ができるため、年中の生産・出荷が可能になり、年間単位生産量が40倍以上多くなると期待される。

BFT養殖は、抗生物質を一切使わない安全な養殖の実現とともに、飼料量を40%節減できる新しい養殖技術である。

韓国におけるBFT養殖は始まったばかりの段階であり、主にバナメイで養殖されているが、他の魚種での養殖も試みられている。

民間での大規模陸上養殖 NeoEnBiz社の取り組み

現在、韓国で最も大規模に陸上養殖している

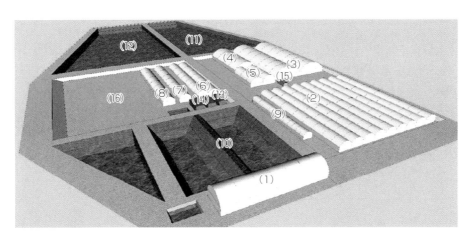

図5　NeoEnBiz社の大規模陸上養殖状の全景
5.5m² の敷地に屋外池、グリーンハウス、ハッチャリー、エサの保管庫などがある。内部の養殖水槽は、1,500 t 1 面、300 t 10 面、30 t 4 基、10 t 1 基、7 t 20 基、1 t 10 基、500ℓ 10 基、300ℓ 10 基、200ℓ 200 個、150ℓ 200 個、100ℓ 50 個、50ℓ 以下 100 個となっている。

写真6　民間の大規模陸上養殖状におけるバナメイ養殖水槽
基本システムは研究所の実証システムと同じだが、その規模は5倍となっている。

のは「NeoEnBiz社」であろう。同社は02年の設立で、環境コンサルタント、新環境ナノ事業を展開していたが、08年から新環境養殖事業を始めている。

魚種はバナメイ、ウナギ、ティラピア、観賞魚で、その養殖技術の中心となるのがバイオフロック技術（BFT）である。同社の取り組みは韓国のマスコミにも、たびたび取り上げられ話題となっている。

生産施設規模

NeoEnBiz社は、5万5,000m² の敷地に屋外池、グリーンハウス、ハッチャリー、エサの保管庫などを所有しており、内部の養殖水槽は 1,500 t 1 面、300 t 10 面、30 t 4 基、10 t 1 基、7 t 20 基、1 t 10 基、500ℓ 10 基、300ℓ 10 基、200ℓ 200 個、150ℓ 200 個、100ℓ 50 個、50ℓ 以下 100 個となっている。

出荷状況

魚種別の出荷状況は以下のようになっている。

バナメイ

30万尾（平均15 g）、1 gサイズの中間稚エ

ビ（9月のみ）200万尾、そのほかに5gサイズの釣り餌用（4月）、10gサイズの寿司用、10～20gサイズの刺身天ぷら用、20gサイズの塩焼き用、25gサイズ以上は土産物用として販売している。

メフグ

現在平均40gサイズを6万尾育成中。今年9月より250gサイズで出荷を予定している。

ティラピア

平均1～2kgサイズを600尾、平均300gサイズを200尾販売している。稚魚は1年を通して販売可能となっている。

ウナギ

平均200gサイズ以上を1,200尾育成中（今後、ウナギの生産を10万尾まで増産する予定）となっている。

そのほかの魚種

グッピーは10万尾販売中、エンゼルフィッシュは1万尾販売中、ベタは2,000尾販売中となっている。

■ 民間業者が養殖業に新規参入がしやすい環境

このように、韓国における陸上養殖の技術開発は日本よりかなり遅れてスタートしたにもかかわらず、非常に積極的に行われていることがよく分かる。

また研究が終わった技術については、マニュアルを整備し、国の研究機関で研修生を受け入れ、積極的に民間に技術移転を行っている。そのようなことから、民間業者が養殖業に新規参入しやすい環境が整っているように感じられる。

■ 海外展開

2016年1月に韓国水産センターからアナウンスされた内容は、ODA案件として、アルジェリア北中部ワルグラ州に敷地10 haを使用したエビの陸上養殖研究施設を建設し竣工したとのこと。投資金額は総額600万ドル。ここには研究棟、室内外飼育棟、飼料製造棟があり、6年間かけて最大年間100 tのエビの生産を行うとのことである。

同様の施設をアルジェリアと同じような砂漠地帯に展開する考えであるとのこと。着実に自国で開発した技術の世界展開が図られていることを実感する。

最後に貴重な情報をいただいた韓国国立水産科学院戦略研究グループ金大中博士に謝辞を申し上げる。

（野原 節雄・姜 奉廷）

■参考文献

1) 第9回ACNと種苗生産・養殖業者との懇談会講演要旨、「韓国水産養殖の現状と展望」、韓国国立水産科学院西海研究所・研究官、Han Hyon-Sob。

2) 東京大学平成21～23年度農学国際実地研究Ⅰ・Ⅱ報告、147～150頁、「韓国で行っているエビ養殖方法：Bio-floc systemに関する調査」、裵 善惠。

3) 2013年韓国ウナギ産業「現状と発展計画」報告書、Korea fresh water eel producer association。

半循環

第4章 海外事例 ～大規模な施設、アクアポニックスなど～

日本の養殖技術の海外展開
～モンゴルのバナメイ養殖～

4-6

ここがポイント！

- ☑ 現地でのエビの品質が悪いため、新鮮な水産物へのニーズは高い
- ☑ 300 t 水槽で 8 t/年の生産を目指す

　IMTエンジニアリング㈱として初めての海外案件であるモンゴル国（以下、モンゴル）でのエビ生産プラントの取り組みの概要を述べる。

　我々は当初、肉食文化であるモンゴルでのエビ生産について、かなり疑問視していた。そのため事前調査に多くの時間を割き、実際の育成実験によって事業性の検証を行ってきた結果、モンゴルにおける水産養殖業という新しい産業を立ち上げることに対して自信を持つこととなった。当初、モンゴルに来た時には2～3店しかなかった日本料理屋は現在では20店舗を超える勢いであり、韓国からの生鮮品や冷凍品の魚介類輸入量も毎月20 tを超えるペースで輸入されだした。確実に一般庶民レベルにも魚食文化が浸透し始めたと実感している。

■ 内陸国・モンゴルの養殖条件

　モンゴルは、ロシアと中国に挟まれた北東ア

図1　モンゴル国
首都はウランバートル。年間平均気温が低く、雨量が少ない乾燥した内陸国である。

ジアの内陸国である（**図1**）。約300万人の人口のうち、120万人が居住する首都ウランバートルのほかに、主要都市として工業地区のダルハン、銅鉱山を有するエルデネットなどがある。緯度は北緯48～52度で、海から離れた内陸国であり、標高が高いため大陸性気候で年間を通

表1 ウランバートルの月別気温と降水量

月別	1月	2月	3月	4月	5月	6月	7月	8月	9月	10月	11月	12月
平均最高気温（℃）	−7.3	−1	9.9	20.1	27.9	30.4	30.9	29.3	25	18.4	5.9	−4.9
平均最低気温（℃）	−33.2	−30.1	−23.7	−14.3	−6.3	1.3	5.3	3.2	−5.1	−14.9	−25.1	−31.5
降水量（mm）	2	2	3.3	8.4	13.4	50.9	65.7	76.3	32.1	8.3	4.9	3.2
降雨日数（日）	4.1	2.9	3.8	5.1	5.8	11.9	15.6	14.3	7.9	4.7	5.1	5.5

ウランバートル年間気温 0.4℃、年間最高気温 15.4℃、年間最低気温 −14.5℃

出典：世界気象機関データ

写真1 食品ザハ
幅広い種類の野菜が売られている。

写真2 冷凍商材主流のモンゴルの魚介類

じて雨量が少なく、空気が乾燥している。北部は農地やステップ草地であり、南部は砂漠地帯、西部は主に森林や山地となっている。

モンゴル全域の年間平均気温はマイナス2.9℃で、地域によって多少は異なる（**表1**）。また、年間降水量は北部のハンガイ山脈および北方のハンガイ草原帯は400mm以上、ゴビ砂漠など南部は100mm以下、ハンガイ山脈南のヘールタル草原帯はその中間の雨量となっている。

最も寒い時期は全国平均マイナス33～マイナス20℃となる1月で、最も暑い時期は全国平均18～28℃となる7月である。また、春（4～5月）は突風、砂嵐、気圧の絶え間ない変化に悩まされる。ウランバートル市で新緑が始まるのは5月下旬ごろである。6～9月は一般的に湿気のない爽快な日が多く、年間を通じて最も過ごしやすい季節となる。冬は日中でさえ相当に冷え込むが、ウランバートル市内の主な建物には蒸気暖房が完備されているため、室内にいる限り寒さの心配はない。

社会主義の時代にはモンゴル人民革命党の「指導的役割」が憲法で規定される一党独裁体制で、議会制度もソビエト型の国家大会議を最高機関としてきた。だが、1990年の民主化後に自由選挙による複数政党制を導入し、1992年の新憲法公布後はともに直接選挙で選出される一院制の国家大会議と大統領が並立する二元主義的議院内閣制（半大統領制）を採用した。国家大会議はその後4年ごとに総選挙を行ってきたが、そのたびに政権が交代するという経緯をたどり、行政が停滞する弊害が表れている。

2010年におけるモンゴルのGDPは約58億ドルであり、日本の都道府県の中で最も人口が少ない鳥取県の4分の1程度の経済規模だ。年度ごとの予算編成は東京都世田谷区と同等の金額である。1日2ドル未満で暮らす貧困層は115万人と推計されており、国民の40％以上を占めている。主に畜産業と鉱業が中心で、モリブデンにおいては世界屈指の埋蔵量を持ってい

る。

　現在、モンゴル政府は金鉱や銅鉱、モリブデン、石炭などの開発を推進している。そして近年では、豊富な天然資源などを目的に外国からの投資が活発になってきている。しかし政治的安定性がいまだに構築されておらず、政権が変わるたびに政策方針が二転三転することで、外国の投資家に警戒感を持たせている。畜産は、ヒツジ1,168万6,000頭、ヤギ1,223万8,000頭、ウシ184万2,000頭、ウマ200万5,000頭、ラクダ25万7,000頭を飼育しており（04年統計）、牧草地の広さは国土の約80％である。また、畜産はほとんどが遊牧で行われている。

■ モンゴル市場の魚介類の取り扱い

一般向け商材の販売状況

　ウランバートル市内には、地区ごとにスーパーマーケット、商店、食品「ザハ」（ザハ＝市場）などが数多くあり、日常生活に必要な食料品と飲料の入手が可能である。近年、食材は輸入加工品も含め、かなり豊富に出回りつつある。ただし、肉や野菜については食品衛生の基準に満たしていない食品「ザハ」もあり、賞味期限が切れたものや鮮度の悪いものを販売している場合がある。

　内陸国であるため魚介類は少ないが、スーパーや1年中冷凍魚を売るための専用コーナーがある食品「ザハ」で購入できる。ウランバートル市内の一部店舗ではキャビア、イクラ、スモークサーモンなどのロシア産品や、中国などからのエビやイカの冷凍食品を置いている。近年は韓国から生鮮魚介類も空輸されている。

レストランなどの外食産業

　ウランバートルではモンゴル料理に加え、日本料理、イタリアン料理、中国料理、ロシア料理、韓国料理、メキシコ料理、タイ料理、アフリカ料理、さらにはピザやハンバーガーなどのファストフード、バーベキューなど、種類は豊富である。最近では、日本の回転寿司レストラン、丼や、魚料理専門店も営業を始めた。メニューによれば、エビ（2貫）の値段は5,000 MNT（日本円で226円）である。

　なお、MNTはモンゴルの通貨単位で、1円／22.1 MNTで換算している。

■ レストランでの消費動向調査

ホテル・レストラン総数

　近年、ウランバートルでは地方からの急激な人口流入や、海外からの投資が盛んになっており、それに応じて市内のホテルおよびレストランの数や売上高も伸びている。2013年11月時点での市内のホテルおよびレストランの店舗数は、それぞれ210件、403件以上あると想定できる（電話帳より集計）。

レストランの店舗形態と種類

　レストランは、通り沿いに設立された店舗型、デパートやホテル内に店を構えるテナント型、マンションなど集合住宅階下内に構える雑居型に大別される。店舗型および雑居型は大衆食堂としての店が多く、特に大通りに面した小型の店舗ほどその傾向は強い。高級レストランになるほど大型となる。テナント型は主に高級レストランで、その大半は日本料理店である。

エビを使用した料理の提供と価格帯

　多くの料理店では肉を中心とした料理を提供しており、エビを含む魚介類を扱う店舗は数えるほどしかなかった。本来魚介類を多く取り扱う韓国料理店も同様であり、エビを使用した料理の提供を確認できたものは、一部のタイ料理店とイタリア料理（パスタ）店、多国籍料理店と日本料理店全般であった。

写真3　ウランバートルのレストラン

写真4　寿司メニュー

写真5　エビを使ったパスタ（イタリア料理店）

写真6　日本料理店での水産物利用
日本料理店ではエビを使用した鉄板焼きが提供される。

イタリア料理店ではパスタ料理にエビを使用したものが確認できたが、ほかの食材を使用した料理と比べて高価であった。日本料理店では、調査を実施したすべての店舗でエビを使用した料理が確認できた。用途は、茹でた刺身、寿司ネタ、鉄板焼きが主だった。日本料理店は高級料理店の認識が高く、単価も高価である。

多国籍料理ではパスタ料理やピラフなど、エビを使用した一般的な料理に使用されていたが、価格は日本料理店と同様に全体的に高く、明瞭な差は見られなかった。だが、一部では料理自体の量を減らし価格の均衡を保っている店舗も確認できた。

タイ料理店ではトムヤムクンやサラダに添えられていたが、量や価格において高価な料理として取り扱ってはいなかった。

■ 販売調査

市場における販売価格

ウランバートル市内の店舗で市場調査を行った。一般向け市場での販売価格は850〜1,000円/kg、高級スーパーでは3,300〜3,900円/kgとかなりの幅を持っていた。一般向け市場で販売している値段の安いエビは氷漬けの状態で、エビの重さは表示重量の半分程度しかない。従って、純粋に中身だけの値段は表示価格の2倍、つまり、1,700〜2,000円/kgと考えられる。

我々がモンゴルで生産するエビは薬を一切使わない高級感あふれるエビであり、3,000円/kg以上で販売できると考えている。

スーパーでの販売価格

一般向けスーパーと高級スーパーのどちらでも販売しているエビは中国産であった。高級スーパーで取り扱っているものはロシアの企業がパッケージを行っているため、外見が高級な様相となっていた。一方で、一般向けの市場やスーパーでは商品を量り売りで販売しており、1尾ごとに氷に包まれた状態（氷漬けのためエ

写真7 市場調査
一般向け市場で販売している安価な
エビは氷漬けの状態となっていた。

写真8 氷漬け状態のエビ
（一般向けスーパー）

写真9 パッケージされたエビ
（高級スーパー）

写真10 加工済みのエビ
調理過熱時の縮小を防ぐために「伸ばし」の加工が施されている。

表2 モンゴルにおける肉類の価格帯

メニュー	価格（MNT）	価格（円）
ビーフ（骨付き）	85,00/kg	515/kg
〃（骨なし）	9,500/kg	576/kg
ラム（骨付き）	6,900/kg	418/kg
〃（骨なし）	7,900/kg	479/kg
ポーク（骨付き）	8,700/kg	527/kg
〃（骨なし）	10,700/kg	648/kg
チキン（骨付き）	4,500/0.6kg	272/0.6kg

為替レートは1円＝16.5 MNT（2014年1月時点）

ビの正味重量は半分程度）であったため、計量が正確にできないようになっている。従って、これについては低品質であるという印象を持たざるを得なかった。

また、むき身のエビに切れ目を入れることで調理加熱時の縮小を防ぐように加工された「伸ばし」という加工品も販売されていた。これは単純な加工ではあるが、価格は通常のむき身よりもかなり高価であった。高級スーパーで販売していた冷凍加熱用エビフライは韓国製であった。比較対象として生鮮肉の販売価格の調査を行った。表2の通り、全種類の肉を通しても価格帯は6,000～1万MNT前後であり、エビが高級品であることが確認できた。

販売量は年間で約28.8 t

ウランバートル市内にある食品「ザハ」の1つであるメルクーリザハでの聞き込みでは、エビの販売量は1日当たり20 kg程度とのことである。これは、1カ月では600 kg、1年で7,200 kgに相当する。ウランバートルには同じようにエビを販売しているスーパーマーケットが4カ所あるとのことで、これらのマーケットが年間7,200 kg売り上げれば、全体で年間約28.8 tの販売量になる。近年は韓国で養殖されたバナメイが、ウランバートルでも販売されてきた。韓国は自国で養殖したエビを主要な輸出産品と位置づけ、努力してきた成果がここに出てきていると感じた。

写真11　エビの育成実験に使用した1.8 t水槽

写真12　試験水槽
実施企業の社長宅に設置した。

写真13　実験的に育成したエビを使用した料理

写真14　包装された試食会の様子
試食会の様子はモンゴル国内のテレビ局6社によって、全国放映された。

写真15　建設中のエビ生産プラント工場（2014年10月時点）

写真16　エビ生産プラント
ウランバートル国際空港から車で約10分の草原に建設されている。

■ モンゴルでのエビの育成実験と反響

モンゴルの実施企業社長宅に1.8 t水槽を持ち込み、日本で40日育成後の稚エビを搬送し、現地で育成実験を2013年11～1月と14年5～7月の2回行った。1回目は硝化細菌の立ち上がり不足と長時間の停電による酸素濃度低下により、所定の成果は挙げられなかったが、2回目の育成実験は成功し、モンゴル市民に初めて活エビを試食してもらうことができた。

2014年8月11日、モンゴルにおいて実験的に育成したエビをウランバートルの飲食店やホテル関係者を招いて試食会を開催した。その様子はモンゴルのテレビ局6社で取材され、全国に放映された。モンゴル市民が生きているエビを見るのは初めての経験であったと思われる。その反響はすさまじく、まだ生産が開始されていないのに注文が舞い込む状況になっている。

プラント工場はウランバートル国際空港から車で10分くらいの草原に建設されている。当初はどれだけ需要があるか不明であるため、水槽300 tの容量で、年間8 tの生産を目指している。軌道に乗れば、すぐにでも次の大規模生産プラントを建設する予定だ。工事の遅れから育成を2015年7月から開始したが、機器の故障や、制御盤の不良など、育成以外の不安定要素から育成開始はかなり遅れている。

写真17　モンゴルのエビ養殖場内部

写真18　酸素溶解器と循環ポンプ

　工場施設の内容は日本と同じであるが、モンゴルの冬はマイナス30℃にもなる。従って、建屋の断熱性能には十分配慮した設計となっている。なお、暖房、加温は石炭ボイラーを使用する。また長時間停電に備えた発電装置は必須な設備である。

■ 日本の養殖技術の海外展開

　これからのタンパク源として、水産養殖業によって世界の食料危機を救うことが可能であると当社では考えている。欧米各国ともこのような考えの下、養殖産業は世界的には成長産業となってきている。しかし、日本では停滞あるいは衰退産業となってしまっている。この状況を何とかしたいと考えて、研究開発してきた「屋内型エビ生産システム」の陸上養殖技術を広く普及させることを目的に活動している。

　アメリカやEUでは産官学が共同して技術開発を進めている。さらに、国も研究開発予算を投資している。水の循環技術、ろ過技術、病気予防技術、エサの開発、養殖に必要な研究や裾野産業の育成など、幅広い分野の専門家が協力して研究する体制が整ってきている。また、環境、生態系と養殖の関係についても徹底的に議論され、持続可能かつ環境に負荷をかけない生産方法の模索も始まってきている。

　これにより、養殖業が成長し、裾野産業が活発化することで、新しい技術の開発が進み、コストが下がり、さらなる成長につながるという好循環が生まれている。これからの養殖業は、システムのコストダウンによってより安く、品質の良い商品を生み出す産業にならなければ、コンスタントな成長は望めないと言えるだろう。

　当社が開発してきたISPS技術は、産官協同で10年の歳月をかけて1つの完成形ができたが、まだ発展途上にある。その過程では、生物系特定産業技術研究支援センターの委託研究を受け、国際農林水産業研究センター、水産総合研究センター増養殖研究所、㈱ヒガシマルなどの協力を得ている。また、多くのメーカーに特注品の機械類を設計、製造してもらっている。

　ISPSの特徴としては、波の力で水を循環することで日本の高い電気代をセーブし、波に向かってエビが泳ぐことで垂直養殖密度を稼ぎ、筋肉質なおいしいエビに育てるなどが挙げられる。そのほか、水槽を逆三角形にすることで底部に沈殿物をためて、スクレーパーで外部に固

形物の状態で排出することで、水質の安定、生物ろ過水槽の最少化を可能にしている。また、残餌量が常時把握できるため、適切な給餌量を実現でき、FCR が向上（1.5 前後）する。

微生物による水質浄化や、プロバイオテック技術による水質コントロール、人工海草（脱皮時の隠れ処、泳いでいるエビの休憩、人工海草にも微生物が住みつき、水質を浄化する効果）による生存率の向上などといったさまざまな新技術を取り入れている。

■ 海外製品の導入で ISPS 発展へ

当社では現在システムのコストダウンを急いでおり、そのためにも海外への展開を積極的に進めようと考えている。なぜなら、実績のある海外の技術と競争することで、当社の技術をより深化させることができると考えているからである。また、海外の安くて優れた製品を積極的にシステムに導入することで、ISPS をより普及型のシステムに発展させることができると考えられる。

日本の水産技術は世界と比較しても負けないものを持っていると自負しているが、世界への貢献となると ODA における無償援助が主流で、事業化レベルの取り組みは皆無に近い。モンゴルでのエビ生産事業が軌道に乗れば、今後は今まで水産業など考えられなかった内陸国や砂漠地帯における新しい産業の創出にも貢献でき、病気の発生に苦しんでいる沿岸地域の新しい養殖業のモデルにもなるだろう。また、当社では日本における ISPS 技術の普及も積極的に推進すべく活動している。

（野原 節雄）

半循環　閉鎖循環

第4章　海外事例　～大規模な施設、アクアポニックスなど～
開発が進むアメリカの陸上養殖システム
4-7

ここがポイント！

☑ 循環式陸上養殖に関するサポート情報が充実していることや、低価格な関連資材の販売によって新規参入が容易な状況
☑ 政府が養殖業を推進し、循環式陸上養殖の産業化が進む

アメリカにおける陸上養殖研究の歴史と展開

アメリカにおける陸上養殖は、ヨーロッパと同じく池または水槽で淡水魚を掛け流し式（以下、流水式）で育成することから始まった（図1）。

1960年代後半から水質改善と育成密度を向上させるため、池の中に噴水や空気を入れ始め（図2）、1970年代には酸素封入や物理ろ過装置、トリッキングフィルターを利用した、半循環式のシステムが登場した（図3）。1990年代には現在利用されている閉鎖循環式に必要な機器はすべて開発され、各大学を中心にいろいろな育成実験が行われてきた（図4）。

筆者が1996年にアメリカに視察に行ったときには、既にヒラメ、ニジマス、ティラピアが「完全閉鎖循環式」で生産されていた。2000年代に入ると、効率的な硝化ができる各種ろ材が開発され、関連機器を製造するメーカーも多数輩出してきている（図5）。

アメリカにおける魚類養殖は、エビ類、マス類、ティラピア、ナマズなど淡水系が多いが、一部ではヒラメやシーバス（スズキの一種）など海水系の魚種も行われている。

設計ガイドラインの概要

アメリカでは循環式養殖に関するサポート情報が充実している。ここに紹介する「Recirculating Aquaculture 2nd Edition」という950頁にわたる設計参考書は、その内容が技術的な指針だけでなく、養殖に関する市場規模やニーズ、経営的課題、魚病管理、栄養学的アプローチ方法、魚と植物の複合生産（アクアポニックス）まで網羅されている。このような参考書が

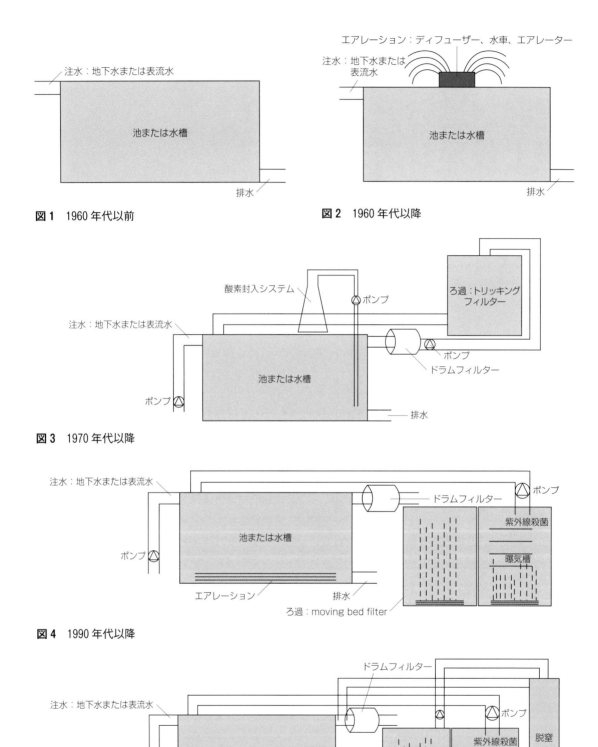

図1 1960年代以前

図2 1960年代以降

図3 1970年代以降

図4 1990年代以降

図5 2000年代以降

日本にもあれば、日本で陸上養殖にチャレンジしようとする人のバイブルになるのではないかと思われる内容となっている。

さて、その内容についてほんの一例ではあるが、項目ごとに書き出してみよう。

① 水質の項目

水質の必要条件（**表1**）、水源、基準、要素など事細かく、説明している。

② マスバランスと成長

増重量および成長速度の関連性について記述

表1 養殖における水質基準（Recirculating Aquaculture 2nd Edition）

指標	濃度（mg/ℓ）
Alkalinity（as $CaCO_3$）	50〜300
Aluminum（Al）	<0.01
Ammonia（NH_3-N unionized）	<0.0125（Salmonids）
Ammonia（TAN）Cool-water fish	<1.0
Ammonia（TAN）Warm-water fish	<3.0
Arsenic（As）	<0.05
Barium（Ba）	<5
Calcium（Ca）	4〜160
Carbon Dioxide（CO_2）	
Tolerant Species（Tilapia）	<60
Sensitive Species（Salmonids）	<20
Chlorine（Cl）	>100
Hardness, Total（as $CaCO_3$）	<0.005
Hydrogen cyanide（HCN）	<0.002
Hydrogen sulfide（H_2S）	<0.15
Iron（Fe）	<0.02
Lead（Pb）	<15
Magnesium（mg）	<0.01
Manganese（Mn）	<0.02
Mercury（Hg）	<110% total gas pressure
Nitrogen（N_2）	<103% as nitrogen gas
Nitritie（NO_2）	<1, 0.1 in soft water
Nitrate（NO_3）	0〜400 or higher
Nickel（Ni）	<0.1
Oxygen Dissolved（DO）	>5
（see Chapter4 for more detail）	>90 mm Hg partial pressure
Ozone（O_3）	<0.005
PCB5	<0.002
pH	6.5〜8.5
Phosphorous（P）	0.01〜3.0
Potassium（K）	<5
Salinity	depends on salt or species
Selenium（Se）	<0.01
Silver（Ag）	<0.003
Sodium（Na）	<75
Sulfate（SO_4）	<50
TGP（total gas pressure）	<105%（species dependent）
Sulfur（S）	<1
Total dissolved solids（TDS）	<400（site specific and species spedific; use as guideline）
Total suspended solids（TSS）	10 to 80（species dependent）
Uranium（U）	<0.1
Vanadium（V）	<0.1

資料：Meade（1985），Piper et al.（1982），Lawson（1995）

③水槽の設計

円形あるいはレースウェイ方式、水槽の大きさ、規模の問題、密度などの基本を教えてくれる。

④固形物の回収方法

固形物を取り除くタンク排水方法と除去回収法について述べられている。

⑤廃棄物の管理と処分

固形物の生成のメカニズム、廃棄物の管理方法、利用処分法など。

⑥生物ろ過の原理と設計法

トリッキングタワー方式、フローティングビーズフィルター、流動床、バイオリアクター方式などのほか、硝化反応のメカニズムも解析されている。

⑦脱窒

プロセス、コントロールファクター、などさまざまな要件を記述している。また、基本的な溶存ガスについて述べられ、その排気方法を述べている。

⑧殺菌方法

オゾンおよびUV照射、消毒が与える影響が述べられている。

⑨流体力学とポンプの選定方法

流体力学からのアプローチ法、摩擦損失などを考慮した流れの設計法とポンプの選定方法を述べている。

⑩モニタリングとコントロール

センサーリング、コントロール以外に危険物の保管や加工生産品の取り扱い、異臭の消臭法など細かい内容まで記述されている。

⑪建築物の設計

暖房、換気、断熱など大気のコントロール方法も記述されている。

⑫魚病管理

病原菌の持ち込みや増殖を抑えるための習慣や、セキュリティーチェック、診断、処理まで教えている。

⑬経済的問題点

リスク管理法のほか、他の生産物(牛肉、豚肉、鶏肉)などとの比較も論じられている。

⑭栄養と飼料

摂餌量、消化機能、ミネラル、ビタミンなどのほか、浮遊性、沈降性などの特徴、使い方なども述べられている。

⑮魚と植物の複合生産

最近注目されてきたアクアポニックスのすべてと将来性について説明されている。

■ アメリカにおける陸上養殖の先進事例

ニジマス(GAA2010, March)

農務省(USDA)のモデルプラントとして、ニジマスを使ったシステムが稼働している。システムはアメリカにおける標準的な構成となっており、2重排水を備えた円形水槽で、ろ過機能として、ドラムフィルター、サンドフィルターと脱窒・低レベルの酸素供給を行うことができる装置からなっている(**写真1、図6**)。

このプロジェクトのコンセプトは、環境への影響を極力減らし、水の少ないエリアでも育成可能で、魚病の発生を少なく、大都市近郊で育成することにより、輸送にかかる二酸化炭素削減に貢献することを目指している。

このプロジェクトでは12カ月で900g〜1.2kg、密度8%、水温13〜17℃を実現している。また、生存率は96%で塩分濃度を1〜4pptにすることで、魚病の発生を抑えることに成功している。

Aquatic Eco-systems, Inc(AES)の閉鎖循環システム

1978年に設立され、フロリダに本社を持つAES(AQUATIC ECO-SYSTEMS)社は130

写真1 畜産からエビに移行

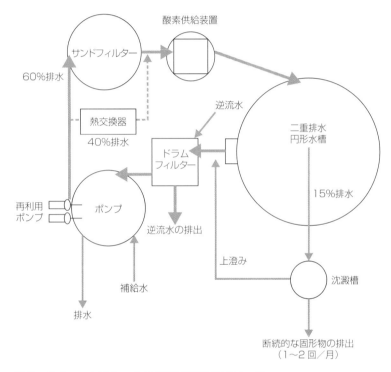

図6 パイロットスケールの循環式施設のフロー図

名のスタッフを有し、以下のような担当部門を持っている。

①通販部門

同社のHPやカタログからの電話による注文に対応する部署（電話オペレータ、見積り、クレーム対応を含む）。

② Project 担当部門

養殖システムに関して顧客からの要望により設計などを担当する部門。

③ Lakes 部門

この部門は池、湖沼の浄化などに特化した設計などを行う部門。

④ Water Life Group

水族館に特化した循環システムのデザインを行っている部門。

⑤ AQUATIC HABITATS INC.

研究所などで使用する、実験小型水槽の循環システム設計やモニタリングシステムなどに特化した部門。

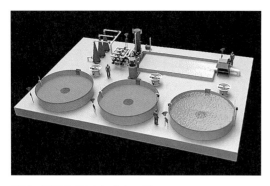

図7 循環システムイメージ

⑥ Ponics 部門
　水耕栽培やアクアポニックスに関する製品担当部門。
⑦物品保管、組立制作、梱包、発送部門
⑧管理部門および宣伝広告部
　AQUATIC グループのすべてのパンフレットなど、デザインから印刷までをすべて行っている部門。

　同社では**図7**に示すような最新の循環式システムが開発されている。以下に簡単に紹介する。

①酸素溶解器
　効率的に酸素・オゾンを育成水に溶解する装置。
②ブロアー
　ろ材をフローティングさせるために使用する。2種類の電圧、周波数に対応できる電気モーターを使用しているため、世界中で使用可能。
③紫外線殺菌装置
　多様な種類を備える。選定方法は、水の清浄度、UV能力、循環水量によって $\mu Ws/cm^2$ で決定する。
④生物ろ過装置
　工業規格化されたフローティングメディアを用い、自動クリーニング機能が付いているため、逆洗の手間を省くことができる。

⑤ドラムフィルター
　単純なデザインのドラムフィルターは最大 41 t/分の水を処理できる。
⑥ガス除去装置
　水に溶け込んだ炭酸ガスを簡単な機構で除去。
⑦廃水分離装置
　排水に含まれる固形物を流れを緩くすることにより、下部に沈澱させ、除去する。
⑧プロテインスキマー（泡沫分離装置）
　気泡に有機物を吸着させ、細菌類も一緒に除去する。

　①〜⑧のほかに、ヒーター、冷房、ポンプ、送風機、酸素発生器をコントロールする装置とpH、塩分、溶存酸素、ORP（酸化還元電位）、温度、圧力をリモートセンシングする装置を有している。

低価格な関連製品が登場し新規参入が多い

　アメリカにおける閉鎖循環のシステム構成は日本の現状とそれほどかけ離れたものではないように感じるが、機器の改良は日進月歩で進んでおり、より低価格で、効率的な機器が出てきている。そのため、アメリカでは陸上養殖にチャレンジする会社を多く輩出する結果につながっていると考える。

■ アメリカにおけるエビの陸上養殖

　世界で一番初めにバナメイの陸上養殖を紹介したのは、フロリダにあるハーバーブランチ海洋研究所であろう。同研究所で淡水順応させたバナメイをレースウェイ方式の水槽で生産できることを証明し、論文を発表した。1990年代に南米でまん延したエビのウィルス性疾病に対応するため、アメリカ政府が研究予算をつけ、SPF種苗の開発を行ったのもこの時期である。

その後アメリカではこのレースウエイ方式がスタンダートとなり、多数の事業者がエビの陸上養殖にチャレンジしたが、事業的にはなかなか成功事例が出ていない。ただし、養豚場を中心に小規模なバナメイ養殖をバイオフロック方式で生産するシステムが浸透していき、現在ではかなりの生産規模になっている。

　アメリカでは2012年の魚介類の1人当たり消費量1位がエビとなり、消費量は20年前と比べると2倍に増加している。政府も、肉より魚介類を好む健康志向の広がりにより、養殖業を推進する政策を打ち出してきている。

　このシステムは10〜20tの小規模水槽を多数用意して、ほとんどが家族中心の小規模事業体で運用しているのが特徴である。そのためシステムがシンプルで、低予算でも生産をスタートできるのも魅力である。また、カナダでは深さ30cmほどの水槽を多段に設置し、そこでエビを育成するシステムが特許を習得している。東南アジアにおいてもベトナム、タイ、などを中心にビニールハウスで囲われた閉鎖空間でエビの飼育を行う試みが始まっている（**写真2**）。今まで屋外の池で行われていたエビ生産も、異常気象や環境悪化、疾病予防の観点から急速に屋内型生産に移行していくであろう。

写真2　アメリカの屋内型エビ養殖施設

（野原　節雄）

■ 泡沫分離の3大要素
気泡量・気泡径・混合力をベストに備える
回転翼剪断式

KA式泡沫分離装置

特徴
- 高性能の汚濁物質除去
- 高い酸素供給能、脱気能
- 目詰まりなし
- 急激な負荷変動にも対応
- 生物ろ過槽の負荷削減（小型化）
- 泡の状態による飼育状況の管理

泡沫分離に最適な微細気泡を大量かつ、安定した供給が可能な自吸式気液混合機「カーヴァスエアレーター」を用いることで、汚濁物質除去とガス交換を同時に行うことが可能。安定かつ良好な水質の維持が可能な多機能型水質浄化装置です。

泡沫分離装置を用いることで閉鎖循環式陸上養殖が可能！

その他ラインナップ
○気液反応・溶解装置（CO_2 etc…）
○間欠ろ過式好気脱窒装置

（株）プレスカ
東京都中野区江原町3-12-16　第2吉野ビル1F
TEL.03-5988-0450　FAX.03-5988-0451
http://www.plesca.co.jp

機能性組紐ロープと環境浄化システムで、人と自然との共生、持続可能な循環型社会の構築に貢献いたします。

ティビーアール株式会社

本社　〒442-0844　愛知県豊川市小田渕町4-63　Tel 0533-88-2171
URL http://www.tbrjp.co.jp　mail:info@tbrjp.co.jp　Fax 0533-88-6219

海外工場　上海天維亜編織有限公司
（上海市松江区小昆山鎮鶴渓路145）
TBR上海事務所
（上海市虹江路1000号聚源大厦1611室）

第5章

循環式陸上養殖の研究動向

半循環　閉鎖循環

第5章　循環式陸上養殖の研究動向
循環式システムにおける環境制御技術とメリット
5-1

ここがポイント！

- ☑ 環境制御技術の適応は、循環式陸上養殖のメリットの1つ
- ☑ 環境制御（光周期や飼育水塩分の制御）は複合的に実施することで魚類の高成長を促進
- ☑ 出荷前処理に環境制御を施し、魚肉成分の改変・品質向上を図ることが可能

■ 産業化に求められる包括的な応用技術の開発

　陸上施設での農畜産業では、環境制御技術や自動化の技術がさまざまな形で開発され、実用化に至っている。それぞれの技術は、生産される生物の特性を理解し、栽培あるいは飼育を行うことでその特性を最大限に引き出すことができ、生産性の向上を目的としている。

　例えば、レタスにおける天然光利用型の温室水耕栽培では、好天時の天然光の遮光や天候不順時の補光システム、あるいは温湿度の自動管理、溶液成分の調節などさまざまな技術が実際の栽培を通した試行錯誤により開発されている。最近では植物工場などの植物栽培・収穫における自動化技術の開発も盛んに行われている。

　また、電照による花卉の開花制御は、環境制御の代表的なものと言える。畜産においてもブロイラーの電照による成長促進、乳牛舎の自動搾乳装置や自動排泄物処理装置も生育環境を保持するために重要な技術であり、古くから実用化に至っているものもあれば、現在開発中のもの、各植物・動物の種や成（生）長段階の違いによってそれぞれの環境制御手法を変えるといった、詳細な管理法まで技術の成熟度はさまざまである。

　施設内での生物生産は自然環境を基盤とした栽培・飼育とは異なり、自然環境の変化に依存せず、環境調節によって生産性の最適化や安定化を図ることが可能である。すなわち、環境の最適化により最大の成（生）長を促すとともに、変化の少ない均一な生産が実現できるため、出荷時期や生産量の管理・予測が可能となり、安定生産につなげることができる。

　水産養殖においては、この環境制御技術や自動化の技術をほぼすべて適応可能な養殖形態として閉鎖循環式陸上養殖システムが挙げられ、環境制御技術の適応が本養殖形態の1つのメ

リットとなっている。水産の場合はほかの生物生産とは異なり、漁獲漁業を考慮した養殖生産が重要となる。特に出荷量や出荷時期の調整は水産全体の安定供給に必須の事項となる。

環境制御技術においては多様な知見が得られているが、今後は産業化への道筋を作り上げるための包括的な応用技術の開発が望まれる。ここではその技術を解説するとともに今後の展望について紹介する。

■ 環境制御は複合により早く成長

光周期や飼育水塩分の制御は魚類の環境制御において古くから研究されている分野の1つである。光周期に関しては、種苗生産時の光制御とそれに適応した給餌法が生残率や成長率の向上に効果のあることが示されている。特に仔稚魚期・幼魚期の日長を人工光源で延長する長日試験や暗期を作らない全明試験が一定の効果を上げている。

長日試験ではカンパチ仔魚[1]、イシダイ幼魚[2]、全明試験ではカサゴ仔魚[3]、カワハギ仔魚[4]、マハタ仔魚[5]、マダイ幼魚[6]の各種でその効果が報告されている。これは明期に摂餌を行う魚類の特性を反映したもので、明期の時間帯が増加することで摂餌時間が延長され、空胃の時間が大幅に減少もしくは皆無になり、物質およびエネルギー代謝の停滞を防止することができた結果である。また、非24時間周期の光周期短縮の研究が進められており、これまでにイシダイ[2]、マダイ[6]、クエ[7]では6時間明期、6時間暗期の飼育試験が試みられている。

一方、塩分制御に関しては、サケ類、カレイなどの異体類、ティラピア類などの広塩性魚類の飼育で研究が進められている。また、閉鎖循環式養殖システムで養殖可能なトラフグ[8]やクエ[9]においても低塩分飼育の効果が示されている。これらの研究では、飼育水中の塩分を魚体内の浸透圧に近づけ、浸透圧調節に必要なエネルギー消費を抑えて成長を促進させる塩水飼育が行われてきた。近年、淡水魚の塩水対応や海水魚の低塩分適応の際に分泌されるホルモンが成長促進に効果があることも示されており、このメカニズムについても解明されつつある（43～45頁、144～147頁参照）。

■ ティラピア稚魚の飼育試験

ティラピアでは前述の光周期の短縮と塩分の異なる飼育水の両者を組み合わせてティラピア稚魚の飼育試験が行い、成長促進の相乗効果が得られるか検討がなされている[10]。

実験には、遮光板1式、照明器具（20W蛍光灯）1式、照明制御装置1台、二重配管オーバーフロー式ガラス水槽（容量：30ℓ）3個、自動給餌装置2台、PVC製ろ過水槽（容量：70ℓ）1台、水流ポンプ1台、酸素供給用エアストーン3個、配管1式を1ユニットとする環境制御型魚類飼育実験装置が使用された。なお、水槽3個のうち、2個を飼育槽として使用し、1個を塩分調整用として利用された。写真1は2系統の実験装置である。照明は自動制御とし、供試魚のストレス軽減のため、30分かけて明暗の切換を行う方式を採用している。また、自動給餌装置を用いることで、明期に対応して夜間の給餌を行うことが可能である。

試験区は、12時間明期・暗期と3時間明期・暗期の2種の光周期と、0、8、16 psuの3種の塩分を組み合わせた計6試験区が設けられた（図1）。ちなみに、ティラピアの浸透圧に最も近い塩分濃度は8 psuである。光周期の試験と同様に、成長率の伸び率を図2に示す。成長率の伸び率は、光周期短縮だけを行った3時間明期・暗期／塩分0 psu区と適度の塩分添加のみを行った12時間明期・暗期／塩分8 psu区では、通常飼育（12時間明期・暗期／塩分

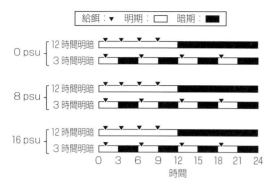

図1 光周期の短縮および塩分制御によるティラピアの成長促進実験の試験区の設定

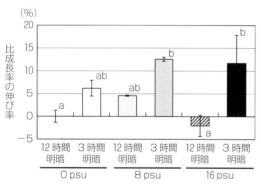

図2 光周期の短縮および塩分制御によるティラピアの成長比較

12時間明期・暗期を基準として、比成長率の伸び率を示した。異なる文字は有意差を表す（Tukeyの多重比較検定、$P<0.05$）

写真1 光周期および塩分制御を目的とした魚類飼育実験装置

左は遮光カバーを設置した状態、右は遮光カバーを取り除いた状態となっている。

0 psu区）と比較して高い値を示した。

しかし、ティラピアの浸透圧よりも高い塩分添加を行った12時間明期・暗期／塩分16 psu区では成長が抑制され、また、光周期を短縮して塩分を添加した試験区では、3時間明期・暗期／塩分8 psu区と3時間明期・暗期／塩分16psu区が塩分添加量にもかかわらず、光周期短縮もしくは塩分の単独制御と比較して約2倍の値を示した。本結果から、光周期の短縮および塩分を組み合わせて飼育すると、それぞれの単独制御を行うよりも成長が良いことが明らかとなった。このように、同じ割合のエサを与えても、環境を制御することによって飼育生物の成長促進が可能であることが示された。

■ 光周期の短縮制御による産卵抑制

魚類の繁殖技術においては環境制御による成熟促進が古くから研究されている。重要な環境因子として光周期と水温が挙げられ、多種多様な研究がされている。成熟促進には産卵期およびそれ以前の光周期を模擬した光周期制御が実用化されており、春に産卵する魚では1日の明期の時間を延長する長日処理、秋に産卵する魚では1日の明期を短縮する短日処理が行われている。環境制御による成熟促進効果についてはさまざまな研究がなされている一方で、成熟抑制についての研究についての知見は少ない。

そこで環境制御による成熟抑制について、ティラピアを用いた試験研究が進められた[11]。本研究では体重230〜340gのティラピアの雌親魚を通常飼育の12時間明期・暗期、長日の14時間明期・10時間暗期および6時間明期・暗期の試験区で飼育を行い再生産、すなわち卵形成について調査がなされた。

図3に連続3回の採卵試験における生殖腺指数の計測結果、**図4**に採卵時のふ化率の結果について示した。生殖腺指数は12時間明期・暗

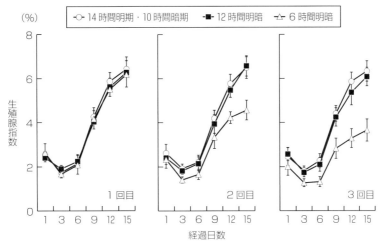

図3 光周期制御によるティラピアの再生産抑制試験における雌親魚の生殖腺指数の変化

期、14時間明期・10時間暗期では15日の産卵周期に応じて規則的な変動を繰り返したが、6時間明期・暗期の試験区では生殖腺の発達が実験期間の経過とともに抑制された。ふ化は14時間明期・10時間暗期で最も高い値で、12時間明期・暗期の試験区でも採卵は可能であった。

一方、6時間明期・暗期の試験区では2回目でふ化率の低下が見られ、3回目で採卵不可能になった。このことからティラピアでは光周期の短縮制御のみで再生産（産卵）の抑制が可能であることは分かった。再生産の抑制は卵や精子の形成に利用されるエネルギーのロスを抑えられるため、成長促進につながり、本技術は計画的な生産にも寄与するものと考えられる。

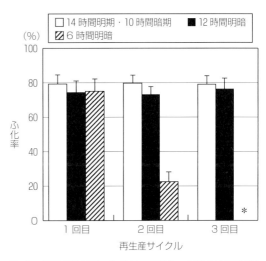

図4 光周期制御によるティラピアの再生産抑制試験における卵のふ化率
＊ふ化なし

■ 出荷前処理で食味をコントロール

養殖魚の出荷では、出荷前に餌止めを数日行い、肉の臭みを取り除いてから出荷する出荷前処理が一般的に行われている。この出荷前処理においても、さらなる環境制御を施すことで魚肉成分の改変による品質向上を図ることが可能である。これまでに閉鎖循環式養殖システムで飼育されたベステルチョウザメの食味向上を目的として、塩水およびオゾン水を用いた出荷前処理の評価が行われている[12]。淡水で餌止めをした試験区と比較し、特にタウリン、アラニン、グリシン、グルタミン酸、およびカルノシンの含量が高くなる傾向が見られ、タンパク質含量や甘味や旨味に関与するエキスが増加することが明らかとなった。なお、処理後の魚肉を用いた食味試験においても嗜好性が向上する結果が得られた。

今後、閉鎖循環式陸上養殖システムに適用可能なそのほかの魚種についても出荷前処理の高度化の研究が進められ、生産物の質の向上についても科学的な検討を進める必要がある。

■ 生産技術の向上に課題

閉鎖循環式陸上養殖システム最大の特徴は、物質の直接的な排出防止による環境保全および生産環境の制御による効率化の実現である。個々の魚種における生産性の最適化およびその条件の把握は今後の閉鎖循環式陸上養殖の産業化に向けて必須の研究課題である。特に飼料効率の向上は排泄の抑制につながり、水処理装置のコスト低減にも寄与すると考えられる。

環境制御技術には光周期制御や夜間給餌といった自動飼育の概念も必要不可欠であり、この点も人間が行う養殖生産をバックアップするシステムとして多方面からの開発が必要である。

個々の魚種における生産から出荷までの一連の生産技術の向上が今後の課題であり、その技術の適用によって天然水域を用いた養殖では実現できない品質の水産物を生産できる可能性を秘めている。この環境制御について、現在さまざまな魚種について研究中されつつあり、新たな飼育技術の確立が期待される。

(遠藤 雅人)

■参考文献

1) 平田喜郎・今井彰彦・浜崎活幸・照屋和久・岩崎隆志・浜田和久・虫明敬一 (2009) カンパチ仔魚の生残、成長、摂餌および鰓の開腔に及ぼす光周期と水温の影響、日本水産学会誌、75、995〜1003頁。

2) Biswas, A. K., M. Seoka, K. Ueno, A. S. K. Yong, B. K. Biswas, Y. S. Kim, K. Takii, and H. Kumai (2008) Growth performance and physiological responses in striped knifejaw, Oplegnathus fasciatus, held under different photoperiods, Aquaculture, 279, 42-46.

3) 成田篤史・柏倉真・齋藤寛・岡田喜裕・秋山信彦 (2010) 飼育環境の違いがカサゴ仔魚の摂餌活動と摂餌量および成長に与える影響、水産増殖、58、289〜296頁。

4) 照屋和久・與世田兼三・岡雅一・西岡豊弘・中野昌次・森広一郎・菅谷琢磨・浜崎活幸 (2008) 光周期がマハタ仔魚の生残、成長および摂餌に及ぼす影響、日本水産学会誌、74、645〜652頁。

5) 成田篤史・柏倉真・齋藤寛・岡田喜裕・秋山信彦 (2011) 飼育環境の違いがカワハギ仔魚の摂餌活動、摂餌量、生残および成長に与える影響、水産増殖、59、551〜561頁。

6) Biswas, A. K., Seoka, M. T., Anaka, Y., Takii, K. and Kumai, H. (2006) Effect of photoperiod manipulation on the growth performance and stress response of juvenile red sea bream (Pagrus major). Aquaculture, 258, 350-356.

7) 照屋和久・與世田兼三・岡雅一・西岡豊弘・中野昌次・森広一郎・菅谷琢磨・藤井あや・黒川優子・川合真一郎・浜崎活幸 (2008) 光周期がクエ仔魚の生残、成長および摂餌に及ぼす影響、日本水産学会誌、74、1009〜1016頁。

8) 今井 正・荒井大介・森田哲男・小金隆之・山本義久・千田直美・遠藤雅人・竹内俊郎 (2010) 閉鎖循環式種苗生産におけるトラフグの成長、生残および飼育水の浄化に及ぼす低塩分の影響、水産増殖、58、373〜380頁。

9) 井上誠章・岩崎隆志・嶋田幸典・佐藤 純・西岡豊弘 (2015) クエ Epinephelus bruneus 稚魚の成長に及ぼす飼育塩分の影響、日本水産学会誌、81、803〜810頁。

10) 高橋実矢子・遠藤雅人・吉崎悟朗・竹内俊郎・大森克徳 (2004) 光周期と塩分がティラピアの成長に与える効果、2004生態工学会年次大会発表要旨集、39〜42頁。

11) Biswas, A. K., Morita, T., Yoshizaki, G., Maita, M. and Takeuchi, T. (2005) Control of reproduction in Nile tilapia Oreochromis niloticus (L.) by photoperiod manipulation, Aquaculture, 243, 229-239.

12) 栗原紋子・遠藤雅人・大迫一史・竹内俊郎・平岡潔 (2013) 出荷前無給餌処理の違いによるチョウザメ筋肉成分への影響、日本水産学会春季大会講演要旨集、148頁。

閉鎖循環

第5章　循環式陸上養殖の研究動向
循環式陸上養殖システムに求められる飼料組成
5-2

ここがポイント！

☑ 飼料中のタンパク質：エネルギー比、アミノ酸の適正化によってタンパク質とリンの消化吸収率と保持が改善されるため、結果的に魚体からの窒素とリンの排泄を低減できる

☑ 閉鎖循環式システムで飼育したブリに対する低魚粉飼料試験では、魚粉含量25％でも十分適正な生産性が見込まれる（成長だけであれば魚粉15％間で魚粉削減可能）

■ 閉鎖循環式養殖システム用飼料開発

第1章（1-2、1-3）で解説している通り、閉鎖循環式養殖システムのメリットとしては、①設置スペースや水量を低減できること、②水質や疾病のコントロールが可能であること、③地球環境への負荷が低減できることなどがある。一方、デメリットとしては❶初期投資や維持費が高額であること、❷窒素排泄物制御を含む水質安定性の確保が難しいこと、❸最適飼料の開発が遅れていることなどが考えられる。

閉鎖循環式養殖システムの発展により、システム内での効率的飼料の開発を目指した研究が世界的に行われるようになった。例えば、水中の有機物を有効利用し、ふんを効果的に除去させる方法や機能的な素材を活用し、飼料を改良することでふん中物質を吸着させる試みなどである。

これらの試みにより、固形廃棄物粒子をろ過し、除去することが容易となる。結果として、システム中の水中浮遊固形物量が軽減されることになるが、これはもしふんが構造的に安定的であれば、栄養成分の溶出が防げるためである。また窒素系水溶性排泄物量が減らされれば、循環式バイオフィルターへの負荷が低減される。

当然のことながら、これらの飼料を投与された魚類の消化吸収率やパフォーマンスが落ちてはならない。サケ・マス類養殖では閉鎖循環式養殖システムの活用が徐々に増大しており、それに伴ってシステムに負担のかからない飼料の開発も進展していくと思われる。同時に、飼料の物性も改良され、沈降速度が遅い飼料も開発され、これにより飼育魚が十分飼料を摂餌することができ、飼料の無駄を省き、システム内の水質を良好に保つことが可能となるだろう。

前述のような方法以外に、より飼料の質にこだわった開発も進んでいる。次に掲げる指標を改善することでバイオフィルターの機能をより向上させ、システム内の水質維持、向上に努める試みである。

1) 過剰なタンパク質異化作用を抑制するための可消化タンパク質：エネルギー比の最適化
2) 過剰なタンパク質やアミノ酸の異化作用を抑制し、可消化タンパク質の保持率を改善するための飼料中アミノ酸の最適化
3) 乾物、リン、窒素化合物のふん中への含有を抑制するための高消化素材の利用
4) フィターゼにより植物性素材からのリン消化率の向上

上記の条件を満たす試験飼料と市販飼料をニジマスに投与し比較した結果、試験飼料を摂取したニジマスの増肉係数は改善され（0.68 vs 0.73）、日間成長率と摂餌量にはほとんど差が認められなかった。タンパク質とリンの消化吸収率は、試験飼料を摂取した魚で高く、脂質のそれは同等であった。タンパク質とリン保持率も試験飼料で高い結果となった。さらに、試験飼料を摂取した魚のふん中の窒素排泄量、鰓を通した尿排泄も抑制されることが判明した。尿を通したリン排泄には差がなかったものの、ふんを通したリン排泄は試験飼料を摂取した魚で低い値となった。

これらの結果から、厳正素材の選択とともに飼料中のタンパク質：エネルギー比、アミノ酸の適正化によって、タンパク質とリンの消化吸収率と保持を改善することが可能であると判明した。結果として、閉鎖循環式養殖システム内での魚体からの窒素とリンの排泄を低減することが可能であることが分かった。特に窒素排泄物の低減は、閉鎖循環式養殖システム生産者にとって硝化作用が重要なファクターとなるため、大きなアドバンテージとなるだろう。

一方、鹿児島大学水産学部に設置された半循環式養殖システム（KRAS）においてもいくつかの飼料開発試験が行われている。それぞれ15基ずつの直径3 m、高さ1.5 mの円型水槽と1×1×1 m、1 tの角型水槽の計30基が設置され、外壁は特殊テントで覆われている構造である。ろ過システムには、ドラムフィルター、生物ろ過器、オゾン、プロテインスキマー（泡沫分離装置）などを設置して水質の安定化を図り、1日数tのろ過海水の注入を行っている。

詳細は後述するが、同施設を用いたブリの試験を実施している。ブリ試験における水質指標のおおよその平均値は、水温20℃、pH 7.1、溶存酸素濃度 6.3 mg/ℓ、塩分 30 ppt、アンモニア 0.2 mg/ℓ、亜硝酸塩濃度 0.4 mg/ℓ、硝酸塩濃度 5.0 mg/ℓ である。なお、飼育試験の一部はスクレッティング㈱との共同研究の一環として行われたものである。

■ 閉鎖循環式システムにおける魚粉代替タンパク質の影響（ブリ）

われわれの研究室では、低魚粉飼料の開発を長年にわたり行ってきているが、閉鎖循環式システムで飼育した海水魚類の知見がまだ不十分であることから、本試験ではブリについて検討した。上述のKRAS内の円型水槽を用い、96日間の飼育試験を行った。

この試験では4種類の試験飼料を作成し、KRASで飼育されたブリが低魚粉飼料にどのように反応するかを検証した。**表1**に試験飼料の組成を示した。

魚粉含量を15〜34％に調整し、代替タンパク質源として大豆ミール、コーングルテンミールなどを用いた。また、魚油、パーム油、タウリン、メチオニン、リジンなどを必要に応じて

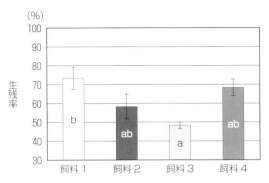

図1 ブリを魚粉含有率が異なる飼料で96日間飼育した時の生残率

同じアルファベットは、統計的有意差が検出されなかったことを示す。

表1 ブリ用試験飼料（%）

素材	飼料1	飼料2	飼料3	飼料4
魚粉	34	25	15	34
植物タンパク質	25	29	38	23
穀類	19	23	24	17
その他	22	23	23	26
分析値				
粗タンパク質	38	37	37	38
粗脂肪	29	28	28	33
灰分	7	7	6	8

そのほか：魚油とパームオイル、ミネラル混合物、ビタミン混合物、タウリン、メチオニン、リジン、プロピオン酸カルシウムなど

添加した。一般分析の結果、粗タンパク質含量が38％、脂質が30％、灰分が7％であったが、飼料4はほかに比べて脂質含量が若干高い飼料となった。前述のKRASを用いて、実験開始時の体重が約2.2 kgのブリにこの試験飼料を1日2回ずつ投与した。収容密度は、1水槽あたり20尾とし、1飼料区について3水槽を設置した。

試験期間中の生残率（**図1**）は、飼料1（魚粉34％含有区）を摂取したブリで最も高かった（72％）が、飼料2（魚粉25％含有区）および飼料4（魚粉34％、高脂質含有区）を摂取したブリとの間に有意な差は検出されなかった。一方で、飼料1に比べて、飼料3（魚粉15％含有区）の生残率（50％）が有意に低い値となった。摂餌量（**図2**）も生残率と全く同様な結果となった。活発に摂餌した魚が歩留りも良好である傾向が見られた。

しかしながら、成長結果（**図2**）については、すべての試験区のブリがほとんど同等な成長率を示した。さらに、増肉係数やタンパク効率を見ると、すべての試験区で同等な結果を示したことから、ブリにおいては、このサイズであれば、魚粉25％でも十分適正な生産性が見込まれると考えられる。また、歩留りと摂餌量

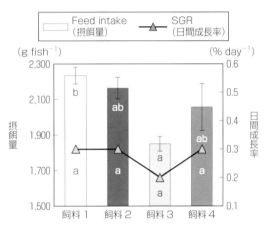

図2 ブリを魚粉含有率が異なる飼料で96日間飼育した時の摂餌量（g）と日間成長率

同じアルファベットは、統計的有意差が検出されなかったことを示す。

に問題はあるものの、成長だけを見ると15％まで魚粉削減が可能なことから、さらなる研究の発展が期待できる。体組成に関しても飼料中の脂質含量に影響を受けるものの、低魚粉飼料を摂取したブリにおいてもタンパク質含量はほとんど差がなかった。ただ、筋肉部の脂肪酸組成においては低魚粉飼料を摂取した場合、n-3系脂肪酸が若干低い傾向が見られ、逆に脂質含量の高い飼料4においては高い値となった。

また、酸化度合いの指標であるReactive Oxygen Metabolites（ROM）と、酸化に対する

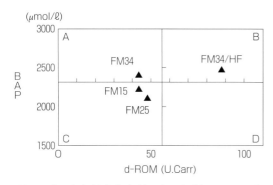

図3 ブリを魚粉含有率が異なる飼料で96日間飼育した時の酸化ストレス状態

d-ROM：酸化度合い、BAP：酸化に対する抵抗性を示している。

抵抗性を測るBiological Antioxidant Potential（BAP）についての相関関係を**図3**に示す。この場合、通常酸化ストレス状況を把握するために、A、B、C、Dの4ゾーンに分け、それぞれの特徴を検証する。

ゾーンAはROMの値が低く、BAPの値が高い。すなわち、酸化度合いが低く、酸化に対する抵抗性が高いことを示す最も理想的なゾーンと考えられる。一方、ゾーンDは最も酸化ストレスが高く、抵抗性が低い最も好ましくないゾーンとなる。結果として、飼料1を投与されたブリの状態が最も優れているが、その他の飼料もあまり悪い状態ではないことがわかる。飼料1から3を摂取したブリはROM値がほぼ同等で、BAP値が若干異なるが、ほとんど同様な酸化ストレス状態・耐性を持っていると考えられる。飼料4を摂取したブリは、酸化ストレス度は他に比べて高いが、酸化ストレスに対する抵抗性が高くなっている。これは、摂取した脂質量すなわち脂肪酸量が異なった結果とも考えられる。

これらから、魚粉含量によってはその嗜好性に問題があること、また、酸化ストレス状態も魚粉含量が少ないと影響されることが判明した。結論として、KRASでも魚粉25〜40％含有飼料ではブリの成長や生理状態には問題がないと思われる。

閉鎖循環式システムにおける飼料開発の課題

閉鎖循環式システムにおける飼料開発においては、まだまだ解明されていない点も多く、さらなる研究が必要であることは明らかである。摂餌時には急激に水中の溶存酸素量が減少することが予想されるため、負荷の少ない飼料の開発や長期間の養殖に耐え得るフィルターシステムの開発などが必要だと考えられる。

さらに、前述のように、硝化プロセスへの対応は重要な課題であり、また、飼育水温、収容密度、フィルターなどのシステム環境に魚類の生育が大きく影響されることから、これらを考慮した閉鎖循環式システムにおける最適飼料の開発を早急に推進し、確立することが望まれる。特に、ふんの構造の改善や飼料組成、素材の工夫はさらに推進する必要があろう。

（越塩　俊介）

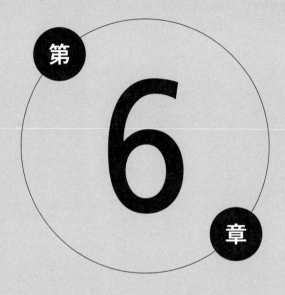

第6章

メーカー機材紹介

半循環　閉鎖循環

第6章　メーカー機材紹介
循環式陸上養殖で使用される機材・設備一覧

販売代理・サポート
㈱マツイ
循環養殖をトータルサポート

　㈱マツイは、養殖関連資材を幅広く取りそろえており、陸上養殖関連資材も多数取り扱っている。自社製品としては、FRP水槽やろ過装置、ろ材などを製造・販売。また、販売代理店としての業務を担っており、紫外線殺菌装置や水温調整機（加温冷却機、熱交換器など）、酸素発生器、自動給餌器、洗浄装置などの設備・機材に加え、サケ科魚類の受精卵やチョウザメ種苗、水産用飼料など、国内外のメーカーの養殖資材を多数取り扱っている。

　そうしたこともあり、「マツイの機器・資材で循環養殖をトータルサポート！」をキャッチコピーに、同社は生産魚種や規模、予算に合わせた最適な養殖資材を提案。徹底したサポート体制を構築している。施設面積や飼育環境に適した循環方式および導入する加温・冷却機材の選定、流量に適した殺菌方法などを提示する。物理ろ過・生物ろ過資材も多数販売しており、物理ろ過に関しては泡沫分離機など、生物ろ過に関しては硝化細菌・脱窒菌や同社オリジナルのバイオフィルターなどを提供する。

　既に日本国内の水産試験場や養殖場、水族館、水産関連の教育機関などで導入されている。

【お問い合わせ先】
㈱マツイ
TEL：03-3586-4141
Mail：info@matsui-corp.co.jp

プラント・システム
㈱夢創造・㈱環境生物化学研究所
システム販売＆コンサルティング

　町おこしとして成功した「温泉トラフグ」の養殖を手掛ける㈱夢創造では、フランチャイズによる養殖システムの販売および飼育環境技術のコンサルティングサービスを行っている。同社の閉鎖循環式システムはイニシャルコストが一般的なシステムの8分の1。温泉水による海産魚類養殖を前提としており、温泉水の利用によってランニングコストの低減が見込まれる。同社では、導入に先立ち現地の温泉水で養殖が可能かどうか調査を実施（スクリーニング調査）。養殖プラントおよび従業員の飼育指導、採算性の評価などコンサルト業務も行う。既に国内10カ所以上が事業化している。

【お問い合わせ先】
販売元：㈱夢創造
TEL：0287-83-8168
Mail：yumesouzouhugu@yahoo.co.jp

プラント・システム
ジャパンマリンポニックス㈱
11魚種を対象にシステム販売

　ジャパンマリンポニックス㈱は、従来と比べてろ過容積が約3分の1まで抑えられ、省スペースで養殖可能な閉鎖循環式陸上養殖システムの販売・施工を行っている。システムの基本構成（1ユニット）は、飼育水槽、選別用水槽、酸素供給装置、ろ過槽、加温冷却装置。中でも特徴的なのがろ過槽で、①SS分離タンク（物理ろ過）、②硝化槽（生物ろ過）、③脱窒槽（生物ろ過）を備えている。また、ろ材には特殊なゲル状の素材を使用。このろ材を流動床方式と組み合わせることで、通常のセラミック素材やプラスチック素材を用いた生物ろ過の約3～5倍のろ過効率を実現している。

【お問い合わせ先】
販売元：ジャパンマリンポニックス㈱
TEL：086-728-5741
Mail：info@marine-panics.co.jp

プラント・システム
㈱FRDジャパン
完全閉鎖循環式陸上養殖システム

　フランチャイズ・システムを中心とする水産養殖ビジネスを多角的に展開している㈱FRDジャパンは、自社開発した無換水型（蒸発分を別とする、日間換水率：0.1％以下）の完全閉鎖循環式陸上養殖設備を施工・販売している。
　同システムは、①完全硝化担体（バイオフィルム）による高速硝化、②全自動脱窒処理（脱窒菌の作用によって硝酸を還元）、③海水電解処理（海水の電気分解によって発生する塩素を利用した有機物処理）の3工程からなる。
　既に同システムは、実用化規模のアワビ養殖施設に導入されている。

【お問い合わせ先】
販売元：㈱FRDジャパン
TEL：048-793-2128
Mail：info@frd-j.com

プラント・システム
㈱アクアテックジャパン
「リプルカルチャー」

　閉鎖循環式陸上養殖システム「リプルカルチャー」は、①省エネ（ランニングコストの節約）、②省スペース（デッドスペースの少なさ）、③コンクリート池や大型FRP水槽と比べ安価な施工（イニシャルコストの低減）を実現。これまでに、ウナギ、ヒラメ、エビなどの養殖施設に導入されている。同システムは、養殖槽（ポリプロピレン製）、圧力式密閉ろ過器、生物ろ過槽、流動担体槽を一式とし、オプションとして酸素発生機・酸素溶解器や殺菌装置、熱交換器などを組み合わせることができる。飼育槽に設置される「リプル」は少ない電力で水槽内に理想的な対流を発生させる。

【お問い合わせ先】
㈱アクアテックジャパン
TEL：042-392-5525
Mail：info@aquatech-japan.com

飼育管理

NEC ソリューションイノベータ㈱
「NEC 養殖管理ポータル」

　NEC ソリューションイノベータ㈱は「NEC 養殖管理ポータル」を提案している。魚の飼育記録をインターネット上のクラウド環境に保存することで、情報の可視化と共有、業務の効率化につなげられるほか、データを蓄積することで飼育ノウハウの継承につなげられる。気温や水温、溶存酸素濃度、塩分、pH などはセンサーを使いリアルタイムで自動収集するシステム。これらの情報は各種端末でいつでも確認できるため、問題発生時に早急な対応が可能となる。

　なお、導入の際の契約条件には1年（買い取りタイプ）と5年（サービスタイプ）がある。

【お問い合わせ先】
販売元：NEC ソリューションイノベータ㈱
TEL：03-5534-2687
Mail：acpsc@necsoft.co.jp

設備・機器

アース㈱
アース式 FRP 水槽

　アース㈱では、軽量かつ耐久性が高い FRP 水槽を販売している。同社では、大きさや形状（角形・円形・レースウェイタイプ・ヨーロピアンタイプ）によって幅広いラインナップを取り揃えており、断熱や仕切りなど各種特注水槽の設計・施工にも対応。ラボから生産現場までさまざまな用途、規模に対応している。

　そのほか、同社では、加温冷却ユニット（空冷・水冷・ヒートポンプ各種）や紫外線殺菌機、アルテミアふ化槽など、各種関連資材も展開している。

【お問い合わせ先】
アース㈱
TEL：03-3664-5216
Mail：info-aquaculture@earth-j.com

人工海水

ナプコ・リミテッド（ジャパン）
「インスタントオーシャン」

　アクアリウムシステムズ フランスの日本総代理店であるナプコ・リミテッド（ジャパン）は、溶解速度が早く使いやすい高品質人工海水「インスタントオーシャン」を販売している。同製品はフランスの良質な自然塩を基に成分を調整しており、限りなく天然海水に近い。同製品を用いることで、大雨による水質の急変や環境汚染による水質悪化に左右されず、水道水や真水に溶かすだけで簡単に安定した水質の海水が得られる。また、リン酸塩や硝酸塩を含まないため、コケ類の発生も抑制される。陸上養殖施設での豊富な使用実績があり、少量使用に最適な小分けタイプもある。

【お問い合わせ先】
販売元：ナプコ・リミテッド（ジャパン）
TEL：03-3623-8760
Mail：sales@napqo.jp

ポンプ
㈱イワキ
大中小規模対応「マグネットポンプ」

㈱イワキでは、長年培ってきた技術により「ケミカルポンプ」を、各種製造プロセス、デバイスメーカーなどに供給しており、高く評価されている。同社のポンプは、養殖用はもちろん観賞魚用、水処理用、新エネルギー用、食品プロセス用、医療機器などの装置組み込み用など、さまざまな用途で使用され、多数の納入実績を持つ。

特に水産用においては、優れた耐食性かつシールレス構造のマグネットポンプ「RMD」シリーズや「MX」シリーズが、多くの養殖施設、水産試験場や大学・企業の研究施設などで幅広く利用されている。

【お問い合わせ先】
販売元：㈱イワキ
TEL：03-3254-2934
http://www.iwakipumps.jp

温調
㈱イワキ
屋内・屋外に対応「温度調節機器」

ケミカルポンプに強みを持つ㈱イワキの、養殖業におけるもう1つのメイン商品が温度調節機器である。屋内タイプの投げ込み式温調装置「FZ」シリーズ、屋外に設置される大型の循環式温調装置「RXC」シリーズなどをはじめ、サーモコントローラ、チタンヒーターを展開している。また同社は、これらの温調装置について用途に応じた特注仕様へ柔軟に対応しており、養殖現場、水族館、各種研究機関などのほか、各種工業施設に多数の納入実績を持つ。

そのほかにも、同社では水産施設における魚の管理のための機器を豊富に取りそろえている。

【お問い合わせ先】
販売元：㈱イワキ
TEL：03-3254-2934
http://www.iwakipumps.jp

温調
日東機材㈱
屋外型ヒートポンプ「NT750HP」

活魚水槽や水産設備機器の設計・施工・販売を行う日東機材㈱は屋外型ヒートポンプ「NT750HP」を販売している。同製品は、ユニットにて冷却・加温ができる冷却加温装置で、同じ1kwのチタンヒーターよりも加温能力が約2.5倍となっている。冷却装置に制御ボックスを取り付けており、循環ポンプとのインターロック機能を装備している。

そのほか、海水循環ポンプや酸素供給装置、流水殺菌装置など、同社は水産設備に関わる資材全般を網羅している。これまで各都道府県の水産試験場や各研究機関、水族館などへの納品実績があり、取引先からも高い評価を得ている。

【お問い合わせ先】
日東機材㈱
TEL：048-267-7675
Mail：tech@nittokizai.com

温調
㈱マリンリバー
海水用インバータ冷却加温ユニット

　㈱マリンリバーは、海水用インバータ冷却加温ユニットを製造・販売している。

　ヒートポンプ式の同製品は、DCインバータ冷凍機およびDC4～20mA制御の採用によって省エネ率30％を実現。熱交換器は溝付二重管で、内管にチタン管を用いているため、塩水に対する高耐食性がある。また、魚介類の生存に影響する金属イオンの溶出がないため、水産設備に最適な仕様となっている。さらに、通常のチタンコイル式の熱交換器に比べ、5～10倍の性能を発揮する。

　同社では、冷却・加温能力によって、幅広いラインナップを揃えている。

【お問い合わせ先】
㈱マリンリバー
TEL：092-947-4611
Mail：r.marin@nifty.com

ろ過
㈱プレスカ
「KA式泡沫分離装置」

　㈱プレスカは、気液混合機「カーヴァスエアレーター」（酸素供給能力：2.4kg－O_2/KWH）を用いた泡沫分離装置「KA式泡沫分離装置」を販売している。「ポンプ循環型」と「エアリフト型」の2種があり、前者は小さい動力で大量の微細気泡を供給、②炭酸ガスなどの過飽和溶存ガスを除去、③圧力損失が少なく省エネといった利点があり、後者は、①循環ポンプが不要、②配管工事が不要、③既設水槽に設置可能、④低負荷飼育でも泡沫分離機能を発揮などの利点がある。既に国内の閉鎖循環式の養殖場のほか、水族館や研究施設、海外（インドネシア）などに導入されている。

【お問い合わせ先】
㈱プレスカ
TEL：03-5988-0450
Mail：info@plesca.co.jp

ろ過
㈱大茂
「PR AQUA ROTOFILTER ドラムフィルター」

　陸上養殖資材を展開するカナダのPENTAIR社の輸入総販売元である㈱大茂では、物理ろ過装置「PR AQUA ROTOFILTER ドラムフィルター」を取り扱っている。同製品は処理水量に対して逆洗水量が少なく、コストパフォーマンスに優れている。ドラムフィルターは、ドラムに穴が空くと全交換が一般的で、高額な修理費用や納期に時間がかかることが課題の1つとなっているが、同製品は専用のスペアパーツを用いることでフィルターの目合い1個単位で補修できるため、応急処置が容易で、経済性も高い。カナダのサーモン養殖場を中心に、海外で多くの導入実績がある。

【お問い合わせ先】
販売元：㈱大茂
TEL：03-6407-0614
http://www.daimo.co.jp

ろ過

ティビーアール㈱
ひも状接触ろ材「バイオコード」

　ティビーアール㈱は、ひも状接触ろ材「バイオコード」を販売している。同製品は、1本の芯を軸に複数の繊維をループ状に3方向に組んだ構造となっており、高い空隙率を持つことから、水中の浮遊物を効率良く捉えると同時に、硝化細菌など多様な生物相を保持できる。また、閉塞しにくく、洗浄などのメンテナンスもしやすいのが強み。既に多くの養殖設備で使用されており、特にウナギの循環式陸上養殖施設では、同製品の特徴である軽さや空隙率の高さが高評価につながっているほか、河川や湖沼の浄化設備などで国内350カ所以上で使用されている。

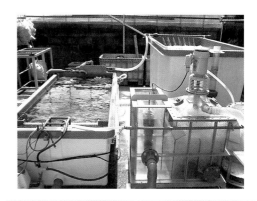

【お問い合わせ先】
ティビーアール㈱
TEL：0533-88-2171
Mail：info@tbrjp.co.jp

ろ過

東洋クッション㈱
「サランロック」

　東洋クッション㈱は「サランロック」を販売している。同製品は、スプリング状にカール加工した特殊繊維「サラン」（塩化ビニリデン系合成繊維。繊維提供元：旭化成ホームプロダクツ㈱）を不織布状に加工し、ラテックスで被覆結合したもの。大きな空間率と表面積を合わせ持ち、ろ過効率に優れていることから、プレフィルターとして多く採用されている。

　また、耐久性、耐水性に優れていることから、同製品は排水処理材料やエア・ガス用フィルター、水・薬品用フィルター、ミストセパレーター、水滴消音材向けにも採用されている。

【お問い合わせ先】
販売元：東洋クッション㈱
TEL：0562-47-2151
Mail：toyo-c@ma.medias.ne.jp

殺菌

和光技研㈱
銅イオン発生装置

　和光技研㈱は、海水用・淡水用・海上生簀用の「銅イオン発生装置」を製造・販売している。魚の育成に影響しない30〜60ppbの銅イオンを継続的に溶解分散させることで飼育水の殺菌効果がある。中でも吸水口に設置するタイプは、取り付けるだけで定量的かつ安価に任意の銅イオン濃度を発生させることができ、夜間に断水した際に濃度が上昇し続けるといったリスクがないため、種苗生産施設やふ化場で導入されている。

　また、同社は80μの銅ウールも展開。池に投入するだけで電気を使わずに銅イオンが溶出し、魚卵のカビ防止によるふ化率向上に役立つという。

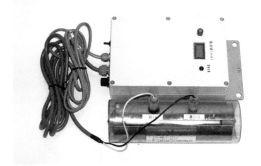

【お問い合わせ先】
販売元：和光技研㈱
TEL：042-497-1861
Mail：akihyodo@wakogi.com

酸素供給
㈱安斉管鉄
インライン型超微細気泡発生装置

㈱安斉管鉄は、循環配管に組み込み可能なインライン型超微細気泡発生装置を取り扱っている。

同製品は、0.2 MPa 前後のエアーを接続するだけで超微細気泡（Fine Bubble）を供給可能で、省エネルギーで大量の超微細気泡を発生させることができる。超微細気泡には飼育魚の成長および免疫力アップに寄与する効果が期待されており、例えば、注入する気体に窒素を使用すれば腐敗防止に役立ち、オゾンを使用すれば殺菌も可能となる。また、同製品は目詰まりもないため、メンテナンスフリーとなっている。なお、同社では処理水量によって幅広い商品ラインナップを揃えている。

【お問い合わせ先】
販売元：㈱安斉管鉄
TEL：045-580-1882
http://www.anzaimcs.com

酸素供給
㈱ユニホース
「FAL5000」（多孔質ゴム製）

㈱ユニホースは、丈夫で割れない多孔質ゴム製のエアー分散器を販売している。同製品は水中への酸素溶存効率（接触面積×接触時間）が従来に比べて高いことから、効率の良いエアレーションが可能となっている。ホースはカッターなどで切断でき、曲線配管も手で楽に曲げることができるため、飼育水槽などの形状に合わせた配管・施工が容易。さらに、メンテナンスも簡単で、長期の使用によって目詰まりを起こした場合、熱湯に5〜10分間ホースを浸した後、歯ブラシや端切れなどで表面を軽くこすり、表面の汚れを落とすだけで良い。

【お問い合わせ先】
㈱ユニホース
TEL：042-392-3151
Mail：hose@unihose.co.jp

酸素供給
太平洋貿易㈱
水産用酸素ガス発生装置 TOX シリーズ

水産種苗生産用飼料および養殖用飼料などの輸出入・販売などの事業を展開している太平洋貿易㈱は、水産用酸素ガス発生装置「TOXシリーズ」を開発、販売している。同製品は、純度93％（±2％）以上・圧力0.3 MPaの酸素発生器（停電時自動復旧付）。吸着剤（合成ゼオライト）を用いて空気中の窒素を吸着除去することで、より高純度の酸素を得ることができる。コンプレッサー内蔵型で、別置き型など各種取り揃えている（写真は別置き型の「TOX90S」）。

そのほか、液化酸素も販売しており、現場の用途に応じ、効果的な酸素供給を提案する。

【お問い合わせ先】
販売元：太平洋貿易㈱
TEL：092-283-5003
http://www.pacific-trading.co.jp

計測
東亜ディーケーケー
ポータブルマルチメータ「HQ30d/40d」

HACH社の日本総代理店である東亜ディーケーケー㈱は、ポータブルマルチメータ「HQ30d/40d」を販売している。同製品は、流速変動の大きい場所でもDOやpH、電気伝導率、各種イオン濃度の測定が可能。電気伝導率の値から塩分濃度を求める機能があるほか、各センサーに温度センサーが搭載されているため、飼育水の水質指標となるDO、塩分、アンモニア、硝酸、水温なども1台で測定できる。また、蛍光発光を利用しているため、隔膜式電極と比べて応答が早く測定値安定までの待ち時間が少なく済み、メンテナンスも容易。500データのメモリー機能も搭載している。

【お問い合わせ先】
販売元：東亜ディーケーケー㈱
TEL：03-3202-0235
Mail：webmaster@hachtoadkk.com

計測
笠原理化工業㈱
現場設置型溶存酸素計「DC-700」

笠原理化工業㈱は、現場設置型工業用DO計（溶存酸素計）「DC-700」を販売している。循環飼育では、硝化細菌やバクテリアによる酸素消費量の増加によって溶存酸素が低下することが多く、その管理が重要となる。同製品のDO計（DC-700）は、測定値シフト機能がついており、運転管理上の値に合わせることが可能。また、保守作業の際、伝送出力と接点出力をホールドできるため、記録・制御系の乱れを防止する。さらに、センサーは交換式となっているため、保守も簡単だ。

そのほかにも、同社はさまざまな水質測定器を取り揃えている。

【お問い合わせ先】
販売元：
笠原理化工業㈱
TEL：0480-23-1781
http://www/krkjpn.co.jp

計測
㈱クボタ
水産向け防水型台はかり「KL-FM」

㈱クボタは、防水型デジタル台はかり「KL-FM」を販売している。同製品は水産業界専用仕様となっており、水や汚れに強いIP65相当の防水性能を持つ。多機能な製品が増えている中、同製品は「計量」と「防水」の基本機能に絞り、活魚の計量に特化。①電源のオンオフと風袋引きだけという、誤操作を防止するシンプルな設計、②わずか約1秒の素早い表示安定、③暗い場所での計量をサポートする、標準装備されたLEDバックライトなど、流通現場での使いやすさを重視している。

同製品はひょう量150kg／目量100gで取引証明に使用できる検定品。

【お問い合わせ先】
販売元：㈱クボタ
TEL：0120-732-058
Mail：
support@keisoku.ne.jp

水質改善
アクアサービス㈱
バイオ製剤「アクアリフト 700PN」

　アクアサービス㈱は、陸上養殖用バイオ製剤「アクアリフト 700PN」を販売している。同製品を付属の袋に入れ、補給水口の近くに設置するだけで、ヘドロ中の硫化物や有害物を分解し水質を改善する。また、製品中のバクテリアが増殖することで病原菌の増殖が抑制されるほか、養殖魚の体内に同バクテリアが取り込まれることで、魚体の色艶や餌食い、歩留り向上などの効果も期待される。水中で固まるようにつくられているため、定着性・増殖性・持続性に優れ、費用対効果が高い。さらに、シーズンオフなどは同製品を引き揚げ、日陰に保管すれば、再利用も可能。

【お問い合わせ先】
販売元：アクアサービス㈱
TEL：092-475-4131
Mail：info2@aqua-s.jp

施設洗浄
ビー・エル・オートテック㈱
水底清掃ロボット「アクアムーバ」

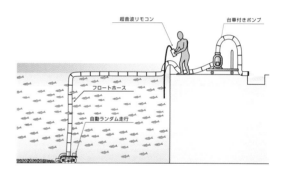

　ビー・エル・オートテック㈱は、水底清掃ロボット「アクアムーバ」を販売している。同製品を水槽に投入するだけで、水を抜くことなく沈殿物などを吸引・清掃することができる。
　同製品は自動ランダム走行となっており、吸引した沈殿物は水に浮くフロートホースを通って排出される。水槽の溝や水底にある魚溜りのような窪みに対しては、落下防止センサーが検知し、自動で本体が停止する。また、超音波リモコンを用いることで、部分的な清掃にも対応できる。
　なお、機器自体は軽量かつコンパクトであるため、取り扱いも容易となっている。

【お問い合わせ先】
ビー・エル・オートテック㈱
TEL：078-682-2612
Mail：info@bl-autotec.co.jp

施設洗浄
㈱シンショー
高圧洗浄機「パワージェッター」

　高圧洗浄機総合専業メーカーである㈱シンショーは、高圧洗浄機「パワージェッター」を販売している。
　同製品は、流れの悪くなった配管内や養殖水槽など、施設内の手の届きにくい場所や機器の清掃に大いに役立つ。また、同社では、海水使用可能なモデル、サビに強いステンレス板金タイプ、エンジン移動式から 200Ｖ 大型設置モデルまで幅広い生産ラインナップを揃えており、現場の状況に合わせて最適な機種を選択することができる。さらに、万全のアフターサービスのほか、各種アタッチメントも多数取り揃えている。

【お問い合わせ先】
㈱シンショー
TEL：082-278-0072
Mail：info@ss-shinsho.co.jp

養殖水の殺菌に銅イオン

海水、海上、淡水用銅イオン発生装置

細菌、水カビ、寄生虫の対策に！

魚の育成に害のない、30～60ppbの一定濃度の銅イオンを継続的に溶出させ、飼育水中の病原菌や寄生虫を殺菌し、魚の病気を防ぎます。
ろ材上部に溜まるふんなどの有機物と銅イオンが反応し、消費されるため、ろ過槽へ影響しません。

銅ウール
海水給水口用
飼育水槽用
親魚水槽

入れるだけで効果的！ 銅ウール

詳しくはご相談ください

和光技研 株式会社 http://www.wakogi.com

〒204-0001　東京都清瀬市下宿1-167-40
TEL 042-497-1861　FAX 042-497-1862

和光技研 銅イオン [検索]

技術を身につければ、経営の問題は解決できる！

水産業に特化した"経営技術の教科書"

水産業者のための会計・経営技術

脱どんぶり勘定!! すぐに使えるノウハウを凝縮!
水産業者のための会計・経営技術
有路昌彦

財務諸表で自社&他社を分析するには？
売上はどれだけ上げればよいのか？
生産性を上げる方法とは？
決めたことが実行されないのはなぜか？
経営再建のために取り組む手順とは？
うまく融資を受けるためには？

著者　有路昌彦　近畿大学 教授

A5判　160頁　定価：本体2,800円（税別）　ISBN978-4-89531-028-4

CONTENTS
- 第1章　持続可能な経営とは何か
- 第2章　経営の血液検査
- 第3章　自社の経営を見抜く
- 第4章　経営者が経営を動かす方法
- 第5章　経営を再建してよみがえらせる
- 第6章　経営技術で会社は健全になる

本書を読めばここが分かる！
1. 財務三表の作り方
2. 財務分析を使った自社&他社の経営分析
3. 戦略を決定し、実行するための実践方法
4. 経営再建（復興）のための手順など

※会計・経営用語、水産用語のポイント解説付き。

 株式会社 緑書房 Midori Shobo Co.,Ltd

〒103-0004　東京都中央区東日本橋3-4-14 OZAWAビル
販売部　TEL.03-6833-0560　FAX.03-6833-0566
webショップ　https://www.midorishobo.co.jp

陸上養殖設備

リプルカルチャー

- 安心・安全
- 低コスト設備
- 活魚50年のキャリア

● 陸上養殖の事業化をお考えの方
● 種苗や餌の生産設備をお考えの方
● 魚介類の養殖試験水槽をお探しの方
● 蓄養水槽などをお探しの方

先ずは小型試験設備から!!

詳しくは、弊社ホームページを是非一度ご覧下さい!!

株式会社 アクアテックジャパン
TEL.042-392-5525　FAX.042-392-5801
URL : http://www.aquatech-japan.com
E-mail : info@aquatech-japan.com
担当：高梨／田中

バナメイ／ウナギ／ハタ／フグ

エアレーションホース FALシリーズ

"品質第一に考えた国内製造"
優れた加工・耐久性

ユニホース（FALシリーズ）の特徴

◆ 溶存効率の優れた **散気ホース**
◆ 曲線配管・長さ調整は **自由にカスタマイズ可能！**
◆ 塩ビ管VP13にフィットして **使い道多数！**

きめ細かい「泡」が違います

FALタイプ

養殖設備用ホース

タイプ	FAL エアー用			FOZ オゾン耐応
泡の大きさ	00 標準	03 細目	05 極細目	03 細目
外径×内径	26mm×17mm			
長さ	50m巻（別途10m・20mあり）			
エアー量	1m当り 強40L/min 弱20L/min			
圧力	0.02〜0.05 MPa 水深により加算（1mに付き 0.01 MPa）			

旧商品名FAL5000はFAL00標準タイプ50m巻に名称が変わりました。

様々な種類のホースも取り揃えております！

地中灌水ホース 【シーパーホース】（外径13.6mm×内径9.2mm）
観賞魚用ホース 【FTシリーズ】（外径10mm×内径6mm、他）

エアレーションホースのパイオニア
使用方法等、お気軽にお問い合わせ下さい！

株式会社ユニホース
http://www.unihose.co.jp
本社工場　〒189-0002 東京都東村山市青葉町1-10-17　TEL 042-392-3151　FAX 042-392-5801
工場　新潟県長岡市

部位別でみつかる 水産食品の 寄生虫・異物 検索図鑑

著者：横山 博 ほか

＜好評発売中＞

食の安全が問われる時代の水産・食品業界の必携書！

B5判 164頁 定価：本体4,800円（税別）
ISBN978-4-89531-364-3

☑ 魚介類によく見られる寄生虫と異物124例について解説

☑ 魚肉、内臓、外観などの部位別、甲殻類や貝・イカ・タコ類などの種別で検索できる

☑ アニサキスなど人体に有害な寄生虫は特に詳しく説明

☑ 風評被害の発生メカニズムや防止の具体策、寄生虫発見時の検体保管や輸送方法も掲載

写真・図表は300点超え！

目黒寄生虫館 推薦

CONTENTS

第1章　魚肉の異常・寄生虫
- 1-1 ジェリーミート ハゼ科魚類、スズキ、アカカマス、タチウオ、メカジキ、ホッケ、キハダ、ヒラマサ、メルルーサ、ヘイク、ヒラメ、オヒョウ、キンメダイ類、スケトウダラ、シイラ、トビウオ、マトウダイ、アトランティックサーモン、タイセイヨウサバ、シタビラメ類、ミズダコ など
- 1-2 変色 マアジ、イシガレイ、カツオ・マグロ、イワシ・サバ、タラ など
- 1-3 粒状異物 ブリ類、タイ科魚類、スズキ、サワラ、マゴチ、メダイ、ヒラメ、サバ、キハダ、マアジ、スズメダイ、サケ科魚類 など
- 1-4 細長い虫 ブリ類、カツオ、クエ、サバ、コショウダイ、マダイ など

第2章　内臓の異常・寄生虫
- 2-1 粒状異物 キジハタ、キアンコウ、マダイ、イシダイ、スズキ、トラフグ、カンパチ、ヒラメ、クロマグロ、テンジクダイ、カワハギ、ハタタテヌメリ、カマスサワラ、タラ、ブリ、カンパチ、ヒメ、アカムツ、ニジマス、アユ、ヤリタナゴ、フナ、キンギョ、コイ、ヤリタナゴ、ヨシノボリ、スルメイカ
- 2-2 細長い虫 スズキ、マダイ、イサキ、イトヨリ、ウナギ、コイ科魚類

第3章　外観の異常・寄生虫
- 3-1 骨格の異常 ブリ、マダイ、トラフグ、ヒラメ、スズキ、イシダイ、クロマグロ、マサバ、ホウボウ、タチウオ、ムツ、ボラ など
- 3-2 体表の虫・寄生虫 クロマグロ、ヒラメ、ブリ類、トラフグ、カレイ類、タイ類、スズキ、シマアジ、ハタ類、タラ類、シロギス、マハゼ、サンマ、ボラ、サケ科魚類、コイ科魚類 など

第4章　甲殻類・貝類・頭足類の寄生虫
- 4-1 甲殻類の寄生虫 サルエビ、アカエビ、ヨシエビ、シロエビ、ピンクエビ、ブルークラブ、イセエビ、クルマエビ、アマエビ、イワガニ、シャコ、ケガニ など
- 4-2 貝類・頭足類の寄生虫 マガキ、アサリ、ハマグリ、アカガイ、ホタテガイ、アワビ類、イガイ類、スルメイカ など

第5章　人体に有害な寄生虫
- 5-1 アニサキス ギス、ウツボ、ホラアナゴ、ウミヘビ、アナゴ、ハモ、イワシ、ニシン、サッパ、サケ科魚類、アカマンボウ、タラ類、イタチウオ、アンコウ、キンメダイ、マトウダイ、サンマ、クロソイ、メバル、ホウボウ、コチ、ハタ類、アマダイ、シイラ、ブリ類、アジ類、フエダイ類、タイ科魚類、メジナ、アイナメ、ホッケ、アカカマス、タチウオ、サバ、クロマグロ、キハダ、ビンナガ、カツオ、ハガツオ、サワラ、カレイ類、トラフグ、マフグ、アオザメ、スルメイカ など
- 5-2 大型寄生虫 アユ、シラウオ、コイ、フナ、モクズガニ、サワガニ、モツゴ、ライギョ、ドジョウ、ナマズ、ブラックバス、サクラマス、サケ、シラス、サバ、カツオ、ホタルイカ など
- 5-3 クドア食中毒 ヒラメ

第6章　水産食品にみられる異物
- 6-1 魚介類の組織 アジ、サケ、サンマ蒲焼き、ウナギ蒲焼き、ツボダイ西京漬、アカウオ粕漬け、〆サバ、アワビ水煮、カキフライ、明太子、冷凍エビ など
- 6-2 外来の生物・無生物、その他 イワシ、カツオ、ミズダコ、ワタリガニ、タラバガニ、モズク、イワシつくね、筋子、数の子、イカ・スティックフライ など

第7章　風評被害を発生させないためのリスクコミュニケーション
- 7-1 寄生虫のリスク分析と風評被害防止策
- 7-2 消費者の認知とリスクコミュニケーション
- 7-3 養殖魚の衛生・品質管理に対する消費者の反応・評価

付録 原虫および大型寄生虫の検体保存・輸送方法

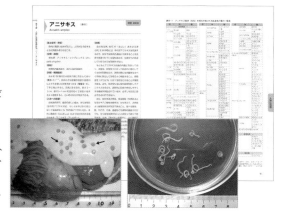

株式会社 緑書房

〒103-0004　東京都中央区東日本橋3-4-14　OZAWAビル
販売部　TEL.03-6833-0560　FAX.03-6833-0566
webショップ　https://www.midorishobo.co.jp

索引

あ

アーラミーバイ ……………………… 204
アクアポニックス ………… 25, 136, 140, 220
味上げ ……………………… 24, 187, 188
亜硝酸 ………… 52, 62, 112, 140, 187, 222
亜硝酸酸化細菌 ……………………… 52
アンモニア ………… 23, 39, 41, 48, 54, 56, 61, 62, 63, 94, 112, 126, 131, 135, 140, 155, 185, 201, 222
アンモニア酸化細菌 ………… 51, 52
アンモニア除去 ………… 23, 50, 57
アンモニア態窒素 ………… 48, 50, 52, 63, 67, 68, 77, 81, 85, 89, 126, 129, 187, 144, 149, 171, 173, 175, 195, 212
アンモニア排出 ………… 23, 43, 46, 50
アンモニウムイオン ………… 46, 49
イオン輸送機構 ……………………… 44
イニシャルコスト ………… 33, 40, 118, 138, 174, 179, 203, 253
受け水槽 ………… 78, 79, 82, 83, 87, 117, 127, 129, 134, 142, 143, 155, 162, 166, 171, 172, 177, 180, 200, 205, 235, 236
ウナギ ………… 19, 23, 45, 93, 117, 234, 238, 242, 254, 258, 260, 264
ウルトラファインバブル発生装置 ……………………… 97
エアーリフト ………… 62, 70, 74, 75, 166, 200
液体酸素 ………… 32, 95, 97, 184, 235, 254, 259
塩化アンモニウム ………… 57, 62, 67
沿岸環境汚染 ……………………… 258
塩分代謝 ……………………… 199
塩類細胞 ………… 42, 43, 44, 188
オキシダント ………… 32, 102
オゾン／オゾンによる殺菌 ………… 32, 51, 55, 90, 99, 102, 243, 256, 276, 278
オニオコゼ ………… 24, 158
温泉トラフグ ………… 36, 144, 184, 186

か

外照式紫外線殺菌装置 ……… 100, 155
海水電解殺菌装置 ……………… 133, 161
加温経費削減効果 ………… 38, 126, 149, 159, 201
加温コスト ………… 127, 130, 165
化学的処理 ……………………… 50
カキ殻 ………… 54, 57, 60, 73, 166, 174, 200, 211
家魚 ……………………………… 33
カサゴ ………… 38, 119, 165, 194, 199
ガス除去装置 ……………… 250, 278
活性炭 ………… 32, 102
過飽和酸素水 ………… 42, 222
環境制御 ………… 27, 282, 284, 285
間欠ろ床方式 ………… 70, 130, 131
完全循環式水槽養殖システム ……………………… 21
感染症 ……………………… 192
カンパチ ……………………… 210
基質 ………… 48, 51, 52
キジハタ ………… 22, 85, 93, 94, 95, 117, 118, 133, 158, 161, 197
寄生虫 ………… 99, 105, 106, 109, 152, 247, 255
逆浸透 ……………………… 102
逆洗 ………… 86, 116, 200, 237, 255, 278
凝集処理 ……………………… 85
凝集分離 ……………………… 78
魚類の呼吸機構 ……………………… 41
空気通気 ………… 92, 95, 96, 183
限外ろ過 ……………………… 103
嫌気的環境 ………… 52, 53
健康管理システム ……… 213, 222, 255
懸濁物 ………… 26, 48, 77, 79, 80, 85, 86, 88, 93, 156, 172, 200, 211, 255
高圧水銀ランプ ……………………… 100
広塩性魚類 ……………………… 283
好気的環境 ………… 51, 52
高成長 ………… 32, 97, 197, 199, 282
高品質商材 ……………………… 199
高密度養殖 ………… 24, 117, 119, 209
固形物 ………… 45, 77, 79, 82, 84, 276, 278, 287

さ

魚工場 ………… 21, 27
サケマス類 ………… 120, 235
殺菌 ………… 32, 78, 99, 100, 105, 109, 112, 133, 137, 155, 161, 163, 167, 256, 274, 276, 278

サランロック ················ 49, 50, 51, 73, 172, 201
酸化ストレス ························· 290
サンゴ片 ············ 54, 57, 60, 66, 71, 72, 127, 131, 149, 155, 166, 171, 176
散水ろ床方式 ··········· 70, 71, 235, 236, 238
酸素通気 ················· 92, 95, 96, 163, 200, 207
酸素発生装置 ··········· 89, 95, 96, 117, 206, 237, 238, 254, 277
酸素溶解器 ························· 278
次亜塩素酸ナトリウム溶液
　　···················· 89, 106, 112
飼育効率 ··························· 215
飼育水塩分 ························· 283
飼育密度 ············ 34, 89, 93, 94, 119, 131, 139, 152, 191, 201, 207, 208, 262
ジオチューブ ······················ 251
紫外線殺菌装置 ············ 21, 32, 162, 167, 234, 278
止水飼育 ··················· 39, 49, 155
持続的養殖生産確保法 ················· 20
疾病防除 ················ 38, 99, 126, 133, 141, 164, 194
従属栄養細菌 ··············· 26, 52, 261
熟成 ················· 54, 63, 64, 67, 174
種苗生産 ·············· 22, 71, 79, 81, 86, 115, 118, 133, 148, 154, 161, 165, 212, 253
種苗生産コスト ····················· 158
循環再生型・持続的発展型飼育
　　································· 31
循環飼育 ···························· 40
循環式ワムシ連続培養 ·········· 61, 176
硝化／硝化能力 ·········· 54, 57, 60, 63, 72, 131, 175, 183, 221
硝化活性 ························ 59, 60
硝化細菌 ··············· 26, 51, 52, 59, 63
硝化能力試験 ···················· 48, 50
硝酸態窒素 ··········· 52, 89, 127, 140, 173, 187, 195

初期餌料 ························ 49, 169
植物工場 ························ 27, 115
餌料培養 ················ 71, 89, 118, 169
人為催熟技術 ···················· 213, 217
親魚養成 ············· 22, 71, 82, 118, 126, 130, 132, 133
人工海水（人工海水粉末）
　　············ 50, 65, 103, 157, 158, 170, 174, 217
人工海草 ·············· 217, 218, 221, 224
親水性セラミック ·············· 49, 50, 72
浸漬ろ床方式 ·········· 70, 74, 131, 236
浸透圧調節 ············ 41, 43, 187, 283
水耕栽培 ········· 33, 140, 225, 231, 282
水中浮遊固形物量 ··················· 287
砂ろ過 ··············· 24, 78, 185, 200, 237
生存可能水温帯 ····················· 136
生体防御 ··························· 141
生物学的処理 ························ 50
生物餌料 ················· 77, 166, 238
生物ろ過装置 ········· 70, 75, 79, 89, 97, 178, 211, 234, 236, 278
生分解性プラスチック
　　······························ 24, 183
精密ろ過 ···················· 102, 161, 245
ゼロエミッション ···················· 21
底掃除 ··························· 79, 80

た

タイセイヨウサケ
（アトランティックサーモン）
　　··························· 120, 243, 244
濁度 ·························· 85, 89, 172
脱窒 ··············· 32, 52, 117, 274, 276
脱窒細菌 ··························· 52
脱窒装置 ············· 24, 53, 117, 236
淡水浴 ························ 106, 152
タンパク質 ················ 30, 285, 287, 288
地下海水 ···················· 24, 191, 192
窒素排泄物制御 ····················· 287
窒素排泄量 ························· 288
中圧水銀ランプ ····················· 100
チョウザメ ················· 25, 119, 136

沈澱槽 ··············· 79, 84, 117, 181, 209, 237
沈澱物除去装置 ····················· 273
粒状ろ過 ··························· 86
低圧水銀ランプ ····················· 100
低塩分海水 ··············· 105, 106, 145, 146, 184
低塩分環境 ·························· 41
低塩分飼育 ············ 118, 146, 179, 184, 202
低魚粉飼料 ······················ 287, 288
停電対策 ··························· 124
低揚程大流量 ···················· 217, 219
ティラピア ············· 21, 93, 119, 261, 273, 283, 285
適水温 ···················· 33, 71, 197
適正循環率 ························· 156
電解殺菌処理海水 ·············· 133, 163
電解水 ····························· 101
電気分解 ························ 99, 101
銅イオン ··············· 99, 108, 111, 133
銅ウール ··············· 105, 109, 111
銅を用いた殺菌 ···················· 108
毒性 ················ 48, 50, 52, 60, 173
特定病原菌 ························· 215
トラフグ ············· 24, 44, 118, 126, 148, 186, 194
ドラムフィルター ········· 86, 117, 236, 238, 259, 274, 278
トレーサビリティ ················ 33, 234

な

内照式紫外線殺菌装置 ········ 100, 105
ナノバブル ·························· 24
難溶解性物質 ······················· 102
難溶解性フミン酸 ··················· 181
二酸化炭素 ············ 24, 97, 182, 201, 250, 276
尿排泄 ··············· 21, 43, 45, 48, 77, 145

は

バイオセキュリティ ················ 256

は

バイオフロック 26, 224, 261, 279
配合飼料 21, 25, 80, 163
廃水処理システム 237,
廃水分離装置 278
排泄物 77, 191, 213, 240,
　　　　　　　　　　　 249, 282, 287
ハダムシ 105, 107
発泡性ガラス質 49, 50, 72
バナメイ 24, 31, 213, 263,
　　　　　　　　　　　　　　 265, 279
パニック 207
半循環飼育 23, 39, 40, 53,
　　　　　　 126, 130, 132, 184, 201, 210
非解離アンモニア 49, 173
干潟生態系の破壊 258
光環境 124, 222
光周期 283, 284
光触媒 51, 111, 112
被膜除去装置 79, 81, 97
微量金属イオン 62
袋状ネット（ゴミ取りネット）
　　　　　　　　　　　　 79, 82, 166
浮上物 77, 79, 90
物理フィルター 21
物理ろ過 77, 79, 143, 195, 234
浮遊担体 222
浮遊物の除去 220
ブランド化 33, 197
ブロアー 74, 87, 261, 278
フロック 26, 156, 261
プロバイオテック 221
分散器 96
閉鎖循環飼育 22, 39, 40, 50,
　　　　　　 93, 112, 118, 129, 155,
　　　　　　　　 159, 185, 201, 236
閉鎖循環飼育システム
　　　　　　　　　 22, 157, 159
閉鎖循環式種苗生産
　　　 117, 141, 146, 155, 158, 213
閉鎖循環式陸上養殖 23, 32,
　　　　　　 61, 78, 115, 179, 238, 255, 286
ベンチュリー方式 208
防水対策 124
泡沫分離装置（プロテインスキマー）
　　　　　　 21, 79, 86, 89, 127, 134,
　　　　　　 155, 166, 172, 177, 200,
　　　　　　　 205, 211, 237, 278, 288
飽和溶存酸素量 92
保温対策 124, 129, 167
ほっとけ飼育 39, 146

ま

マイクロバブル 24, 87, 97
膜処理 86, 99, 103, 180
マグロ 19, 38, 42, 191
膜ろ過 78, 82, 86, 102,
　　　　　　　　　　　　 156, 248
マダイ 19, 20, 24, 31, 37, 49,
　　　　　　 93, 108, 130, 154, 156,
　　　　　　　　　　 158, 194, 283
密閉式の生物ろ過装置 237
ミネラルバランス 222
メトヘモグロビン血症 52

や

ヤイトハタ 24, 38, 118, 204
有機物（有機物の除去） 48, 70,
　　　　　　　 77, 81, 82, 90, 113, 142,
　　　　　　　 147, 155, 166, 180, 278
有効照射量 100
油膜取り装置 79, 81
溶存酸素濃度 41, 60, 61, 139

ら

卵黄形成抑制ホルモン 217
卵管理 148
ランニングコスト 116, 118,
　　　　　　　　　　　　 138, 174
陸上養殖勉強会 35
流水飼育 39, 49, 94,
　　　　　　 126, 129, 150, 155, 159
流動床方式 70, 72, 250
流動担体 50
類似商材の差別化 118

ろ

ろ材 48, 66, 70, 73, 88, 127,
　　　　　　 131, 149, 155, 167, 174,
　　　　　　　 176, 200, 211, 278
ろ材の熟成 49

わ

ワムシ 22, 50, 77, 82, 118,
　　　　　　　　　　　 156, 163, 169

欧文

BAT（Best Available Technology）
　　　　　　　　　　　 240, 241
BFT養殖法 261, 262
CFTR 44
CO_2除去装置 237
DO 61, 92, 94, 129,
　　　　　　　　　　　　 187, 201
ECO - TRAP™ 248
FAO 18
MF膜 102
mOsm 43
NCC2 .... 43, 44
NHE3 .... 43, 44
NKCC1 .... 43, 44
pH 49, 50, 60, 127,
　　　　　　 179, 182, 187, 201, 275
RO膜 102
SPF稚エビ 215, 278
UF膜 102
VNN 118, 133, 161, 164

◆監修者

山本 義久（やまもと よしひさ）
(研) 水産研究・教育機構 水産大学校 水産流通経営学科 教授

　東京水産大学修士課程修了。静岡県温水利用研究センター、(社)日本栽培漁業協会、(独)水産総合研究センター屋島栽培漁業センター場長、(研)水産研究・教育機構 瀬戸内海区水産研究所閉鎖循環システムグループ長などを経て、2017年度より現職。海洋科学博士。日本栽培漁業協会から数えて17年間にわたる閉鎖循環飼育システム開発の中心的存在として活躍。水産大学校へ所属してからも循環式陸上養殖関連施設の指導を継続的に実施しており、技術だけでなく商品開発などを含めて陸上養殖産業化のための研究を推進している。また、JICAなどの国際協力や食文化研究を通じた食育活動についても精力的に実践している。

森田 哲男（もりた てつお）
(研) 水産研究・教育機構 水産技術研究所 養殖部門 生産技術部 技術開発第1グループ長

　高知大学農学部栽培漁業学科卒業。(社)日本栽培漁業協会本部、小浜庁舎、水産庁栽培養殖課出向を経て2009年度より現職。主に冷水性甲殻類の種苗生産、「ほっとけ飼育」や「循環飼育」に代表される省力、省エネ型飼育の技術開発に携わる。月刊『養殖ビジネス』の連載「今から学べる循環式陸上養殖」（2015年6月号～2016年7月号）にて、循環式陸上養殖の基礎から応用事例について執筆した。

陸上養殖勉強会

　隆島史夫東京海洋大学名誉教授を中心とし結成［後援団体：(一社)大日本水産会］。日本国内での養殖業活性化策の1つとして陸上養殖ビジネスを普及させるための各種検討を行うことを目的とし、陸上養殖に関わる事柄をテーマとしたセミナーを開催、情報発信を行う。同会には、研究者、生産者、資材メーカーなどが参加。2021年12月現在の会員数は800名を超える。

循環式陸上養殖
飼育ステージ別〈国内外〉の事例にみる最新技術と産業化

2017年4月20日　第1刷発行
2022年2月20日　第3刷発行Ⓒ

監修者	山本 義久、森田 哲男、陸上養殖勉強会
発行者	森田 浩平
発行所	株式会社 緑書房
	〒103-0004
	東京都中央区東日本橋3丁目4番14号
	TEL 03-6833-0560
	https://www.midorishobo.co.jp
編集	森川 茜、秋元 理
カバーデザイン	尾田直美
印刷所	アイワード

ISBN 978-4-89531-294-3 Printed in Japan
落丁、乱丁本は弊社送料負担にてお取り替えいたします。
本書の複写にかかる複製、上映、譲渡、公衆送信（送信可能化を含む）の各権利は株式会社 緑書房が管理の委託を受けています。

JCOPY ＜(一社)出版者著作権管理機構 委託出版物＞
本書を無断で複写複製（電子化を含む）することは、著作権法上での例外を除き、禁じられています。本書を複写される場合は、そのつど事前に、(一社)出版者著作権管理機構（電話 03-5244-5088、FAX03-5244-5089、e-mail:info@jcopy.or.jp）の許諾を得てください。また本書を代行業者等の第三者に依頼してスキャンやデジタル化することは、たとえ個人や家庭内の利用であっても一切認められておりません。